建筑振动荷载标准理解与应用

徐 建 等 编著

中国建筑工业出版社

图书在版编目（CIP）数据

建筑振动荷载标准理解与应用/徐建等编著. —北京：中国建筑工业出版社，2018.4
ISBN 978-7-112-22033-5

Ⅰ.①建… Ⅱ.①徐… Ⅲ.①建筑结构-结构振动-荷载-标准-研究-中国 Ⅳ.①TU311.3-65

中国版本图书馆 CIP 数据核字（2018）第 060857 号

国家标准《建筑振动荷载标准》GB/T 51228—2017 已经正式颁布实施，为了使工程技术人员尽快准确地应用该标准，由标准主要起草人员编写了《建筑振动荷载标准理解与应用》。本书重点介绍了标准编写原则、国内外相关标准状况、制定的依据和适用范围、基本概念和使用方法，并对标准应用中应该注意的问题进行了阐述。本书不仅是标准应用的指导教材，也是从事工程振动控制技术人员的重要参考书。

本书可供从事工程振动控制设计、施工、产品制造的工程技术人员使用，也可供高等院校师生参考。

责任编辑：刘瑞霞　咸大庆
责任设计：李志立
责任校对：焦　乐

建筑振动荷载标准理解与应用

徐　建　等　编著

*

中国建筑工业出版社出版、发行（北京海淀三里河路 9 号）
各地新华书店、建筑书店经销
北京科地亚盟排版公司制版
廊坊市海涛印刷有限公司印刷

*

开本：787×1092 毫米　1/16　印张：13¼　字数：329 千字
2018 年 6 月第一版　2018 年 6 月第一次印刷
定价：**42.00** 元

ISBN 978-7-112-22033-5
(31928)

《建筑振动荷载标准理解与应用》编写委员会

主　编：徐　建

编　委：万叶青　张同亿　杨宜谦　黎益仁　陈　炯
周建军　余东航　尹学军　杨　俭　于跃平
张德友　钱则刚　冯延雅　朱大勇　陈　骝
张洪波　胥　畅　王建刚　江山红　徐衍林
王永国　丁奇生　曹雪生　王伟强　高星亮
邵晓岩　胡明祎　黄　伟　宫海军　徐学东
何正法　李图学　毕　成　李永录　陆　锋
曲高君　夏　巍　王林春　李正良　晏致涛
余仲元　付承云　刘鹏辉　王　巍　徐敏杰
李志和　顾卫东　余尚江　彭晓辉　王洪领
赵玉兰　严　乐　王卫东　姜　涌　高　霖
刘福海　黄晓毅　李　剑　罗秀珍

《建筑振动荷载标准理解与应用》编写分工

第一章　概述
　　徐建、胡明祎、朱大勇、万叶青、黄伟、曹雪生
第二章　基本规定
　　徐建、万叶青、张同亿、杨俭、曹雪生
第三章　旋转式机器
　　周建军、余东航、于跃平、张德友
第四章　往复式机器
　　余东航、黎益仁、钱则刚、张洪波、宫海军
第五章　冲击式机器
　　尹学军、杨俭、万叶青、高星亮、王伟强、邵晓岩
第六章　冶金机械
　　李图学、徐学东、毕成、张尚斌、胥畅
第七章　矿山机械
　　冯延雅、余仲元、丁奇生
第八章　轻纺机械
　　江山红、王永国
第九章　金属切削机床
　　王建刚、赵玉兰、史康云
第十章　振动台
　　万叶青、杨俭、黎益仁、张洪波
第十一章　人行振动
　　杨宜谦、张同亿、刘鹏辉、王巍
第十二章　轨道交通
　　杨宜谦、刘鹏辉
第十三章　施工机械
　　徐衍林、夏巍

前　言

国家标准《建筑振动荷载标准》GB/T 51228—2017已经颁布实施，本标准是新编制的国家标准，有许多内容工程技术人员还不熟悉，为了使工程技术人员更好地掌握和应用新标准，由标准编写组主要起草人根据标准编制的背景材料、标准条文、相关国内外标准分析等编写了本书。

本书强调了实用性，按照标准的编写次序，着重介绍了标准的编制依据、基本概念、国内外相关标准情况、应用方法等，并对标准应用中应注意的问题进行了阐述。

本书主要内容包括：标准编写的原则与主要内容，国内外标准概论，振动荷载确定的基本规定，旋转式机器、往复式机器、冲击式机器、冶金机械、矿山机械、轻纺机械、金属切削机床、振动台、人行振动、轨道交通、施工机械等振动荷载的确定。

本书在编写过程中，得到了中国建筑工业出版社的大力支持，本书的编写还参考了一些作者的著作和论文，在此一并致谢！

书中不妥之处，敬请批评指正。

徐建

2017年12月

目　　录

第一章　概　　述

第一节　标准编写的原则与过程

根据住房和城乡建设部《关于印发 2014 年工程建设标准规范制订修订计划的通知》（建标［2013］169 号文）的要求，为贯彻国家技术经济政策、生态环境保护等要求，住房和城乡建设部决定编制国家标准《建筑振动荷载标准》。该标准由中国机械工业集团有限公司会同有关设计、科研、生产和教学单位共同编制而成。该标准适用于机械、冶金、轻工、纺织、建材、石油、化工等行业工业工程常用动力设备振动荷载的确定。

2014 年 7 月 4 日，国家标准《建筑振动荷载标准》编制工作第一次工作会议在国机集团总部召开。会议成立了国家标准《建筑振动荷载标准》编制组，徐建担任主编，来自业内 32 家单位的 59 名技术负责人和业务骨干参与编制工作。

在本标准编制过程中，编制组开展了专题研究，进行了广泛的调查分析，总结了近年来我国在振动设计中振动荷载确定的实践经验，与相关标准进行了协调，与国际先进标准进行了比较和借鉴，在此基础上以多种方式进行了广泛讨论，于 2015 年 9 月完成标准征求意见稿，并在全国广泛征求意见。

根据专家意见，编制组修改完善，并形成了标准的送审稿。于 2016 年 8 月在北京召开标准送审稿审查会。

根据审查会意见，经过反复讨论、修改、充实，最后经审查定稿。

本标准共分 14 章 3 个附录，主要内容包括：总则、术语和符号、基本规定、旋转式机器、往复式机器、冲击式机器、冶金机械、矿山机械、轻纺机械、金属切削机床、振动台、人行振动、轨道交通、施工机械等。

本标准主编单位：中国机械工业集团有限公司

本标准参编单位：中国汽车工业工程有限公司、中国中元国际工程有限公司、中国铁道科学研究院、北方工程设计研究院有限公司、宝钢工程技术集团有限公司、中国电力工程顾问集团华北电力设计院有限公司、中国寰球工程公司、合肥通用机械研究院、中国重型机械研究院股份公司、隔而固（青岛）振动控制有限公司、中国第二重型机械集团公司、合肥工业大学、重庆大学、中国昆仑工程公司、中国机械工业建设集团有限公司、机械工业第六设计研究院有限公司、合肥水泥研究设计院、中国轻工业长沙工程有限公司、中国电子工程设计院、中国联合工程有限公司、中机国际工程设计研究院有限责任公司、中冶建筑研究总院有限公司、中冶京诚工程技术有限公司、中冶赛迪工程技术股份有限公司、哈尔滨电站设备成套设计研究所有限公司、哈尔滨电机厂有限责任公司、哈尔滨汽轮机厂有限责任公司、大连机床集团有限责任公司、青岛科而泰环境控制技术有限公司、中建材（合肥）粉体科技装备有限公司、中央军委后勤保障部工程兵科研三所、安阳锻压机械工业有限公司。

第二节　标准编制主要内容

一、基本规定

1. 基本原则

（1）建筑振动荷载，应根据设计要求采用标准组合值作为代表值。

（2）建筑振动荷载可按照某种原则，简化成等效静力荷载进行计算。

（3）建筑振动荷载应明确荷载最大值或荷载历程曲线、作用位置及方向、作用有效时间以及作用有效频率范围等。

（4）对于正常使用极限状态，应根据不同设计要求选取代表值。

（5）在计算结构振动响应的加速度、速度、位移和结构变形时，可采用振动荷载效应标准值或组合值。

（6）在进行结构裂缝验算时，可采用振动荷载的等效静力荷载效应的标准组合值。

（7）对于承载能力极限状态的结构强度验算可采用振动荷载效应组合值与静力荷载效应的基本组合值。

（8）结构疲劳强度验算可采用振动荷载效应组合值与静力荷载效应的标准组合值。

2. 荷载组合

（1）建筑振动荷载作用效应组合，应符合下列规定：

1）静力计算时，等效静力荷载应取可变荷载。在与静力荷载组合时，应采用基本组合。当荷载的动力系数确定后，可按现行国家标准《建筑结构荷载规范》的规定计算。

2）静力荷载与振动荷载的效应组合，应采用标准组合，当振动荷载标准值、组合值系数、频遇值系数和准永久值系数确定后，可按现行国家标准《建筑结构荷载规范》的规定计算。

3）动力计算时，振动荷载与振动荷载的效应标准组合，应采用标准组合。

（2）多振源建筑振动荷载作用效应组合，应符合下列规定：

1）当两个周期振动荷载作用时，振动荷载效应组合的最大值，可按下列公式计算：

$$S_{\mathrm{vmax}} = S_{\mathrm{v1max}} + S_{\mathrm{v2max}} \tag{1.2.1}$$

式中：S_{vmax}——两个振动荷载效应组合的最大值；

S_{v1max}——第 1 个振动荷载效应的最大值；

S_{v2max}——第 2 个振动荷载效应的最大值。

2）当多个周期振动荷载或稳态随机振动荷载作用时，振动荷载均方根效应组合值，可按下列公式计算：

$$S_{\mathrm{v}\sigma} = \sqrt{\sum_{i=1}^{n} S_{\mathrm{v}\sigma i}^{2}} \tag{1.2.2}$$

式中：$S_{\mathrm{v}\sigma}$——n 个振动荷载均方根效应的组合值；

$S_{\mathrm{v}\sigma i}$——第 i 个振动荷载效应的均方根值；

n——振动荷载的总数量（$n \geqslant 3$）。

3）当冲击荷载起控制作用时，振动荷载效应组合，可按下列公式计算：

$$S_{Ap}=S_{vmax}+\alpha_k\sqrt{\sum_{i=1}^{n}S_{v\sigma i}^2} \tag{1.2.3}$$

式中：S_{Ap}——当冲击荷载控制时，在时域范围上效应的组合值；

S_{vmax}——冲击荷载效应在时域上的最大值；

α_k——冲击作用下的荷载组合系数，可取1.0。

（3）当采用等效静力方法分析时，振动荷载计算的动力系数，可按下列公式计算：

$$\beta_d=1+\mu_d \tag{1.2.4}$$

$$\mu_d=\frac{S_d}{S_j} \tag{1.2.5}$$

式中：β_d——振动荷载的动力系数；

μ_d——振动荷载效应比；

S_d——振动荷载效应；

S_j——静力荷载效应。

3. 振动荷载测量

（1）振动荷载测试时，测试方法的选择宜符合下列规定：

1）振动荷载测试宜采用直接测试法。

2）当无法直接测试设备振动荷载时，可采用振动荷载间接测试法。

3）对于旋转机械，振动荷载可根据动平衡试验结果乘以经验系数的方法计算。

（2）振动荷载测量数据分析，应符合下列规定：

1）稳态周期振动分析时，宜采用时域分析方法，将测量信号中所有幅值在测量区间内进行平均；亦可采用幅值谱分析的数据作为测量结果。每个样本数据宜取1024的整数倍，并应进行加窗函数处理，频域上的总体平均次数不宜小于20次。

2）冲击振动分析时，宜采用时域分析方法，应选取3个以上的连续冲击周期中的峰值，经比较后选取最大的数值作为测量结果。

3）随机振动分析时，应对随机信号的平稳性进行评估；对于平稳随机过程宜采用总体平滑的方法提高测量精度；当采用FFT或频谱分析时，每个样本数据宜取1024的整数倍，并应进行加窗函数处理，频域上的总体平均次数不应小于32次。

4）传递函数或振动模态分析时，应同时测量激振作用和振动响应信号；当输入与输出信号的凝聚函数在0.8～1.0区间内时，可取分析的传递函数。

5）每个测点记录振动数据的次数不得少于2次，当2次测量结果与其算术平均值的相对误差在±5％以内时，可取其平均值作为测量结果。

二、工业机械的振动荷载

1. 旋转式机器

（1）汽轮发电机组与重型燃气轮机

汽轮发电机组和重型燃气轮机作用在基础上的振动荷载，可分为横向、纵向以及竖向振动荷载，与作用在基础上的机器转子质量、机器设计额定运转速度时的角速度以及计算振动荷载转速时的角速度等有关。

（2）旋转式压缩机

旋转式压缩机的振动荷载，可分为横向、纵向以及竖向振动荷载，与机器转子的质量和机器的工作转速等有关。

（3）离心机

离心机的振动荷载，与离心机旋转部件总质量、离心机旋转部件总质量对离心机轴心的当量偏心距、离心机的工作角速度以及离心机工作转速等有关。其中，卧式、立式离心机的振动荷载，可分为横向、纵向以及竖向振动荷载。

（4）通风机、鼓风机、离心泵、电动机

通风机、鼓风机、离心泵、电动机的振动荷载，可分为横向、纵向以及竖向振动荷载，与旋转部件的总质量、转子质心与转轴几何中心的当量偏心距以及转子转动角速度等有关。

2. 往复式机器

（1）往复式压缩机、往复泵

往复式压缩机、往复泵在进行振动荷载计算时，应先确定往复式机器的运动质量，主要包括曲柄一连杆一活塞机构各部分的运动质量。

往复式机器的振动荷载，主要包括旋转不平衡质量引起的扰力以及往复运动质量引起的扰力。旋转运动不平衡质量惯性力可只计入一谐波，往复运动质量惯性力可只计入一谐波和二谐波，更高谐波可忽略不计。

（2）往复式发动机

一般情况下，往复式发动机的振动荷载，宜取工作转速最大值时的扰力和扰力矩；当某一转速的扰力可能使基础产生共振时，应取该转速时的扰力值。

3. 冲击式机器

（1）锻锤

锻锤的振动荷载，与锻锤作用时间、打击后与砧座一起运动部件的总质量有关。

（2）压力机

主要包括热模锻压力机、通用机械压力机、液压压力机和螺旋压力机振动荷载的确定。热模锻压力机的振动荷载主要分为起始阶段和机构运行阶段。通用机械压力机的振动荷载主要包括冲裁阶段和机构运行阶段。螺旋压力机锻压阶段的振动荷载包括竖向振动荷载和水平振动扭矩。

4. 冶金机械

（1）卷筒驱动装置的振动荷载，与卷筒等旋转部件的总质量、卷筒等旋转部件的当量偏心距以及卷筒的工作角速度有关。

水渣转鼓装置的振动荷载，是指作用在转鼓中心处的横向振动荷载，与转鼓等旋转部件的总质量、转鼓等旋转部件的当量偏心距、转鼓的工作角速度以及转鼓内物料的总质量有关。

转炉炉体的振动荷载，主要包括钢水激振所形成的振动荷载和转炉切渣时的振动荷载。转炉倾动装置的振动荷载，主要包括转炉倾动装置在转炉正常冶炼状态时的振动力矩和转炉倾动装置事故时的振动力矩。

钢包回转台的振动荷载，主要包括钢包取放时回转台一侧加载所致的振动力矩以及钢包回转台启动、制动时的振动力矩。

(2) 轧钢机械

可逆轧机与连续轧机的振动荷载，主要包括轧机咬入时的冲击荷载、轧件稳态轧制时的冲击荷载、轧机抛钢时的冲击荷载以及连轧过程中的倾翻力矩。

锯机刀片锯切时对刀槽的振动荷载，可由锯片的振动与锯槽侧壁引起的正压力之间的关联系数乘以锯片的振动幅值进行计算。

滚切式剪机分为定尺剪和双边剪，其产生的振动荷载主要与轧件厚度、上下剪刃当量剪切角、轧件的弹性模量、剪刃侧向相对间隙以及压板侧向相对距离等有关。

矫直机对基础产生的振动荷载峰值、电机工作时矫直振动力矩峰值以及减速器和齿轮座工作力矩可根据与事故荷载力矩峰值、电机额定力矩等的关系进行取值。

开卷机及卷取机稳定开卷和卷取时设备的振动荷载，主要与卷筒、带卷等旋转部件的总质量，卷筒、带卷等旋转部件的当量偏心距以及卷筒的工作角速度有关。卷取机产生张力阶段以及卷取结束失去张力阶段使主传动系统产生的扭转振动荷载，可根据主传动系统额定输出力矩的定量关系选取。电机的峰值振动荷载，可根据与事故荷载、电机额定力矩间的关系选取。减速机工作时对基础产生的力矩，可取输入力矩减去输出力矩。机架对基础产生的振动荷载峰值，可根据与事故荷载、电机额定力矩间的关系选取。

5. 矿山机械

(1) 破碎机

颚式破碎机的振动荷载，主要包括简摆颚式和复摆颚式破碎机的振动荷载，分为水平和竖向振动荷载，主要与偏心轴偏心部分质量、连杆质量、动颚（包括齿板）的质量、平衡块的质量、偏心轴的偏心距、平衡块质心至破碎机主轴中心线的距离、偏心轴转动角速度以及偏心轴转速有关。

圆锥破碎机的振动荷载为水平振动荷载，主要与锥体部分（主轴和活动锥）的总质量、平衡块的质量、破碎机中心线至锥体部分质心的距离、破碎机中心线至平衡块质心的距离以及主轴回转角速度有关。

旋回破碎机产生水平的振动荷载，主要与锥体部分（主轴和活动锥）的总质量、齿轮偏心轴套的总质量、破碎机中心线至锥体部分质心的距离、破碎机中心线至齿轮偏心轴套质心的距离、主轴转动角速度、主轴长度以及主轴转动偏角有关。

锤式和反击式破碎机主要分为单转子型和双转子型，其中，单转子型振动荷载主要与转子回转部件的质量、转子的角速度以及当量偏心距有关。双转子型振动荷载由作用在转子一旋转中心处的振动荷载和作用在转子二旋转中心处的振动荷载叠加而成。

实际工程中，辊式破碎机的振动荷载，一般可忽略不计。

(2) 振动筛

振动筛的振动荷载，可由设备的扰力计算值与设备的扰力标准值进行组合计算。

对于竖向设置单层减振弹簧的振动筛，作用在支撑结构上的振动荷载标准值，可由振动筛稳态工作时筛箱的振幅与筛箱下部弹簧的总刚度相乘计算；对于竖向设置双层减振弹簧的振动筛，作用在支撑结构上的振动荷载标准值，可由振动筛下部刚架在稳态工作时的振幅与刚架下部弹簧的竖向或水平总刚度相乘计算。

振动筛坐落于结构楼层上，且梁第一频率密集区内最低自振频率计算值大于设备的振动频率时，振动筛的等效竖向振动荷载，可由设备重力荷载、物料重量与动力系数进行计算。

（3）磨机

作用在磨机两端中心线处的水平振动荷载，可由磨机内碾磨体及物料的总重乘以相应系数得到。

球磨机、棒磨机、管磨机、自磨机、半自磨机等一个支点的竖向振动荷载，分为竖向和瞬时荷载。其中，竖向振动荷载由磨体支点的最大反力和磨机支撑装置的重力叠加计算；瞬时振动荷载由磨体支点的最大反力乘以相应系数得到。

（4）离心脱水机

化工、石化用离心脱水机的等效竖向振动荷载，可由设备、物料总重乘以相应系数得到。

6. 轻纺机械

（1）纸机和复卷机

纸机各组成部分和复卷机的振动荷载，可取各类辊、缸和纸卷在线旋转时其质量偏心引起的离心力，作用于旋转部件的轴承中心。单个旋转部件所产生的振动荷载，指旋转部件作用在纸机或复卷机一侧支架上的振动荷载，主要与旋转部件的质量、旋转部件的质量偏心距以及对应于纸机或复卷机计算车速时旋转部件的角速度有关。

竖向和沿纸页运行水平向的振动响应计算时，单个旋转部件的振动荷载，可分为所计算旋转部件作用在纸机或复卷机一侧支架上的竖向振动荷载和所计算旋转部件作用在纸机或复卷机一侧支架上沿纸页运行方向的水平向振动荷载，与对应于纸机或复卷机计算车速时该旋转部件的振动圆频率和所计算旋转部件的初始相位角相关。

（2）磨浆机

磨浆机各旋转部件的振动荷载，主要与所计算的旋转部件的质量、所计算的旋转部件的质量偏心距、所计算的旋转部件的动平衡精度等级、对应于计算转速时该旋转部件的角速度以及对应于磨浆机最大设计转速时该旋转部件的角速度有关。磨浆机在计算竖向和水平向振动响应时，各旋转部件的振动荷载，主要与对应于计算转速时该旋转部件的圆频率和所计算旋转部件的初始相位角有关。

（3）纺织机械

纺织机械的振动荷载可按有梭织机和剑杆织机进行查表计算，当无法查表时，可通过织机的车速，织机设计车速下的振动荷载以及织机的设计车速进行计算。

7. 金属切削机床

车床、铣床、刨床、磨床的振动荷载可按型号进行查表；钻床的振动荷载，可根据钻床的完好程度、钻件的厚度、钻进速度的快慢等因素在一定范围内取值。

三、振动试验台的振动荷载

1. 液压振动台

液压振动台单个激振器作用于基础上的振动荷载，可按 1/3 倍频程频率查表计算。

2. 电动振动台

电动振动台作用于基础上的振动荷载，根据设备的隔振装置设置情况（未带隔振装置和带隔振装置），按照 1/3 倍频程频率查表计算。

3. 机械振动台

机械振动台的振动荷载，主要根据当运动部件和被试试件质量为 100kg 时，机械振动台的振动荷载进行折算。

四、人行振动的振动荷载

1. 公共场所人群密集楼盖

人群自由行走的竖向振动荷载，主要根据第 n 阶振动荷载频率的动力因子、单人的重量、振动荷载频率、第 n 阶振动荷载频率的相位角、所考虑的振动荷载频率阶数、总时程以及人群的总人数进行计算。

人群有节奏运动的竖向振动荷载，主要根据第 n 阶振动荷载频率的动力因子、振动荷载频率、第 n 阶振动荷载频率的相位角以及人群有节奏运动的协调系数进行计算。

2. 人行天桥

人行天桥的人行振动荷载应包括竖向人行振动荷载、纵桥向人行振动荷载和横桥向人行振动荷载。人行振动荷载应采用均布荷载，单位面积的人行振动荷载主要与人行天桥上单个行人行走时产生的振动荷载、人行荷载频率、等效人群密度以及荷载折减系数有关。

五、轨道交通的振动荷载

轨道交通列车的竖向振动荷载由作用在两侧钢轨上的荷载列组成，荷载排列与列车轮对排列相同。作用在单根钢轨上的列车竖向振动荷载，主要与单边静轮重、对应某一频率的振动荷载幅值、振动圆频率、列车通过时的实际最高速度、列车簧下质量、轨道几何高低不平顺的波长以及轨道几何高低不平顺的矢高进行计算。

六、施工机械的振动荷载

筒式柴油打桩机、振动沉拔桩锤、导杆式柴油打桩机以及蒸汽动力打桩锤的振动荷载计算。

第三节　国内外振动荷载标准概论

一、序言

在工程建设领域的振动标准体系大致可以分为三类：（1）地震与工程抗震设计标准；（2）风荷载与抗风设计标准；（3）人为振动及振动控制设计标准等。抗震抗风方面的标准起步较早，现今较为成熟，早已编制出系列设计标准和规范。而工程振动标准在很长一段时间里都只是在一些专项设计的标准里，分布较为零散，要求不统一。

为了规范设计行为，完善工程振动标准化体系，工程振动技术标准体系框架可以分为三个层次（图 1.3.1）。

在标准框架的第一层面是工程技术基础标准，包括《工程振动设计统一标准》，《工程振

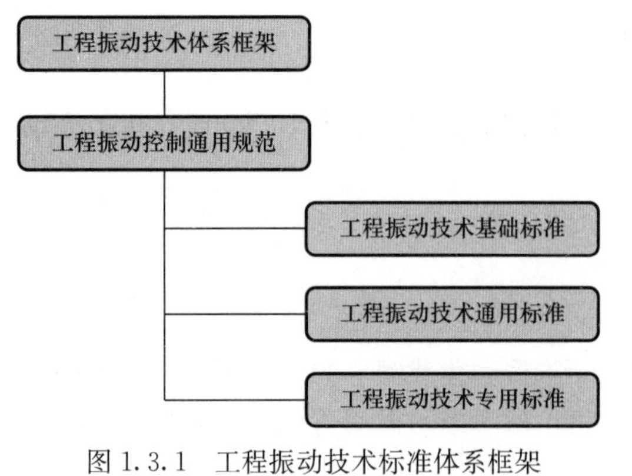

图 1.3.1　工程振动技术标准体系框架

动术语和符号标准》GB/T 51270—2018，《建筑工程容许振动标准》GB 50868—2013，《建筑振动荷载标准》GB 51228—2017。作为工程振动设计的输入条件，振动荷载的取值至关重要。本标准的振动荷载主要考虑人为作用的振动作用效应，特别是大型设备基础振动荷载的确定就显得尤为重要，振动荷载也是主动隔振的先决条件。《建筑振动荷载标准》的编制完成，统一了振动荷载的技术要求，该标准包括了旋转式机器、往复式机器、冲击式机器、冶金机械、矿山机械、轻纺机械、金属切削机床、振动台、人行振动、轨道交通、施工机械 11 大类振动设备的振动荷载。

二、国内标准

1. 测量方法方面的标准

（1）中国标准《人体对振动的响应测量仪器》GB/T 23716—2009.

（2）中国标准《城市区域环境振动测量方法》GB 10071—88.

（3）中国标准《住宅建筑室内振动限值及其测量方法标准》GB/T 50355—2005.

（4）中国行业标准《城市轨道交通引起建筑物振动与二次辐射噪声限值及其测量方法标准》JGJ/T 170—2009.

（5）行业标准《铁路环境振动测量》TB/T 3152—2007.

（6）地方标准《城市轨道交通（地下段）列车运行引起的住宅室内振动与结构噪声限值及测量方法》DB31/T 470—2009.

2. 结构设计方面的规范

（1）国家标准《隔振设计规范》GB 50463—2008.

（2）国家标准《多层厂房楼盖抗微振设计规范》GB 50190—93.

（3）国家标准《动力机器基础设计规范》GB 50040—96.

（4）国家标准《石油、石化和天然气工业特种用途汽轮机》GB/T 28574—2012.

（5）国家标准《工业企业设计卫生标准》GBZ 1—2010.

（6）行业标准《火力发电厂土建结构设计技术规程》DL 5022—2012.

（7）行业标准《火力发电厂辅助机器基础隔振设计规程》DL/T 51.88—2004.

（8）行业标准《通风机振动检测及其限值》JB/T 8689—1998.

（9）行业标准《石油、化学和气体工业用轴流、离心压缩机及膨胀机—压缩机》JB/T 6443.1～4—2006.

3. 振动评价方面的标准

（1）国家标准《古建筑防工业振动技术规范》GB/T 50452—2008.

（2）国家标准《爆破安全规程》GB 6722—2003.

（3）国家标准《卧姿人体全身振动舒适性的评价》GB/T 18368—2001.

（4）国家标准《城市区域环境振动标准》GB 10070—88.

（5）国家标准《住宅建筑室内振动限值及其测量方法标准》GB/T 50355—2005.

（6）国家标准《社会生活环境噪声排放标准》GB 22337—2008.

（7）国家标准《工业企业厂界环境噪声排放标准》GB 12348—2008.

（8）国家标准《民用建筑隔声设计规范》GB 50118—2010.

（9）行业标准《水工建筑物岩石基础开挖工程施工技术规范》SL47—94.

（10）行业标准《水电水利工程爆破施工技术规范》DL/T 5135—2001.

（11）行业标准《水工建筑物岩石基础开挖工程施工技术规范》DL/T 5389—2007.

（12）行业标准《镇（乡）村建筑抗震技术规程》JGJ 161—2008.

（13）行业标准《城市轨道交通引起建筑物振动与二次辐射噪声限值及其测量方法标准》JGJ/T 170—2009.

（14）地方标准《农村民居建筑抗震设计规程》DB11/T 536—2008.

（15）地方标准《城市轨道交通（地下段）列车运行引起的住宅室内振动与结构噪声限值及测量方法》DB31/T 470—2009.

（16）地方标准《地铁噪声与振动控制规范》DB11/T 838—2011.

（17）地方标准《城市轨道交通（地下段）列车运行引起的住宅室内振动与结构噪声限值及测量方法》DB31/T 470—2009.

4. 由国际标准转化来的国家标准

（1）动平衡等级标准

1）GB/T 9239.1—2006，机械振动-恒态（刚性）转子平衡品质要求 第1部分：规范与平衡允差的检验，Mechanical vibration-Balance quality requirements for rotors in a constant（rigid）state-Part 1：Specfication and verification of balance tolerances.

2）GB/T 9239.2—2006，机械振动-恒态（刚性）转子平衡品质要求 第2部分：平衡误差，Mechanical vibration-Balance quality requirements for rotors in a constant（rigid）state-Part 2：Balance errors.

3）GB/T 6557—2009，机械振动-挠性转子机械平衡的方法和准则，Mechanical vibration-Methods and criteria for the mechanical balancing of flexible rotors.

（2）振动评估

1）在旋转部件上测量的轴振标准

① GB/T 11348.1—1999，机械振动 旋转机械转轴径向振动的测量和评定 第1部分：总则，Mechanical vibration of non-reciprocating machines-Measurements on rotating shafts and evaluation criteria-Part 1：General guidelines.

② GB/T 11348.2—2012，机械振动 在旋转轴上测量评价机器的振动 第2部分：功率大于50MW，额定工作转速1500r/min、1800r/min、3000r/min、3600r/min陆地安装的汽轮机和发电机，Mechanical vibration-Evaluation of machines vibration by measurements on rotating shafts-Part 2：Land-based steam turbines and generators in excess of 50 MW with normal operating speeds of 1500r/min，1800r/min，3000r/min and 3600r/min.

③ GB/T 11348.3—2011，机械振动 在旋转轴上测量评价机器的振动 第3部分：耦合的工业机器，Mechanical vibration-Evaluation of machine vibration by measurements on rotating shafts-Part 3：Coupled industrial machines.

④ GB/T 11348.4—2015，机械振动 在旋转轴上测量评价机器的振动 第4部分：具有滑动轴承的燃气轮机组，Mechanical vibration-Evaluation of machine vibration by measurements on rotating shafts-Part 4：Gas turbine sets with fluid-film bearings.

2）在非旋转部件上测量的振动标准

① GB/T 6075.1—2012，机械振动 在非旋转部件上测量评价机器的振动 第1部分：总则，Mechanical vibration-Evaluation of machine vibration by measurements on non-rotating parts-Part 1：General guidelines.

② GB/T 6075.2—2012，机械振动 在非旋转部件上测量评价机器的振动 第2部分：50MW以上，额定转速1500r/min、1800r/min、3000r/min、3600r/min陆地安装的汽轮机和发电机，Mechanical vibration-Evaluation of machine vibration by measurements on non-rotating parts-Part 2：Land based steam turbines and generators in excess of 50MW with normal operating speeds of 1500r/min，1800r/min，3000r/min and 3600r/min.

③ GB/T 6075.3—2011，机械振动 在非旋转部件上测量评价机器的振动 第3部分：额定功率大于15kW额定转速在120r/min至15000r/min之间的在现场测量的工业机器，Mechanical vibration-Evaluation of machine vibration by measurements on non-rotating parts-Part 3：Industrial machines with normal power above 15kW and normal speeds between 120r/min and 15000r/min measured in situ.

④ GB/T 6075.4-2015，机械振动 在非旋转部件上测量评价机器的振动 第4部分：具有滑动轴承的燃气轮机组，Mechanical vibration-Evaluation of machine vibration by measurements on non-rotating parts-Part 4：Gas turbine sets with fluid-film bearings.

三、国际国外标准

1. 标准的基本规定

（1）国标标准ISO 5348：1998 Mechanical vibration and shock- Mechanical mounting of accelerometers，被我国等同采用为《机械振动与冲击加速度计的机械安装》GB/T 14412—2005.

（2）国际标准ISO 4886：2010 Mechanical vibration and shock- vibration of fixed structures-Guidelines for the measurement of vibrations and evaluation of their effects on structures，其前一版本ISO 4866：1990（Mechanical vibration and shock- vibration of fixed buildings-Guidelines for the measurement of vibrations and evaluation of their effects on buildings、ISO 4866：1990/And 1：1994、ISO 4866：1990/And 2：1996），被我国等同采用为《机械振动与冲击建筑物的振动振动测量及其对建筑物影响的评价指南》GB/T 14124—2009.

（3）国际标准ISO 8041：2005 Human response to vibration-Measuring instrumentation.

（4）国际标准ISO 10815：Mechanical vibration- measurement of vibration generated internally in railway tunnels by the passage of trains，被我国等同采用为《机械振动列车通过时引起铁路隧道内部振动的测量》GB/T 19846—2005.

（5）国际标准ISO 2631—1：1997 Mechanical vibration and shock-Evaluation of human exposure to whole-body vibration-Part 1：General requirements. ISO 2631-1：1997/Amd 1：2010，被我国等同采用为《机械振动与冲击人体暴露于全身振动的评价第一部分：一般要求》GB/T 13441. 1—2007.

（6）英国标准 BS 6841：1987 Guide to measurement and evaluation of human exposure to whole-body mechanical vibration and repeated shock.

（7）德国标准 DIN 45669-1：2010：Measurement of vibration immission-Part 1：Vibration meters-Requirements and tests.

（8）德国标准 DIN 45669-2：2005：Measurement of vibration immission-Part 2：Measuring method.

（9）德国标准 DIN 4150-1：2001：Vibrations in buildings-Part 1：Prediction of vibration parameters.

（10）日本标准 JIS C1510-1995 Vibration level meters.

2. 精密仪器和设备容许振动标准

（1）国际标准 ISO/TS 10811-1：2000 Mechanical vibration and shock- vibration and shock in buildings with sensitive equipment-Part 1：Measurement and Evaluation，被我国等同采用为《机械振动与冲击装有敏感设备建筑物内的振动与冲击第一部分测量与评价》GB/T 23717. 1—2009.

（2）国际标准 ISO/TS 10811-2：2000 Mechanical vibration and shock-vibration and shock in buildings with sensitive equipment-Part 2：Classification，被我国等同采用为《机械振动与冲击装有敏感设备建筑物内的振动与冲击第二部分：分级》GB/T 23717. 2—2009.

（3）国际标准 ISO 8569-1996 Mechanical vibration and shock-Measurement and Evaluation of and shock and vibration effects on sensitive equipment in buildings，被我国等同采用为《机械振动与冲击振动与冲击对建筑物内敏感设备影响的测量和评价》GB/T 14125—2008.

（4）美国环境科学技术学会标准 IEST-RP-CC012. 2 Considerations in Cleanroom Design，Institute of Environmental Sciences and Technology，2007.

（5）美国联邦交通管理局（FTA）指导手册 Office of Planning and Environment，Federal Transit Administration. Transit Noise and Vibration Impact Assessment. FTA-VA-90-1003-06，2006.

3. 动力机器基础容许振动标准

（1）动平衡等级标准

1）ISO 19499：2007，Mechanical vibration-Balancing-Guidance on the use and application of balancing standards.

2）ISO 1940-1-2003，Mechanical vibration-Balance quality requirements for rotors in a constant（rigid）state-Part 1：Specfication and verification of balance tolerances.

3）ISO 1940-1-2003，TECHNICAL CORRIGENDUM 1：2005，Mechanical vibration Balance quality requirements for rotors in a constant（rigid）state-Part 1：Specfication and verification of balance tolerances，TECHNICAL CORRIGENDUM 1.

4）ISO 1940-2：1997，Mechanical vibration-Balance quality requirements of rigid rotors-Part 2：Balance errors.

5）ISO 11342：1998，Mechanical vibration-Methods and criteria for the mechanical balancing of flexible rotors.

6）ISO 11342：1998，TECHNICAL CORRIGENDUM 1：2000，Mechanical vibration-Methods and criteria for the mechanical balancing of flexible rotors. TECHNICAL CORRIGENDUM 1.

（2）基础设计标准

1）DIN 4024 part 1-1988，Supersedes DIN 4024，January 1955 edition：Machine foundations Flexible structures that support machines with rotating elements.

2）DIN 4024 part 2-1991，Machine foundationsRigid foundation for machinery subject to periodic vibration.

3）ASCE Report-Design of Large Steam Turbine-Generator Foundations，1987，first version；2012，updated version.

（3）振动评估标准

1）在旋转部件上测量的轴振标准

① ISO 7919-1：1996，Mechanical vibration of non-reciprocating machines-Measurements on rotating shafts and evaluation criteria-Part 1：General guidelines.

② ISO 7919-2：2009，Mechanical vibration-Evaluation of machines vibration by measurements on rotating shafts-Part 2：Land-based steam turbines and generators in excess of 50MW with normal operating speed of 1500r/min，1800r/min，3000r/min and 3600r/min.

③ ISO 7919-3：2009，Mechanical vibration-Evaluation of machines vibration by measurements on rotating shafts-Part 3：Coupled industrial machines.

④ ISO 7919-4：2009，Mechanical vibration-Evaluation of machines vibration by measurements on rotating shafts-Part 4：Gas turbine sets with fluid-film bearings.

2）在非旋转部件上测量的振动标准

① ISO 10816-1：1995，Mechanical vibration-Evaluation of machines vibration by measurements on non-rotating parts-Part 1：General guidelines.

② ISO 10816-1：1995，AMENDMENT 1：2009，Mechanical vibration-Evaluation of machines vibration by measurements on non-rotating parts-Part 1：General guidelines，AMENDMENT 1.

③ ISO 10816-2：2009，Mechanical vibration-Evaluation of machines vibration by measurements on non-rotating parts-Part 2：Land-based steam turbines and generators in excess of 50 MW with operating speed of 1500r/min，1800r/min，3000r/min and 3600r/min.

④ ISO 10816-3：2009，Mechanical vibration-Evaluation of machines vibration by measurements on non-rotating parts-Part 3：Industrial machines with normal power above 15kW and normal speeds between 120r/min and 15000r/min when measured in situ.

⑤ ISO10816-4：2009，Mechanical vibration-Evaluation of machine vibration by measurements on non-rotating parts-Part 4：Gas turbine sets with fluid-film bearings.

⑥ ISO 14694，2003，Industrial fans-Specifications for balance quality and vibration levels.

⑦ ISO 14694：2003，AMENDMENTI：2010，Industrial fans--Specifications for balancequality and vibration levels，AMENDMENT 1.

⑧ ISO 2372：1974，Mechanical vibration of machines with operating speeds from 10 to 200rev/s-Basis for specifying evaluation standards.

⑨ VDI 2056：1964，Standards of Evaluation For Mechanical Vibrations of Machines.

3）集动平衡与在非旋转部件上测量的振动标准

① API 612：2005，Special Purpose Steam Turbine for Petroleum，Chemical，and Gas Industry Services.

② API 617：2009，Axial and Centrifugal Compressors and Expander-compressors for Petroleum，Chemical，and Gas Industry Services.

③ ISO 10437：2003，Special Purpose Steam Turbine for Petroleum，Chemical，and Gas Industry Services.

4. 建筑物内人体舒适性和疲劳—功效降低容许振动标准

（1）国际标准 ISO 2631-1；1985 Evaluation of human exposure to whole-body vibration-Part 1：General requirements，被我国参照采用为《人体全身振动暴露的舒适性降低界限和评价准则》GB/T 13442—92，两者均已废止，在后续版本中删除了界限，但是这个版本提出的界限目前仍被许多国家的标准采用，包括《建筑工程容许振动标准》GB 50868—2012.

（2）国际标准 ISO 2631-1；1997 Mechanical vibration and shock-Evaluation of human exposure to whole-body vibration. Part 1：General requirements. ISO 2631-1：1997/Amd 1：201，被我国等同采用为《机械振动与冲击人体暴露于全身振动的评价第 1 部分：一般要求》GB/T 13441. I—2007.

（3）国际标准 ISO 2631-2：1989 Evaluation of human exposure to whole-body vibration-fart 2：Continuous and shock-induced vibrations in buildings（1 to 80Hz），该标准已废止，在后续版本中删除了限值，但是这个版本提出的限值目前仍被许多国家的标准采用，包括《建筑工程容许振动标准》GB 50868—2012.

（4）国际标准 ISO 2631-2：2003 Mechanics! vibration and shock-Evaluation of human exposure to whole-body vibration fart 2：Vibration in buildings（1Hz to 80Hz），被我国等同采用为《机械振动与冲击人体暴露于全身振动的评价 第 2 部分：建筑物内的振动（1～80Hz）》GB/T 13441. 2—2008.

5. 交通振动容许振动标准

（1）国际标准 ISO 4866：2010 Mechanical vibration and shock-Vibration of fixed structures-Guidelines for the measurement of vibrations and evaluation of their effects on structures，其前一版本 ISO 4866：1990 Mechanical vibration and shock Vibration of buildings-Guidelines for the measurement of vibrations and evaluation of their effects on buildings，IS0 4866：1990/Amd 1：1994，ISO 4866：1990/Amd 2：1996，被我国等同采用为《机械振动与冲击建筑物的振动振动测量及其对建筑物影响的评价指南》GB/T 14124—2009.

（2）英国标准 BS 7385-2；1993 Evaluation and measurement for vibration in buildings，Part 2：Guide to damage levels from groundborne vibration.

（3）德国标准 DIN 4510-3；1999 structural vibration：Effects of vibration on structures.

（4）瑞士标准 SN 640 312a：1992 Les ébranlernents. Effet des ébranlementssur les constructions.

（5）美国联邦交通管理局（FTA）指导手册. Office of Planning and Environment，Federal Transit Administration. Transit Noise and Vibration Impact Assessment. FTA-VA-90-1003-06，2006.

（6）澳大利亚标准 AS2187. 2：2006 Explosive-Storage and use. Part 2：Use of explosive.

（7）国际标准 IS0 2631-1：1997 Mechanical vibration and shock-Evaluation of human exposure to whole-body vibration-Part 1：General requirements. ISO 2631-1：1997/Amd 1：2010，被我国等同采用为《机械振动与冲击人体暴露于全身振动的评价 第 1 部分：一般要求》GB/T 13441. 1—2007.

（8）国际标准 ISO 2631-2：1989 Evaluation of human exposure to whole-body vibration-Part 2：Continuous and shock-induced vibrations in buildings（1 to 80Hz）.

（9）国际标准 ISO 2631-2：2003 Mechanical vibration and shock-Evaluation of human exposure to whole-body vibration-Part 2；Vibration in buildings（1 to 80Hz），被我国等同采用为《机械振动与冲击人体暴露于全身振动的评价第 2 部分：建筑物内的振动（1～80Hz）》GB/T 13441. 2—2008.

（10）英国标准 BS 6841：1987 Guide to measurement and evaluation of human exposure to whole-body mechanical vibration and repeated shock.

（11）英国标准 BS 6472：1984 Guide to evaluation of human exposure to vibration in-buildings（1 to 80Hz）.

（12）英国标准 BS 6472：1992 Guide to evaluation of human exposure to vibration in-buildings（1 to 80Hz）.

（13）英国标准 BS 6472-1：2008 Guide to evaluation of human exposure to vibration in buildings. Part 1：Vibration sources other than blasting.

（14）德国标准 DIN 4150-2：1999 Vibrations in buildings-Part 2：Effects on persons in buildings.

（15）美国标准 ANSI S2. 71-1983（R 2006）Guide to the evaluation of human exposure to vibration in buildings.

6. 建筑施工振动容许振动标准

（1）德国标准 DIN 4510-3：1999 Structural vibration：Effects of vibration on structures.

（2）英国标准 BS 7385-2：1993 Evaluation and measurement for vibration in buildings，Part 2：Guide to damage levels from groundborne vibration.

（3）瑞士标准 SN 640 312a：1992 Les ébranlements. Effet des ébranlementssur les constructions.

7. 声学环境振动容许振动标准

国际标准 ISO 4866：2010 Mechanical vibration and shock-Vibration of fixed structures-Guidelines for the measurement of vibrations and evaluation of their effects on structures，其前一版本 ISO 4866：1990 Mechanical vibration and shock-Vibration of buildings-Guidelines for the measurement of vibrations and evaluation of their effects on buildings，ISO 4866：1990/Amd 1：1994，IS0 4866：1990/Amd 2：1996，被我国等同采用为《机械振动与冲击建筑物的振动振动测量及其对建筑物影响的评价指南》GB/T 14124—2009.

第二章　基本规定

第一节　基本原则

一、振动荷载代表值

工程振动荷载代表值的选用直接影响到振动荷载的取值，涉及结构设计的安全性和适用性。在通常的工程设计中，作为结构设计的输入条件需要首先确定荷载条件。设计人员关心的是荷载的表达式和量值。这里对荷载所规定的量值，就是荷载代表值。荷载可根据不同的设计要求规定不同的代表值，以使之能更确切地反映它在设计中的特点。

对于静力设计而言，《建筑结构荷载规范》中给出4种代表值：标准值、组合值、频遇值和准永久值。对永久荷载应该用标准值作为代表值，对可变荷载应根据设计要求用标准值、组合值、频遇值、准永久值作为代表值。荷载标准值是静力设计荷载的基本代表值，其他代表值都可以在标准值的基础上乘以相应的系数后得出。

对于动力设计问题，《建筑振动荷载标准》给出了两种代表值：标准值和组合值。振动荷载代表值（representative value of vibrational load）是在建筑结构设计中用于验算结构振动响应的荷载量值，也是一个振动荷载作用效应的量值。振动荷载标准值是动力设计荷载的基本代表值，组合值是在标准值的基础上根据组合计算公式得到。

二、振动荷载可靠度要求

工业建筑中大型装备和振动设备种类较多，不同类型设备的振动荷载具有较大的离散性。即使是同类型机器，不同厂家生产的设备也会有一些差异。虽然荷载标准运用统计方法得到具有包络特性的振动荷载数值，然而一些设备的差异性，可能会引起荷载的偏差。因此，工程设计时振动荷载应优先由设备厂家提供，当设备厂家不能提供时，可按《建筑振动荷载标准》的规定确定。

由于振动荷载的变异性较大，《建筑振动荷载标准》的取值是根据振动设备的资料、试验测试以及以往工程经验，综合考虑反映振动荷载变异性的各种统计参数，运用相应的概率分析方法得到工程振动荷载的代表值。

振动荷载作用具有荷载动力特性，振动荷载应包含：荷载的频率区间、振幅大小、持续时间、作用位置及方向等数据。这些振动荷载动力特性的变化就会改变结构的振动响应，就会影响结构安全性和适用性。因此，振动荷载应明确荷载最大值或荷载时间历程曲线、作用位置及方向、作用有效时间和作用有效频率范围等。振动荷载计算时，其计算模型和基本假定至关重要，要求必须与设备运行的实际工况相一致。

工程振动可靠度设计的主要内容包括：

1. 振动荷载和结构抗力的统计特征；
2. 构件材料和结构体系的可靠度分析；
3. 工程振动的可靠度目标确定。

工程振动可靠性设计原理如图 2.1.1 所示。

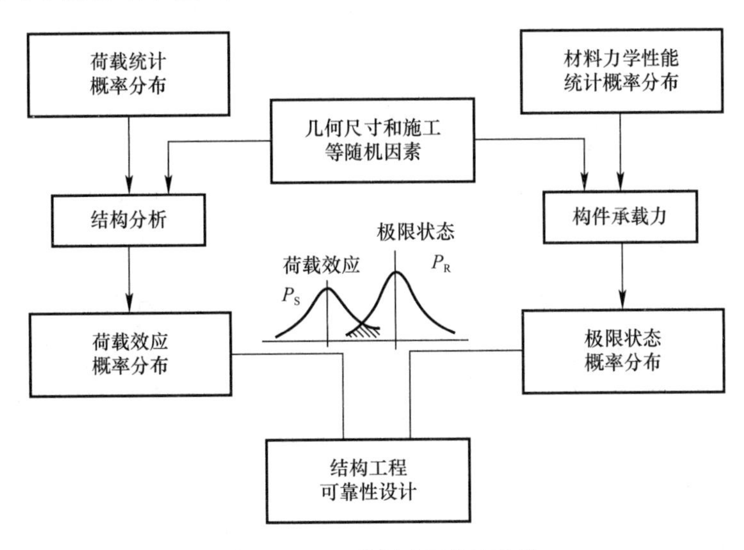

图 2.1.1　工程振动可靠性设计

三、指标确定

结构可靠度是结构可靠性的概率度量，定义为在规定时间内和规定条件下结构完成预定功能的概率。设可靠概率为 P_s，失效概率为 P_f。于是：

$$P_s + P_f = 1 \tag{2.1.1}$$

结构基本随机向量为 $X=(X_1,X_2,\cdots,X_n)$，其结构的功能函数为：

$$\begin{aligned} Z &= g(X_1,X_2,\cdots,X_n) \\ &= R(Y_1,Y_2,\cdots,Y_m) - S(F_1,F_2,\cdots,F_l) = 0 \end{aligned} \tag{2.1.2}$$

结构构件的极限状态见图 2.1.2。

$$Z = g(X)\begin{cases} <0,\text{结构失效状态} \\ =0,\text{结构极限状态} \\ >0,\text{结构可靠状态} \end{cases}$$

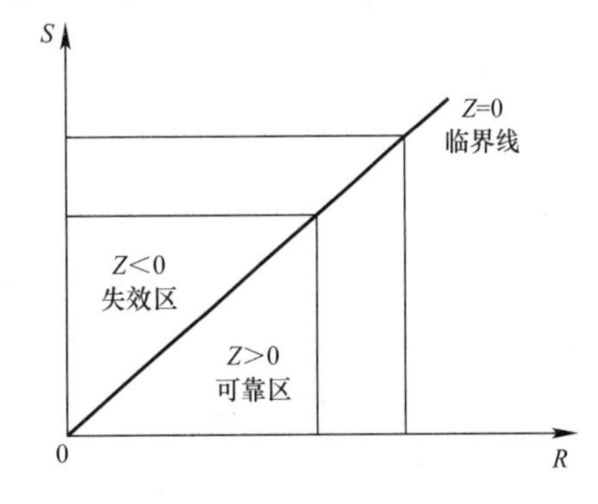

图 2.1.2　结构极限状态示意

抗力是指与荷载效应（弯矩，剪力，轴力）对应的截面抗力，广义概念看，即为结构构件的极限状态。为了工程简化假设极限状态是与时间无关的随机变量。

影响结构构件抗力不确定性的主要因素是结构的材料性能 f、几何参数 a 和抗力计算模式 P，它们都是随机变量。

在工程振动设计过程中，需要确定的两个基本技术条件是：（1）振动效应的极限状态——容许振动标准；（2）振动输入条件——振动荷载。振动的效应和荷载主要包括周期振动、随机振动和瞬态振动等类型。主要参数包括均方根值、幅值和峰值等。这些参数都具有随机性。根据《建筑结构可靠度设计统一标准》的规定，结合试验数据和资料分析可以得到这样的结论：对于建筑结构的荷载效应和结构构件的抗力，以及建筑结构可靠度指标和结构构件的失效概率等分析时，是按正态分布函数，或者当量正态分布函数的平均值和标准差计算。由此可见，正态分布函数是结构可靠度设计中最常用的方法，如图 2.1.3 和图 2.1.4 可以看出材料强度和振动荷载的分布特性。

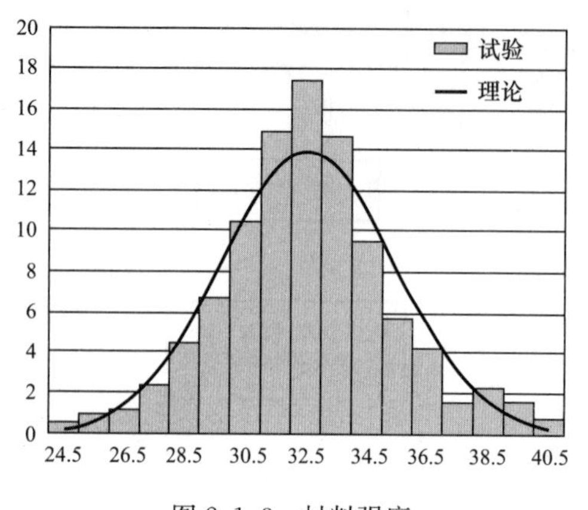

图 2.1.3　材料强度

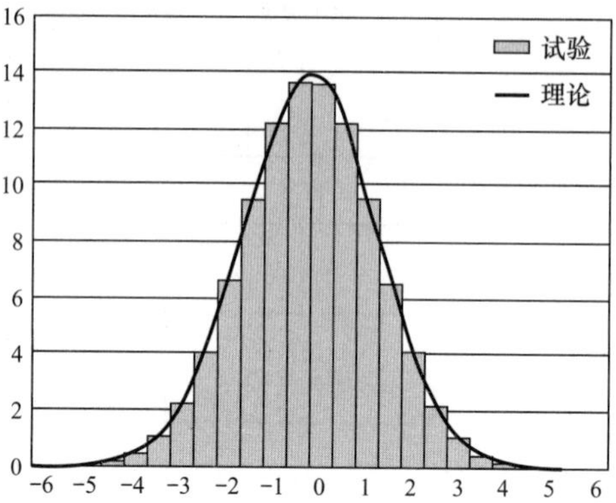

图 2.1.4　振动荷载数据

随机变量 X 服从一个数学期望为 μ、方差为 σ_2 的正态分布，记为 $N(\mu，\sigma_2)$。其概率密度函数为：

$$f(z)=\frac{1}{\sqrt{2\pi}\sigma}\exp\left[-\frac{(z-\mu)^2}{2\sigma^2}\right] \tag{2.1.3}$$

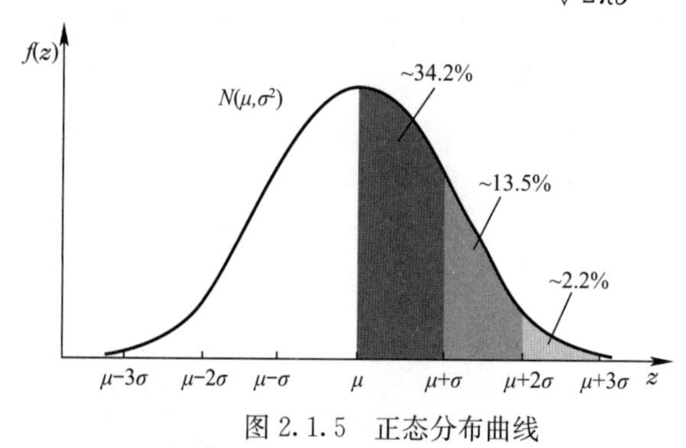

图 2.1.5　正态分布曲线

正态分布的一个重要特性 3σ 原则：用均方根值区间来表示数据的分布概率，如图 2.1.5所示。

$$P(\mu-\sigma\leqslant Z\leqslant\mu+\sigma)=68.3\%$$
$$P(\mu-2\sigma\leqslant Z\leqslant\mu+2\sigma)=95.4\%$$
$$P(\mu-3\sigma\leqslant Z\leqslant\mu+3\sigma)=99.7\%$$

试验研究表明：在工程振动荷载三种类型的振动信号中，周期振动和随机振动通常服从正态分布；而冲击振动为偏态分布，可按照对数正态分布或当量正态分布来统计。因此，可以运用正态分布的 3σ 原则，确定对应保证概率下的荷载效应和容许振动标准。这也是《建筑工程容许振动标准》和《建筑振动荷载标准》的编制依据。

四、等效静力荷载要求

等效静力荷载是等效静力设计采用的荷载计算方法，是一种工程简化方法。等效静力法有时也称为拟静力法，是一种用静力学方法近似解决动力学问题的简易方法，它发展较早，迄今仍然被广泛使用。其基本思想是在静力计算的基础上，将振动作用简化为一个惯性力系附加在研究对象上，其核心是设计振动响应（或效应）的确定问题。

该方法可以在一定程度上反映振动荷载的动力效应，只是无法对反映各种材料自身的动力特性以及结构物之间的动力响应，也不能分析结构物之间的动力耦合关系。

由于拟静力法的优点较为突出，物理概念也较为清晰，分析方法比较简单，参数确定更为简便，因此受到工程设计人员的欢迎。

建筑工程设计过程中，当具有充分依据时，为了简化计算，可采用等效静力荷载。等效静力荷载一般采用某一基准值（一般采用重力值）乘以动力系数得到。简而言之，等效静力法就是在有充分依据时，振动荷载可简化为等效静力荷载，按静力方法进行设计。

五、两种极限状态

1. 结构构件的极限状态可分为下列两类：

（1）承载能力极限状态：这种极限状态对应于结构或结构构件达到最大承载能力或不适于继续承载的变形。

（2）正常使用极限状态：这种极限状态对应于结构或结构构件达到正常使用或耐久性能的某项规定限值。

2. 工程振动可靠度设计应以满足安全、适用和耐久性三个方面规定的功能要求为极限状态，其中包括承载能力极限状态和正常使用极限状态。建筑结构的三种设计状况应分别进行下列极限状态设计：

（1）对三种设计状况，均应进行承载能力极限状态设计；

（2）对持久状况，尚应进行正常使用极限状态设计；

（3）对短暂状况，可根据需要进行正常使用极限状态设计。

关于正常使用极限状态和承载能力极限状态的定义和计算表达式在《工程结构可靠度设计统一标准》GB 0153 和《建筑结构荷载规范》GB 0009 中都有较为明确的规定，本标准针对振动荷载的特点加以细化，并考虑了标准之间的有效衔接。

3. 振动荷载的正常使用极限状态计算时，荷载代表值应符合下列规定：

（1）计算结构振动加速度、速度和位移等振动响应与结构变形时，宜采用振动荷载效应标准值或标准组合值。

（2）验算结构裂缝时，宜采用等效静力荷载效应的标准组合值。

4. 承载能力极限状态计算时，荷载代表值应符合下列规定：

（1）验算结构承载力时，宜采用振动荷载效应与静力荷载效应的基本组合值。

（2）验算结构疲劳强度时，宜采用振动荷载效应与静力荷载效应的基本组合值。

第二节　荷 载 组 合

一、振动荷载统计特性

振动荷载与静力荷载不同，荷载在振动方向、振幅大小和振动频率等方面应能包络振动激励的所有工况。在考虑结构安全和适用的前提下，尚需考虑结构的经济性。因此，根据振动荷载的变异性特点，在确定振动荷载参数值时，应当满足合理的保证概率。

根据现行国家标准《建筑结构可靠度设计统一标准》GB 50068 的规定，对振动荷载进行统计和组合计算。

根据数理统计的概念，两个正态分布过程，不论是否独立，其组合依然服从正态分布。

在考虑多振源振动的效应时，由于振动相位的随机性，振动相遇时组合振动的分布特性就具有一些随机振动的特性，多数情况接近正态分布，因此，我们可以参照正态分布函数基本特性来分析多振源振动荷载的组合效应。

二、荷载效应及效应组合

在建筑结构设计中，所涉及的荷载条件包括：静力荷载和动力荷载两大类。

根据建筑结构的荷载分类，考虑《建筑结构荷载规范》与《建筑振动荷载标准》之间分工、衔接和相互补充等问题，对荷载及荷载组合需要加以明确。具体要求见表 2.2.1。

荷载组合　　表 2.2.1

序号	组合内容	组合要求	执行标准
1	静+(等效）静	基本组合	GB 50009
2	静+动	标准组合	GB 50009
3	动+动	标准组合	本标准

建筑工程振动荷载作用效应组合，应符合下列规定：

1. 静力计算时，等效静力荷载应按可变荷载考虑。在与静力荷载组合时，采用基本组合。当荷载的动力系数确定后，可按《建筑结构荷载规范》GB 50009 的规定计算。

2. 静力荷载与振动荷载的效应组合，应采用标准组合，当振动荷载标准值、组合值系数、频遇值系数和准永久值系数确定后，可按《建筑结构荷载规范》GB 50009 的规定计算。

3. 动力计算时，振动荷载与振动荷载的效应标准组合，应采用标准组合，按本标准的规定计算。

振动荷载与静力荷载不同，荷载在振动方向、振幅大小和振动频率等方面应能包络振动激励的所有工况。在考虑结构安全和适用的前提下，尚需考虑结构的经济性。因此，根据振动荷载的变异性特点，在确定振动荷载参数数值时，应当满足合理的保证概率。

根据现行国家标准《建筑结构可靠度设计统一标准》GB 50068 的规定，对振动荷载进行统计和组合计算。

根据数理统计的概念，两个正态分布过程，不论是否独立，其组合依然服从正态分布。

在考虑多振源振动的效应时，由于振动相位的随机性，振动相遇时组合振动的分布特性就具有一些随机振动的特性，多数情况接近正态分布，因此，我们可以参照正态分布函数基本特性来分析多振源振动荷载的组合效应。

三、振动荷载组合基本公式

对于多振源（包括三个及三个以上的振源）情形，振动叠加结果较为复杂，具有一些随机特性。一般情况振幅变化较难有规律可循，如图 2.2.1、图 2.2.2 所示。

按照一般多振源叠加原理，对于周期振动荷载和稳态随机振动荷载，振动荷载的效应组合，可按均方根叠加的方法计算，即为：

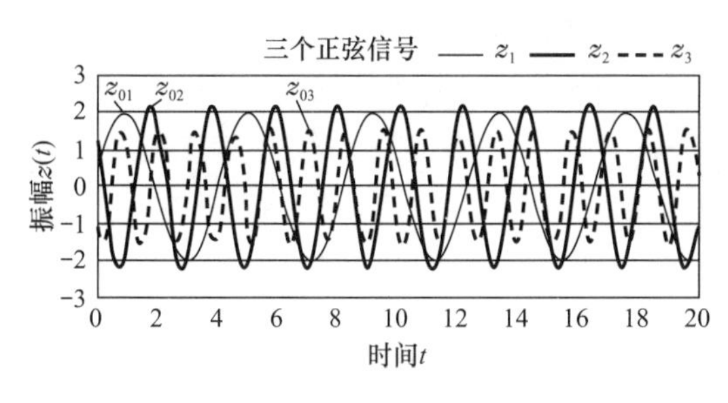

图 2.2.1　三个正弦信号

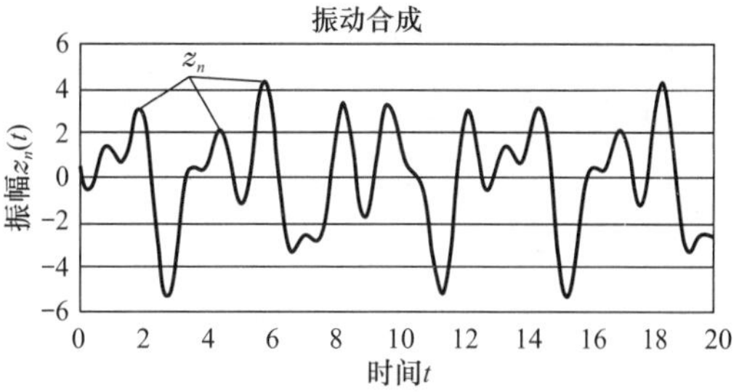

图 2.2.2　多振源振动组合

$$S_{\sigma n} = \sqrt{\sum_{i=1}^{n} S_{\sigma i}^{2}} \tag{2.2.1}$$

式中：$S_{\sigma i}$——第 i 个振动设备荷载标准值的均方根效应；

$S_{\sigma n}$——n 台振动设备的均方根效应组合值；

n——振动设备的总数量。

四、两个振动荷载组合

对于两振源振动叠加的情形，当两个振源荷载效应的振幅和频率相近时，就会出现拍频振动现象。此时没有等高振幅的现象，振幅大小有变化，最大振幅为两振源振幅之和。如图 2.2.3、图 2.2.4 所示。

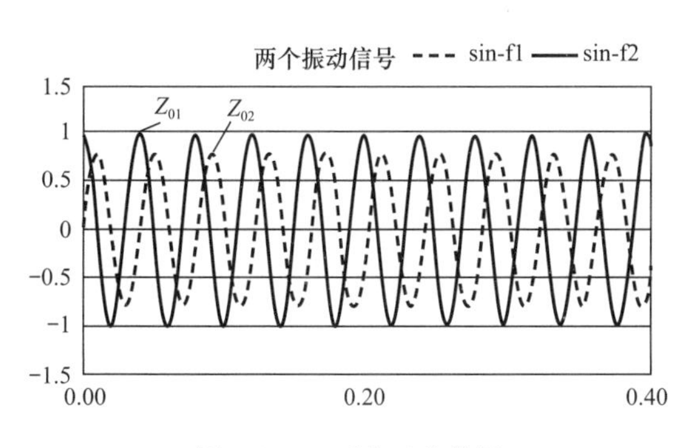

图 2.2.3　两个正弦信号

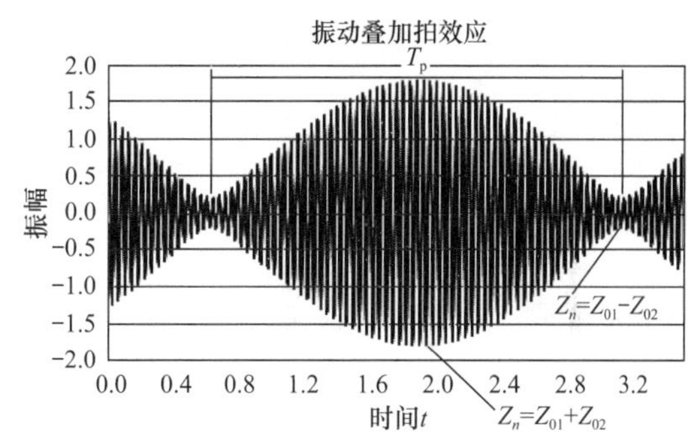

图 2.2.4　两个正弦信号的拍振

当两个周期振动荷载组合时，振动荷载效应组合的最大值，可按下式计算：

$$S_{\mathrm{vmax}} = S_{\mathrm{v1max}} + S_{\mathrm{v2max}} \tag{2.2.2}$$

式中：S_{vmax}——为两个振动荷载效应组合的最大值；

S_{v1max}——第 1 个振动荷载效应的最大值；

S_{v2max}——第 2 个振动荷载效应的最大值。

五、瞬态振动荷载组合

振动荷载值随时间变量的变化，表现为瞬态激励，它的作用时间非常短暂，荷载形态为脉冲函数。冲击振动荷载的曲线图形的时域过程，在时间轴上是一个脉冲函数，持续时间非常短暂（图 2.2.5），在频率区间则表现为在频率轴上呈现宽带连续分布的图形。如锻锤打击力、压力机冲裁力，以及打桩施工等的振动荷载。

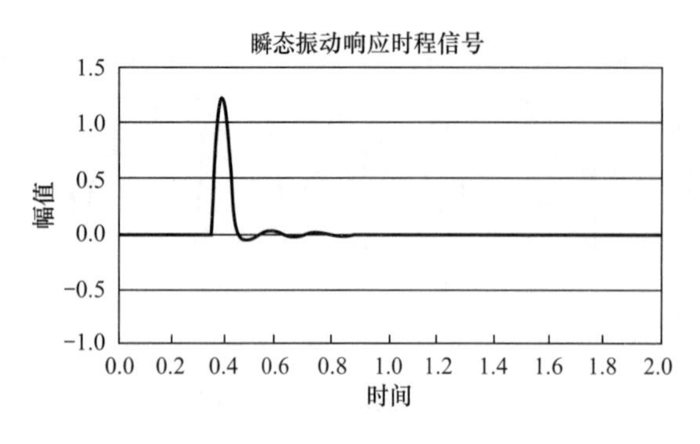

图 2.2.5　冲击振动荷载时间历程

对于冲击荷载，振动荷载效应组合值，可按下列公式计算：

$$S_{\mathrm{Ap}} = S_{\max} + \alpha_{\mathrm{k1}} \sqrt{\sum_{i=1}^{n} S_{\sigma i}^{2}} \quad (2.2.3)$$

式中：$S_{\max}$——冲击荷载效应在时域上的最大值；

S_{Ap}——冲击荷载控制时，在时域范围上效应的组合；

α_{k1}——冲击作用下的荷载组合系数，通常可取 1.0。

六、等效静力荷载

振动荷载效应可采用动力荷载或等效静力荷载。在工程设计时，为了简化建筑结构的设计计算，在有充分依据时，可将重物或设备的自重乘以动力系数后，得到动荷载。然后再根据这样的动荷载就可以按静力方法来设计，这种用动荷载设计的方法也叫拟静力设计方法。将承受动力荷载的结构或构件，根据动力效应和静力效应的比值得到动力系数。

当振动荷载效应采用拟静力方法分析时，振动荷载的动力系数，可按下式计算：

$$\beta_{\mathrm{d}} = 1 + \mu_{\mathrm{d}} \quad (2.2.4)$$

$$\mu_{\mathrm{d}} = \frac{S_{\mathrm{d}}}{S_{\mathrm{j}}} \quad (2.2.5)$$

式中：β_{d}——振动荷载的动力系数；

μ_{d}——振动荷载效应比；

S_{d}——振动荷载效应；

S_{j}——静力荷载效应。

动力系数的取值与振动设备特性有关，如电机、风机、水泵等设备，工作较为平稳；球磨机、往复压缩机、发动机等设备，具有中等冲击；锻锤、压力机、破碎机等设备具有较大冲击。动力系数应当具有包络特性（图 2.2.6）。

确定动力系数通常可以采用两种方法：(1) 经验推荐用值，可以查阅有关机械设计手册提供动力系数。(2) 对于简单的机械系统，可采用动载系数解析法求出。

动力效应可分为：(1) 直接作用，如振动设备基础；(2) 间接作用，如振动设备所在厂房楼盖或屋盖结构。

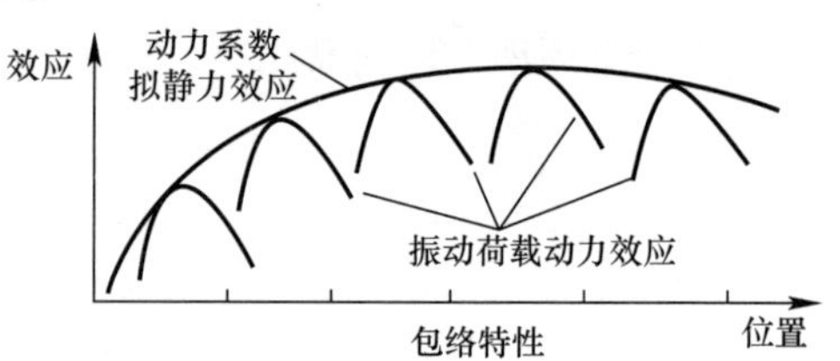

图 2.2.6　荷载效应包络特性

通常情况，对于设备振动荷载直接作用的结构，动力荷载（简称动载）应为动力系数乘以设备重量。对于振动荷载间接作用的结构，动力荷载应为动力系数乘以相应的结构重量。

第三节　振动荷载测量

一、一般要求

振动荷载测试仪器性能应符合国家现行有关标准的规定。测试系统应符合国家现行有关标准的规定，测试仪器应由国家认定的计量部门定期检定或校准，并在有效期内使用。

测试仪器的选择应与所测物理量相符合，其中包括传感器类型、频率范围、测试量程以及测试方向等。为了确保测试数据的有效性和准确性，测试系统应按照国家有关标准进行校准。

测试信号应根据需要，可以是时域或频域的；分析结果应包括幅值、峰值、均值、均方根值以及最大值等。对于模态试验的分析结果，包括振型、频率和阻尼比等。

建筑工程振动的类型较多，可以根据不同的需要进行分类。为了便于测试与分析，在这里将振源特性按下列几种方法来分类：

1. 振源的几何特征：

（1）点振源激励：压缩机、汽轮机、锻锤等振动设备；打桩、爆破等冲击振动等。

（2）线振源激励：公路、铁路、桥梁、结构梁柱等的振动。

（3）面振源输入：楼板、墙面、地面等的振动。

（4）体振源输入：地下工程的环境振动，基础工程的地基土的振动等。

不同几何特征振动，其传播方式与过程会有些差别。而在实际测试过程中，振动信号中可能包含了多种几何特征的振源激励，这是需要研究人员根据现场情况判断振动信号的几何特征。

2. 激振的数据特征：

（1）周期振动：压缩机、电机、水泵、汽轮机以及发动机等的振动。

（2）随机振动：火车、汽车以及地脉动等的振动。

（3）瞬态冲击：锻锤、落锤、压力机、锤击打桩和爆破等的激励。

考虑到实际振动的复杂，在一段实测信号中常会伴随不同的振动数据特性。例如随机信号中常会包含冲击成分。而周期信号常会夹杂一些随机成分。即使是周期信号，也可能包含多个周期信号的合成。

3. 激振的物理特征：

（1）初始位移激励：压力机启动和锻压阶段，剪切机冲剪阶段等。

（2）初始速度激励：锻锤打击过程假定。

（3）激振力的作用：旋转往复运动机械设备的振动激励。

（4）基础位移输入：环境振动传播的地面运动，隔振基础下的楼板振动等。

激振作用的物理特征是为了振动分析而确定。在理论分析中往往需要对计算模型做一些假定，对实际物体进行必要的简化。这就会涉及如何考虑振动输入的物理特征。

二、测试系统

振动测试中，需要使用一些测试仪器。用于振动测试的仪器包括：传感器，放大器，抗混滤波器，数模转换和信号分析系统等。振动测试的原理示意如图 2.3.1 所示。

图 2.3.1　振动测试系统示意框图

由上述这些测试单元组成了一个基本的振动测试系统。

振动测试中，测试系统应当尽可能地准确反映振动信号的三个要素。通常我们关注的振动信号三个要素为：幅值、频率和相位。振幅可以反映振动强度，而频率和相位可为防振和隔振提供设计依据，也便于探寻振源位置和振动设备。

在选择测试系统时，需要对系统做全面的考察，其中包括：系统性能的稳定可靠，满足测试精度要求，具有对环境的适应性，合适的动态特性，具备良好的抗干扰能力，同时还需要一套完善的数据分析处理功能。

振动测试系统的主要性能参数指标为：测试范围和量程，灵敏度，线性度，分辨率，失真度，信噪比，频响特性等。

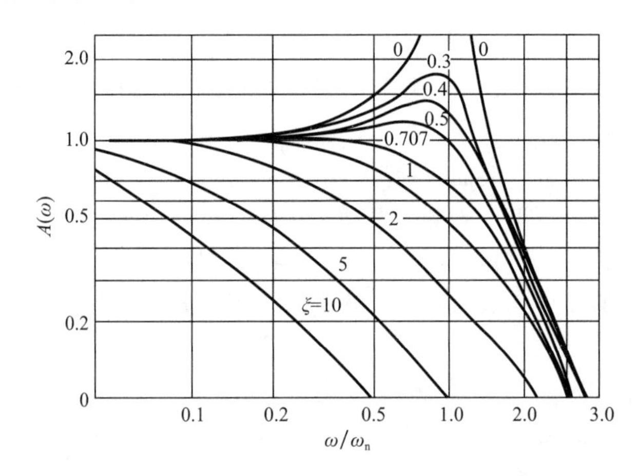

图 2.3.2　传感器频响特性

测试系统的频率特性如图 2.3.2 所示，测试的频率范围应在测试系统频响曲线的平直段，一般认为测试系统的固有频率为信号频率区间上限的 3～5 倍。亦即 $\omega_n>(3\sim5)\omega$ 为宜，这里的 ω_n 为测试系统固有频率。

振动测试仪器的性能指标，必须符合相应国家标准的规定。

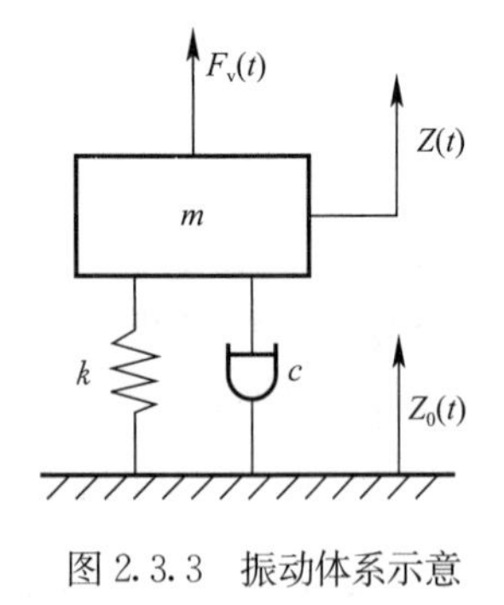

图 2.3.3　振动体系示意

三、测量方法

振动荷载测量的内容包括两种类型：一种是作用于系统上的激振力 $F_v(t)$；另一种是作用于基础上的环境振动 $Z_0(t)$。荷载作用如图 2.3.3 所示。

振动荷载测试方法可以分为：

1. 直接法是在振动体系的激振输入部位直接测试作用力 $P(t)$；

2. 间接法是根据振动体系振动输入部位的不同激励形式推算振动荷载，振动激励形式可以是运动量（位移，速度或加速度等)，也可以是能量或动量；

3. 频响函数法：根据振动系统传递函数识别振动系统的各项参数，按照数据分析方法导算振动荷载，由运动微分方程：

$$m \cdot \ddot{z}(t) + c \cdot \dot{z}(t) + k \cdot z(t) = P(t) \tag{2.3.1}$$

力输入位移输出体系的传递函数：

$$| H(f) |_{\text{P-d}} = \frac{1/k_z}{\sqrt{[1-(f/f_n)^2]^2 + (2\zeta_z f/f_n)^2}} \tag{2.3.2}$$

振动荷载可按下式计算：

$$| F_v(f) | = | H(f) |_{\text{p-d}} | Z(f) | \tag{2.3.3}$$

4. 动平衡法：对于旋转机械中的作旋转运动的零部件，旋转机械经过动平衡处理后，残余不平衡量就会产生旋转扰力。

可以根据动平衡试验的参与不平衡量来计算扰力值：

$$F_v = me\omega^2 = 1.0966 \times 10^{-5} men^2 \tag{2.3.4}$$

$$\omega = \frac{2\pi n}{60} = 0.10472n \tag{2.3.5}$$

式中：F_v——旋转扰力（kN）；

m——旋转部件质量（kg）；

e——不平衡偏心距（m）；

ω——角速度（rad/s）；

n——转速（r/min）。

激振力 F 通过转轴作用在轴承上，使轴承承受附加的动扰力荷载，引起转子、轴承和支承结构振动。扰力作用的方向与转轴垂直，是以转轴为圆心旋转作用的振动荷载。

振动荷载测试时，测试方法的选择宜符合下列规定：

1. 振动荷载测试宜采用直接测试法。

2. 当无法直接测试振动设备作用力时，可采用振动荷载间接测试法。

3. 对于旋转机械，振动荷载可根据动平衡试验结果计算。

除有特殊要求外，振动测试点应取振动设备的支承点处或动力作用点上。振动荷载测试方向应包括竖向和两个水平向。

测试中包括激振力、动应力、动应变、振动位移、振动速度和加速度等物理量。为数据分析对应的信号是测试的电压信号。信号的类型可以是周期信号、随机信号和脉冲信号等。

振动荷载测试时，传感器应安装牢固，在测试过程中不得产生倾斜或附加振动。

四、数据处理

通常测试中存在一定的误差，其中包括系统误差、过失误差和随机误差等。在测试过程中，需要控制系统误差，避免过失误差。一旦信号记录完毕，开始数据分析时，就需要考虑随机误差问题（图 2.3.4）。

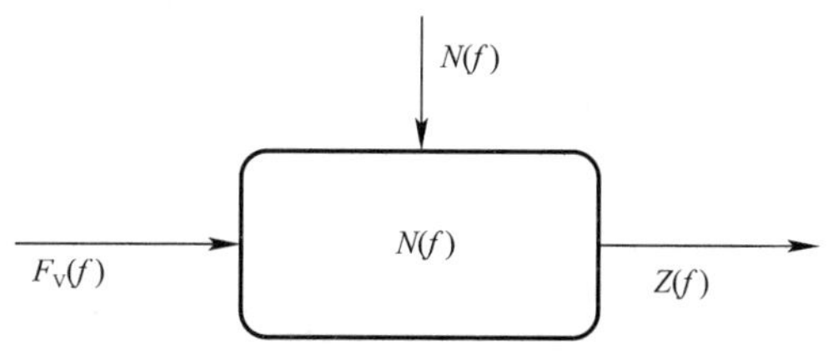

$F_V(f)$为激振作用；$H(f)$为系统特性；$Z(f)$为振动响应；$N(f)$为信号噪声；

图 2.3.4　测试系统示意

为了确保数据分析精度，减少测试工作

量，常用的平滑段数有：20、32、40、100。对于随机数据而言，不论取多少段平均，随机误差总是存在的，即使取了100段数据平均，也存在10%的随机误差可能性。

对于稳态周期振动，如果数据中的随机信号或噪声干扰部分的振动能量不超过总能量的10%，采用20段数据平滑，其统计精度可达95%以上。

为了减少这些误差影响，判断数据的可信程度，在数据分析中常采用凝聚函数法。

凝聚函数应满足：

$$0 \leqslant \gamma_{xy}^{2}(f) \leqslant 1 \tag{2.3.6}$$

当系统是一种理想线性且无噪声时，凝聚函数将等于1，否则将在0与1之间。

振动荷载测量数据分析，应符合下列规定：

1. 稳态周期振动分析时，宜采用时域分析方法，将测量信号中所有幅值在测量区间内进行平均；亦可采用幅值谱分析的数据作为测量结果。每个样本数据宜取1024的整数倍，并应进行加窗函数处理，频域上的总体平均次数不宜小于20次。

2. 冲击振动分析时，宜采用时域分析方法，应选取3个以上的连续冲击周期中的峰值，经比较后选取最大的数值作为测量结果。

3. 随机振动分析时，应对随机信号的平稳性进行评估；对于平稳随机过程宜采用总体平滑的方法提高测量精度；当采用FFT或频谱分析时，每个样本数据宜取1024的整数倍，并应进行加窗函数处理，频域上的总体平均次数不应小于32次。

4. 传递函数或振动模态分析时，应同时测量激振作用和振动响应信号；当输入与输出信号的凝聚函数在0.8～1.0区间内时，可取分析的传递函数。

5. 每个测点记录振动数据的次数不得少于2次，当2次测量结果与其算术平均值的相对误差在±5%以内时，可取其平均值作为测量结果。

测量激振力是确定振动荷载作用的直接方法。然而，多数振动设备的激振力测试较为困难，不容易直接获取振动荷载。工程中常用的间接方法包括测量振动输入的能量、动量或惯性运动量等来推算振动荷载作用；还可以通过测量振动响应和识别振动系统来推断振动荷载等方法。

五、误差分析

建筑工程振动分析应当属于抽样统计分析的范畴。无论是测试工况选取、测试方法本身，以及数据分析等不可避免地存在一些误差。提出一些测试分析方法的要求，是为了确保测试与分析结果的偏差在一个可控范围内，以使振动评估更有效，可用于指导工程设计与应用。

测试误差通常是难免的。测试误差包括：系统误差、随机误差和过失误差。

1. 系统误差主要依靠系统标定和测试仪器的内在质量来保证，同时也要验证振动测试方法的准确性和精确度。

在数据分析过程中，还存在一种由于信号截断造成的偏差。

例如，在信号采集过程中，样本信号仅能截取实际振动信号的很少一部分信息，不可能采集到全部的振动信号。

此外，在数据分析时，用到的诸如FFT一类的数学方法。这些方法，在理论上是考虑在无穷区域的积分，而在实际中，只能在有限的时间区间或频率区间的积分。

以上这些误差都属于系统误差，都是不可避免的。

2. 对于过失误差，则需要加强测试人员的责任心和进行必要的校核检查工作。在测试过程中，测试人员对测振设备接线的连接要正确，测试参数档位的设置要准确。

3. 标准提出的有关数据分析方面的要求，主要是针对随机误差而言。在频谱分析中，可以通过数据样本的总体平均次数来减少振动信号的随机误差。

在现行的许多标准中规定了不同的随机数据样本总体平滑数量的要求，常用的平滑段数有：20，32，40，100。对于随机数据而言，不论取多少段平均，随机误差总是存在的，即使取了100段数据平均，也存在10%的随机误差可能性。随机误差与总体平均数量的关系见表2.3.1。

随机数据的统计误差 **表2.3.1**

平滑段数	10	20	32	40	100
统计误差	0.316	0.224	0.177	0.158	0.100

随着总体平均数量的增加，测试时间和分析工作量也急剧增加。考虑到测试的现实条件，以及信号本身的特点，对于不同类型的振动信号，应当提出与之对应的数据平滑段数要求，使之即能满足测试精度要求，也便于实际操作。

对于稳态周期振动，如果数据中的随机信号或噪声干扰部分的振动能量不超过总能量的10%，采用20段数据平滑，其统计精度可达95%以上。

对于平稳随机过程，为了提高统计精度，总体平均段数应取的更多一些。采用32段平均。

对于周期或随机振动，在振动信号分析之前，应当先对数据进行周期性或稳态性检验，只有在符合周期性或稳态性条件才能运用相应的数据分析方法分析数据。

数据分析需要采集数据样本，每个数据样本的记录长度是根据数据分析的要求决定的。对于采用快速傅里叶变换（FFT）分析的数据，每个数据帧必须为$2n$个。最常用的每帧数据的大小为516、1024和2048等。为了确保数据分析精度，建议样本数不少于1024个。

此外，对于周期或随机振动，绝大多数指标适用于波峰因数小于或等于9的情形。当波峰因数大于9时，应当按照专门的章节分析评估，或进行专项研究。

六、试验实例

在工业建筑中，锻锤是一种振动危害最大的机械设备。以前，没有人做过锻锤打击力的测试。无论是在锻锤设备研制，还是在机器基础设计时所采用的锻锤激振力数值只能是经验方法，因此，难以确保锻锤产品质量的运行可靠，也无法保证设备基础的使用安全。在编制《建筑振动荷载标准》时，编制组为了获取更为可靠的锻锤打击力数据以及振动荷载特性参数，于2015年6月组织了一次锻锤打击力测试工作。

测试中所使用的测试仪器包括：

1. 打击力传感器

打击力测试采用的传感器为某科研所研制的轮辐式力传感器，如图2.3.5所示，力传感器的主要技术指标为：

设计量程范围：0～10000kN

固有频率：9573.8Hz（仿真分析值）

线性度、迟滞、重复性误差：<0.5%

主体尺寸：ϕ300mm×120mm

图 2.3.5　打击力传感器

图 2.3.6　传感器安转及铜柱试件

2. 加速度计

机身上加速度测试所用加速度计为 YD-63D 型压电加速度计，主要技术指标为：

量程范围：0.005～5000m/s^2

谐振频率：12kHz

电荷灵敏度：0～30pC/m·s^{-2}

最大横向灵敏度比：<5%

地面上加速度测试所用加速度计为 YD-25 型压电加速度计，主要技术指标为：

量程范围：0.005～300m/s^2

谐振频率：2kHz

电荷灵敏度：0～300pC/m·s^{-2}

最大横向灵敏度比：<5%

3. 动态应变放大器

打击力传感器为应变式传感器，其输出信号的放大调理采用动态应变放大器，型号为 DYB-5 型，动态应变放大器与打击力传感器进行配套校准。动态应变放大器的主要技术指标为：

适用电阻应变计阻值：50～10000Ω

应变测量范围：(−200000～+200000)$\mu\varepsilon$

供桥电压准确度：0.1%

增益准确度：0.5%

频带宽度：DC～30kHz

滤波器上限频率（−3±1dB)：10Hz、100Hz、300Hz、1kHz、10kHz、PASS

滤波器平坦度：当 $f<0.5f_c$ 时，频带波动小于 0.1dB

噪声：不大于 3μVRMS（输入短路，在最大增益和最大带宽时折合至输入端）

4. 电荷放大器

测量振动的加速度计为压电式传感器，其输出信号采用电荷放大器进行放大调理，选用的电荷放大器型号为 DHF-3 型，其主要技术指标为：

输入电荷范围：0～105pC

输入电阻:大于 1011Ω

频带宽度：0.3Hz～100kHz(+0.5～−3dB)

滤波器上限频率（−3±1dB)：1kHz、3kHz、10kHz、30kHz、PASS

准确度：优于 1%

噪声：小于 5×10^{-3}pC

5. 信号采集分析仪

信号采集采用 TST3206 型动态测试分析仪，其主要技术指标为：

输入量程：±100mV～±20V，8 档程控可调

采样率：500Hz～20MHz（SPS)，多档可调

AD 精度：12bit

带宽：0～5MHz(−3dB)

系统准确度：优于 0.5%

6. 传感器的校准

试验中所用的传感器在现场测试前均进行了校准。在防护工程计量测试站校准，利用相应的标准装置对打击力传感器和加速度计进行了校准。

打击力传感器的校准曲线如图 2.3.7 所示，根据对校准结果的分析，打击力传感器的灵敏度为 0.665mV/kN，线性度、迟滞、重复性等指标均小于 0.5%，传感器总体精度优于 0.5 级。

加速度计的校准依据《压电加速度计》JJG 233 检定规程进行，所用的加速度计的灵敏度检定结果如表 2.3.2 所示，传感器的其他性能指标均符合规程要求。

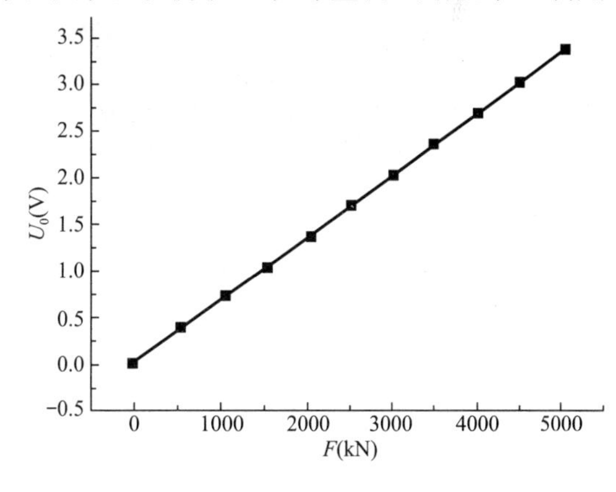

图 2.3.7　打击力传感器校准曲线

加速度计灵敏度校准结果　　　　**表 2.3.2**

加速度计类型	加速度计编号	灵敏度（pC/m・s^{-2}）	传感器安装位置
YD-63D	9031	36.0	机身 1
YD-63D	9009	36.5	机身 2
YD-63D	0510	34.1	机身 3
YD-25	11067	372	地面 1
YD-25	1005	379	地面 2
YD-25	11069	362	地面 3

传感器现场安装及仪器联机调试

打击力传感器直接放置在锻锤的砧座上，如图 2.3.6 所示，为防止打击后传感器反弹落地，将传感器用铁丝适当固定。

机身上加速度测点位置采用快干胶粘结的方式将传感器固定在机身上相应位置。

地面上加速度测点位置如图 2.3.8 所示，其中地面测点 1 位于紧靠锻锤基座的地面上，测点 2、测点 3 与测点 1 之间的相互间距为 5m，3 个测点在一条直线上，加速度计采用快干胶粘结的方式固定在地面上相应位置。

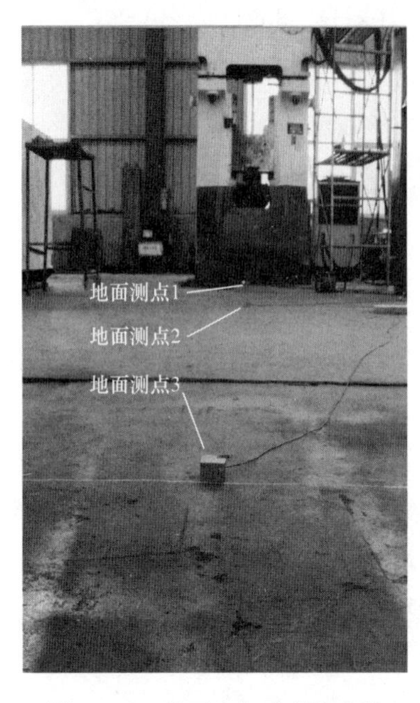

图 2.3.8　地面上加速度计安装

图 2.3.9　测试仪器

传感器安装完成后，与放大器和采集仪联机调试，如图 2.3.9 所示进行接地、平衡等调节，确保测试系统本底噪声最小。

根据对锻锤打击测试波形进行分析和识别，打击力波形可以采用式（2.3.7）所示的正矢脉冲函数拟合：

$$F(t)=\begin{cases}\dfrac{F_{\max}}{2}\left(1-\cos\dfrac{2\pi t}{\tau}\right) & (t_0\leqslant t\leqslant t_0+\tau)\\ 0 & (\text{其他情况})\end{cases}\tag{2.3.7}$$

根据拟合曲线得出的各次打击下打击力的峰值及脉冲时间如表 2.3.3 所示。

打击力测试结果统计表　　**表 2.3.3**

序号	打击能量	打击次数	打击条件	最大力（kN）	脉冲时间（ms）
1	10%	1	加毡垫	2260	2.18
2	10%	2	直接打击	3600	1.78
3	10%	3	加毡垫	2840	2.08
4	10%	4	直接打击	3530	1.775
5	20%	1	加毡垫	5172	1.85
6	20%	2	直接打击	5390	1.85
7	20%	3	直接打击	5064	2.01
8	30%	1	直接打击	6252	1.80

续表

序号	打击能量	打击次数	打击条件	最大力（kN）	脉冲时间（ms）
9	40%	1	直接打击	7476	1.80
10	50%	1	直接打击	8624	1.80
11	100%	1	直接打击	*20400	*1.80

注：表中带星号*的数据为推断值。

100%打击能量时，打击力超出传感器量程范围，弹性体发生塑性变形，能量打击力的拟合是根据传感器响应波形的上升部分的拟合以及脉冲时间的假定推断出来的，仅作为参考。其中，第10次30%打击能量直接打击和第13次打击能量直接打击的测试数据见图2.3.10～图2.3.13所示。打击力波形的采用正矢脉冲函数拟合。

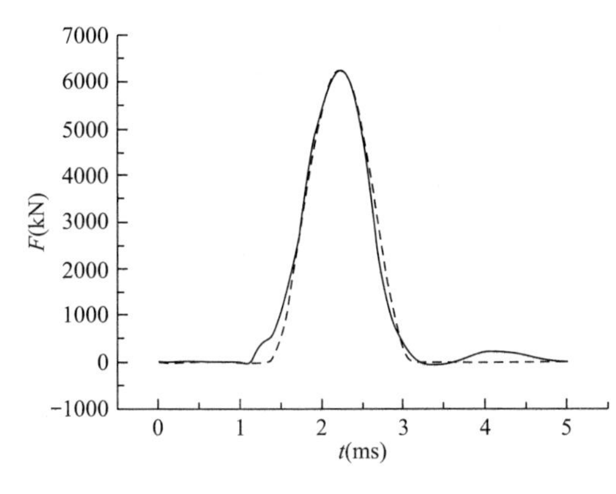

图2.3.10　30%打击能量

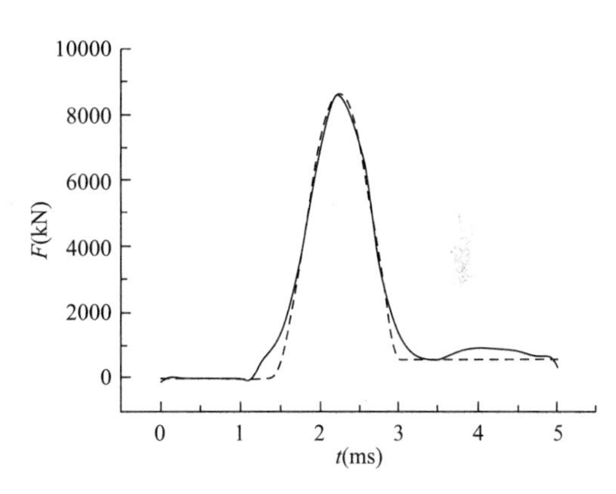

图2.3.11　50%打击能量

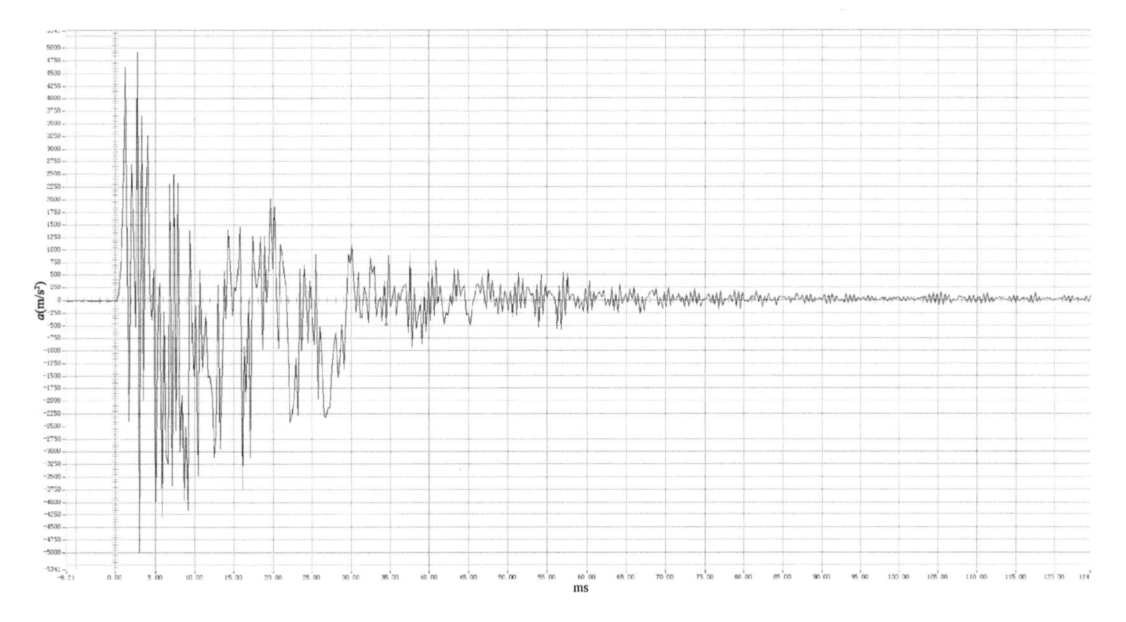

图2.3.12　10%能量直接打击机身3点振动加速度

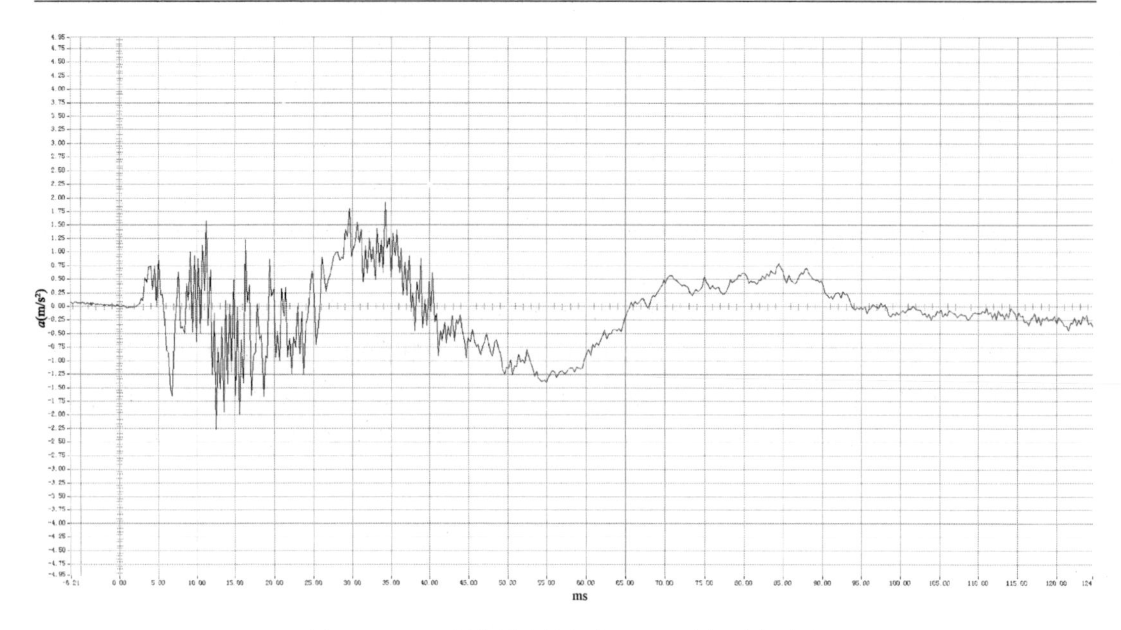

图 2.3.13　10％能量直接打击地面 2 点振动加速度

第三章　旋转式机器

第一节　汽轮发电机组和重型燃气轮机

一、振动荷载的取值

振动荷载是指在进行基础的强迫振动计算时所采取的激振力。动力分析时一般优先采用设备厂家提供的转子不平衡力作为振动荷载，当缺乏资料时，可按相关规范规定进行计算。振动荷载的取值包括力的大小、方向以及分析频率范围等。

我国《动力机器基础设计规范》GB 50040 规定：当缺乏资料时，基础的振动荷载取值可按表 3.1.1 采用。

振动荷载取值　　**表 3.1.1**

机器工作转速（r/min）		3000	1500
计算振动位移时，第 i 点的振动荷载 P_{gi}（kN）	竖向、横向	$0.20W_{gi}$	$0.16W_{gi}$
	纵向	$0.10W_{gi}$	$0.08W_{gi}$

注：1. 表中数值为机器正常运转时的振动荷载；
2. W_{gi} 为作用在基础第 i 点的机器转子重力（N）。

汽轮发电机组在工作转速（3000r/min）时的扰力取机器转子重量的 0.20 倍，在基础纵向动力计算时取机器转子重量的 0.10 倍，任意转速下的扰力乘以调整系数 $(n_0/n)^2$。共振区范围取工作转速的±25%。

多年工程实践证明，该值作为控制设计值，与容许振动线位移和阻尼比的取值相配套，能有效控制汽轮发电机基础的振动，保证汽轮发电机的安全运行。

我国《动力机器基础设计规范》GB 50040 关于汽轮发电机基础振动荷载取值的规定与国外主要标准存在较大的差异。

国外主要国家和汽轮机制造厂家除各自的标准和规定外，在实际工程中均认可采用 ISO 国际标准来评价机器的加工精度和机器的振动水平。目前相关的 ISO 标准已转化为我国机械行业的国家标准，与汽轮发电机基础振动有关的主要有两个：一个是机器振动荷载的取值规定 ISO 1940-1:/(GB/T 9239.1)：《机械振动 恒态（刚性）转子平衡品质要求 第 1 部分：规范与平衡允差的检验》；另一个是容许振动限值规定 ISO10816-2:(GB/T 6075.2)：《机械振动 在非旋转部件上测量评价机器的振动 第 2 部分：50MW 以上，额定转速 1500r/min、1800r/min、3000r/min、3600r/min 陆地安装的汽轮机和发电机》。

ISO1940-1:（GB/T 9239.1）规定机器振动荷载按转子平衡等级确定，汽轮发电机组转子的平衡等级建议取 G2.5，其计算公式为：

$$P_{gi}=W_{gi}\frac{G\Omega^2}{g\omega} \tag{3.1.1}$$

$$G=e\omega \tag{3.1.2}$$

式中：P_{gi}——基础第 i 点的振动荷载（N）；

W_{gi}——作用在基础第 i 点的机器转子重力（N）；

G——衡量转子平衡质量等级的参数（m/s），由设备厂家提供；

e——转动质量的偏心距，等于转动轴与转动质量质心间的距离（m）；

ω——机器设计的额定运转速度时的角速度（rad/s）；

Ω——计算不平衡力的转速时的角速度（rad/s）；

g——重力加速度，取 9.8m/s^2。

机器转子不平衡主要是由机器设计、材料、制造和装配等原因所产生，随机性较大，甚至同批次生产的转子中，每个转子的不平衡分布都各不相同。对于旋转式机器，转子产生的振动荷载为：

$$P=me\omega^2 \tag{3.1.3}$$

e 为转子的偏心距，在 ISO 1940-1 标准中称为剩余不平衡度。经验表明，对于相同形式的转子，剩余不平衡度 e 与转子的工作转速 n 成反比，也可以用下式来表达：

$$e\omega=\text{常量} \tag{3.1.4}$$

基于上述关系，ISO 1940-1 标准提出了转子平衡品质级别的概念，并给出了各型机器的转子平衡品质分级指南，部分机器见表 3.1.2。

部分转子平衡品质分级指南　　**表 3.1.2**

机械类型	平衡品质级别 G	$e\omega$ (10^{-3}m/s)
最高额定转速达 950r/min 的电动机和发电机（轴中心高不低于 80mm） 风机 泵 透平增压机	G6.3	6.3
最高额定转速大于 950r/min 的电动机和发电机（轴中心高不低于 80mm） 燃气轮机和蒸汽轮机 压缩机	G2.5	2.5

采用转子平衡品质等级的方法确定振动荷载值，以圆频率和偏心距来定义振动荷载，物理概念明确，有较严格的理论基础；同时机械行业国标和 ISO 标准均采用了平衡品质等级方法，主要汽轮发电机制造厂家的企业标准也基本采用该方法，汽轮发电机基础动力设计采用平衡品质等级方法能与国际接轨，同时也与制造厂家的技术要求相衔接。

ISO 标准建议汽轮机和燃气轮机的转子平衡等级为 G2.5。目前国内主要汽轮发电机生产厂家的制造水平比上世纪末有很大的提高。汽轮机和发电机出厂前每段转子均进行动平衡试验，对转子的偏心进行检验和调整，转子平衡等级基本能控制在 G2.0 以内。但在实际机器制造过程中，汽轮发电机组的各段转子分别进行动平衡试验，而没有进行整个轴系的动平衡试验，显然工程中汽轮发电机组整个转子轴系的动平衡等级与单独的各段转子相比会有所降低。同时考虑到施工安装、机器长期运行等因素也会降低转子的平衡等级，因此在汽轮发电机基础动力分析中，为提高基础的可靠性应降低转子的平衡等级。当平衡等级G取2.5、机器工作转速为50Hz时，动扰力约为转子重量的0.08倍；当平衡等级G取6.3时，动扰力约为转子重量的0.2倍，此时与我国《动力机器基础设计规范》GB 50040相当。

目前我国还没有燃气轮机基础设计方面的相关规定，实际工程中的燃机基础多由主机厂负责设计，采用的均为各自厂家的设计标准。燃气轮机各个制造厂家对振动荷载和振幅限值的要求差异较大，我国主要引进了三菱、GE和西门子三家公司的燃气轮机技术，表3.1.3列出了GE、三菱、西门子公司的厂家标准和ISO标准。

GE、三菱、西门子厂家及ISO标准的振动控制标准表　　表3.1.3

<table>
<tr><td rowspan="3"></td><td colspan="4">轴系</td><td colspan="3" rowspan="3">基础振动限值</td><td rowspan="3">基础振动荷载
（平衡等级）</td></tr>
<tr><td colspan="2">轴振</td><td colspan="2">瓦振</td></tr>
<tr><td>报警值</td><td>跳闸值</td><td>报警值</td><td>跳闸值</td></tr>
<tr><td rowspan="2">GE</td><td rowspan="2">76.2μm</td><td rowspan="2">114.3μm</td><td rowspan="2">12.7mm/s</td><td rowspan="2">25.4mm/s</td><td colspan="3">不平衡力作用点（轴承处）</td><td rowspan="2">G4.0</td></tr>
<tr><td colspan="3">当转速为额定转速时，1.5mm/s；
对于小于额定转速和大于额定转速直至达到120%额定转速时，3.8mm/s</td></tr>
<tr><td rowspan="5">三菱</td><td rowspan="5">62.5μm</td><td rowspan="5">100μm</td><td rowspan="5">—</td><td rowspan="5">—</td><td colspan="3">正常工作转速3000rpm时</td><td rowspan="5">G5.0</td></tr>
<tr><td></td><td>振动速度 v
（mm/s）</td><td>振幅 A
（μm）</td></tr>
<tr><td>良好</td><td><1.8</td><td><8.0</td></tr>
<tr><td>符合要求</td><td>1.8～4.5</td><td>8.0～20.5</td></tr>
<tr><td>不符合要求</td><td>>4.5</td><td>>20.5</td></tr>
<tr><td>西门子</td><td>83μm
（矢量合）</td><td>130μm
（矢量合）</td><td>9.3mm/s</td><td>11.7mm/s</td><td colspan="3">轴承座处的混凝土上表面处：在稳态运行时振动速度不能超过2.8mm/s（r.m.s）；
在启动或停机时振动速度不能超过4.5mm/s（r.m.s）</td><td>G4.0</td></tr>
<tr><td>ISO</td><td colspan="4">—</td><td colspan="3">4.5</td><td>G2.5
（G6.3）</td></tr>
</table>

燃机设备的振动控制要求分轴振和瓦振两部分。在轴振方面，GE和三菱公司的轴振限值比较接近，西门子公司相对数值较大，但考虑到西门子的限值是矢量合成值，而不是常规的单方向值，故总体而言三家公司的轴振限值大体相当。瓦振限值则相差较大，西门子要求严格，而三菱则没有要求。

基础振动限值都是采用振动速度均方根值控制，GE为1.52mm/s，三菱为1.8mm/s，西门子采用ISO标准为4.5mm/s。可以看出GE和三菱对基础的振动要求较为严格。

基础动力分析所采用的振动荷载各厂家标准也给出了具体要求，三菱要求为G5.0，GE和西门子为G4.0。ISO标准给出的为G2.5，但这是用于转子出厂平衡校验，在基础动力分析时转子的平衡等级应降低一级至G6.3。可以看出三个厂家的振动荷载取值相差不大。

三厂家的振动荷载取值比较接近，但设备瓦振和基础振动限值相差较大。比较而言，GE 和三菱瓦振要求较为宽松，而基础振动限值却比较严格，这存在一定的不合理性。综合分析，实际工程进行燃机基础自主设计时，振动荷载可取转子平衡等级 G6.3、振动限值取 4.5mm/s。

二、振动荷载的方向

我国《动力机器基础设计规范》GB 50040 规定：一般情况下，只需计算振动荷载作用点的竖向振动线位移。其认为计算的竖向振动线位移总是最大的，而三个方向的振动限值相同，当竖向振动线位移满足要求时，其他两个方向也必然满足要求。

我国电力行业标准《火力发电厂土建结构设计技术规程》DL 5022—2012 没有对计算方向作明确规定，但要求三个方向的振动线位移均应满足要求。在实际工程设计中，当基础横向梁宽度受限时，经常遇到基础纵向振动偏大的情况，这就需要对基础外形进行调整，以降低基础的纵向振动。

国际上在这方面做法也不相同，德国 DIN 标准和德国工程师的习惯做法是仅计算基础竖向和横向的振动；美国标准没有明确规定振动线位移设计值的方向，习惯做法与我国相同。

根据国家机械行业标准 GB/T 6075.2/ISO 10816-2 的规定，通常不进行汽轮机和发电机主轴承的轴向振动测量，但在评价推力轴承轴向振动时，其振动烈度可以采用与径向振动相同的准则，对于没有轴向约束的其他轴承，其轴向振动没有严格的要求，因此在实际设计中可以根据轴承类型区别对待，即仅对推力轴承轴处的基础纵向振动进行控制。

三、振动荷载的计算频率

我国《动力机器基础设计规范》GB 50040 规定在计算振动线位移时，宜取工作转速±25％范围内的振动线位移作为工作转速时的计算振动线位移。考虑到当时的计算条件，空间杆系计算模型刚普及，分析模型较为粗糙，不可避免地会遗漏部分高阶振型，因此计算频率范围设定得比较广，同时计算振动荷载为工作转速时的基础振动响应也没有太大的意义。

随着计算手段的发展，应该采用更符合实际的精确计算模型，如实体单元模型、壳单元模型等。国外大体采用块体有限元计算模型进行汽轮机和燃气轮机基础的动力分析，因此其采用的频率分析范围相对要小得多。德国 DIM 标准分析频率范围为工作转速的±5％；SIMENS 公司取工作转速的 0.9～1.15 倍范围；ALSTOM 公司取工作转速的±15％范围。

汽轮发电机基础动力计算时，振动荷载的大小随着机器转速变化而变化，任意转速下的振动荷载按下式计算：

$$P_{oi}=P_{gi}\left(\frac{n_0}{n}\right)^2 \tag{3.1.5}$$

式中：P_{oi}——任意转速的振动荷载（N）；

P_{gi}——工作转速下的振动荷载（N）；

n_0——任意转速（r/min）；

n——工作转速（r/min）。

对于我国的汽轮发电机组，工作转速为3000r/min，当荷载频率处于机器额定转速±5%范围内时，振动荷载误差约10%；当荷载频率处于机器额定转速±10%范围内时，振动荷载误差约20%；当荷载频率处于机器额定转速±15%范围内时，振动荷载误差约30%。因此，当采用块体有限元计算模型进行汽轮机和燃气轮机基础的动力分析时，采用的频率分析范围可适当减小，如分析频率取工作转速的±5%，此时可将扰力设为定值，不会对计算结果产生太大影响，但会给基础的设计计算工作带来很大便利。

四、振动荷载的作用位置

按照我国《动力机器基础设计规范》GB 50040的规定，振动荷载的作用位置在基础顶面或纵、横梁的形心，这主要是限于当时计算条件的制约（杆系计算模型）。当采用块体有限元模型时，就有两种方法处理振动荷载的位置：一种是将振动荷载直接放置在基础顶板单元的节点上，这与杆系模型一致；另一种是在基础单元上设置刚性杆来模拟机组的轴承座，刚性杆的高度与轴承中心线相同，弹性模量远大于钢筋混凝土，质量为零。当条件允许时，在计算模型中模拟机器轴承座显然更精确。图3.1.1、图3.1.2为模拟轴承座（刚性杆）示意图。

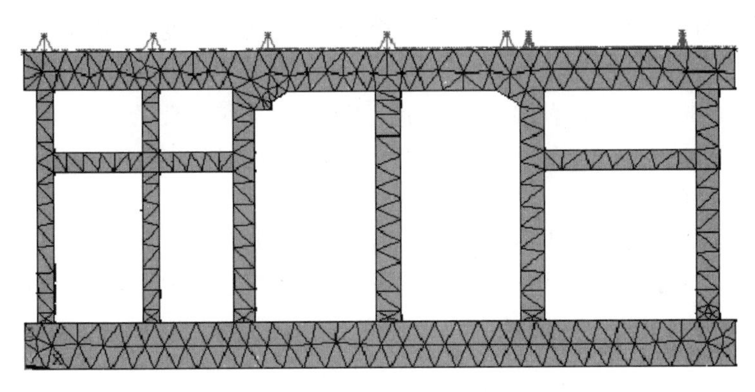

图3.1.1　模拟轴承座（刚性杆）示意图

图3.1.2　刚性杆细部图

根据相关研究资料，振动荷载作用点高度的不同，结构的动力响应是有所差别的，一般在10%左右。故在实际设计中，当采用块体有限元单元模型时，宜在模型中采用刚性杆来模拟机器轴承座，刚性杆的高度取机器的轴承高度，通常由设备厂家提供。

第二节　旋转式压缩机

旋转式机器的主要运动部件是绕主轴旋转的转子，而这类机器的不平衡扰力就是由于转子的质心没有与主轴完全对中时旋转产生的离心力。从理论上讲，转子的质心应在其转动中心位置上，即与旋转的几何轴线完全重合，这样由转子旋转所产生的离心力将为零。但实际上这种理想状态却很难达到，即使是经过严格动平衡调试的新机器，微小的质量偏心也无法完全消除，在机器运转时，这部分偏心质量绕主轴旋转就会产生离心力。

离心力的大小与转子的质量、计算偏心距、旋转角速度的平方成正比，其方向沿径向向外，如图 3.2.1 所示，这就是绕定点作圆周运动的质点惯性力公式：

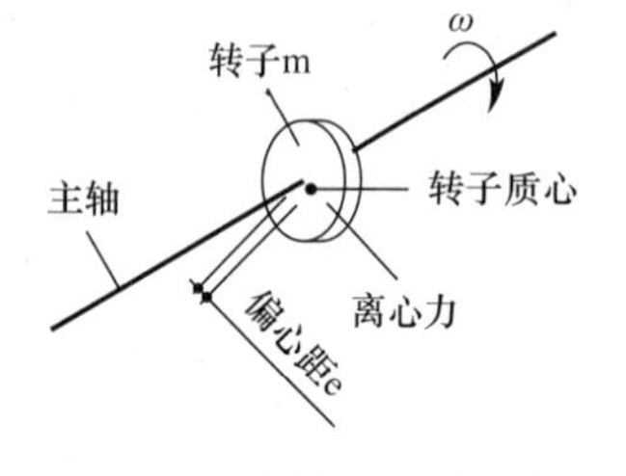

图 3.2.1　旋转式机器示意图

$$F_{vr} = me\omega^2 \tag{3.2.1}$$

式中：F_{vr}——机器的径向计算扰力（N）；

m——转子的质量（kg）；

e——转子的计算偏心距（m）；

ω——转子的旋转角速度（rad/s）。

偏心距 e 值则取决于机器制造的加工精度、动平衡水平、安装精度、初始偏心距、使用过程中机械的磨损程度等多种因素。在计算离心力时，最主要的工作就是要参考机械行业的制造标准、相关的工程经验及实测数据，确定转子的计算偏心距 e 值，再代入式（3.2.1）求出扰力值。

不同行业采用的计算假定不尽相同，在石化行业计算旋转式压缩机扰力时，参考了美国石油学会标准《轴流、离心式压缩机和膨胀机－压缩机》API 617，其规定的峰－峰振幅限值 $A_1(\mu m)$ 为：

$$A_1 = 25\sqrt{\frac{12000}{n}} \tag{3.2.2}$$

式中：n——机器的工作转速（r/min），与《建筑振动荷载标准》中 n 等同。

取式（3.2.2）中的双振幅限值 A_1 的一半得峰振幅，即为式（3.2.1）中的 e 值：

$$e = \frac{0.5\times 25}{10^6}\cdot\sqrt{\frac{12000}{n}} \tag{3.2.3}$$

将式（3.2.3）代入式（3.2.1）可得旋转式压缩机的径向计算扰力：

$$\begin{aligned} F_{vr} = me\omega^2 &= \frac{mg}{9.8}\times\frac{0.5\times 25}{10^6}\times\sqrt{\frac{12000}{n}}\times\left(\frac{2\pi}{60}\times n\right)^2 \\ &= 1.531\times 10^{-6}\times mg\times n^{\frac{3}{2}} \approx 0.25mg\left(\frac{n}{3000}\right)^{\frac{3}{2}} \end{aligned} \tag{3.2.4}$$

式（3.2.4）即为本标准正文中的横向、竖向振动荷载公式（4.2.1-1）、公式（4.2.1-3），该公式经过多年设计和实践验证，与实测值比较接近。理论上纵向振动荷载 F_{vy} 并不存在，但通常会根据相关工程经验取径向振动荷载 F_{vr} 的一半参与振动分析。

美国混凝土协会标准《动力设备基础》ACI 351.3R-04 提供了多种扰力计算方法，其中也参考 API-617 给出了公式 $F_0 = W_r f_0^{1.5}/322000$，与本标准中扰力计算方法相同，区别仅是 ACI 的公式中多取了安全系数 $S_f=2$，故根据 ACI 公式算出的扰力值为本规范取值的两倍。

第三节　通风机、鼓风机、离心泵、电动机

一、产生振动的原因

1. 通风机、鼓风机、离心泵、电动机属旋转机械，其基本构成包括转子、支撑转子的轴承定子或壳体、联轴器、密封等，一般通过转子旋转完成能量形式转换实现任务，转子是旋转机械最核心部件，也是振动激振能量最先输入部位。

回转机械振动产生的原因，可分机械、电气和流体力学诸方面的因素，具体主要包括：

（1）转子不平衡，由于制造和安装的原因，使转子有一个质量偏心，在转子旋转时所产生的离心力的作用而产生的振动。

转子不平衡与设计不对称、单面键连接、材料内部组织不均匀、热变形、加工误差、装配偏心、回转部件的断裂脱落及积灰、积垢有关。转子不平衡产生的离心力会激发转子的振动，振动频率与转子频率相同，在相互垂直的两方向振动的相位差接近 90°，轴心轨迹为圆或椭圆，在转速不变时，振动的振幅与相位稳定。

（2）不对中，包括联轴器或轴承的不对中以及轴的弯曲引起的振动。

转子不对中可分为平行不对中、交角不对中和混合不对中三种形式。转子不对中激发的振动含工频、倍频分量，并伴有轴向振动。

（3）滑动轴承与轴颈偏心。

（4）机器零件松动。

其振幅和相位常不稳定，轴心轨迹紊乱，当机器逐渐停车振动减小或停止，振动以工频为主，同时有低于或高于工频分量存在。

（5）摩擦，包括密封件的摩擦，转子的轴向和径向摩擦等。

如，转轴材料内摩擦引起转轴弯曲应变滞后，转子动静接触时引起的摩擦，转轴裂纹或积液等。

（6）滚动轴承损坏。

（7）传动皮带损坏。

（8）油膜涡动和油膜振荡。

（9）电气方面的原因引起的振动。

（10）空气动力、水力或电磁力引起的振动等。

2. 密封间隙中流体引起的振动，主要由于密封齿相对于静子存在偏心而引发激振力，这个理论由 Thomas 提出。常见如气体轴承摩擦效应、气体惯性效应、ломакин 效应、Alford 效应、螺旋形气流效应、与负荷有关的激振效应、二次流效应；激振力常以刚度系数来表示。密封间隙中流体引起的振动特点为当机组达到某一负荷时就会发生，降低负荷可降低振幅，对压缩机，降低转速效果明显；振荡频率等于或高于转子一阶频率，一般发生在中高压转子上。

3. 通风机、鼓风机、离心泵组机组不稳定工况或气流脉动引起的振动分为两类，一类是气流弹性引起的叶片的自激振动（颤振），另一类是单纯的气动现象所引起的叶片的它激振动（旋转失速和喘振）；

4. 当机器基础的自振频率低于机器的频率时、当机器开车、停车以及通过变转速或进口预旋调节等变工况时，机器均有可能进入共振区。因此，设计机器基础或配管时，一般要尽可能使基础或配管的自振频率和机器正常工作荷载频率相差20%左右，以避免机组在近共振区工作。

5. 离心泵转子的轴向力及压水室引起的叶轮的径向力引起的振动力，电机磁场作用产生的电磁激振力引起的自激振动时的荷载。

所有上述可能的机器设备振动因素主要集中在设计、制造、运行三方面，这些影响因素多数具有很强的随机性（如机器零件松动、滚动轴承损坏、油膜涡动和油膜振荡、摩擦、不稳定工况或气流脉动引起振动等），难以计算或是在设计环节必须通过设计结构消除这些因素（如离心泵转子的轴向力及压水室引起的叶轮的径向力引起的振动力，电机磁场作用产生的电磁激振力引起的自激振动时的荷载）。而转子不平衡可归结为转子的质量偏心始终存在，可计算，在所有影响因素中最常见，最基本，因此本标准中回转机器振动源主要由转子不平衡引起的激振受迫振动荷载确定。

二、转子不平衡激振力计算

如图 3.3.1 所示单圆盘转子的不平衡振动运动，

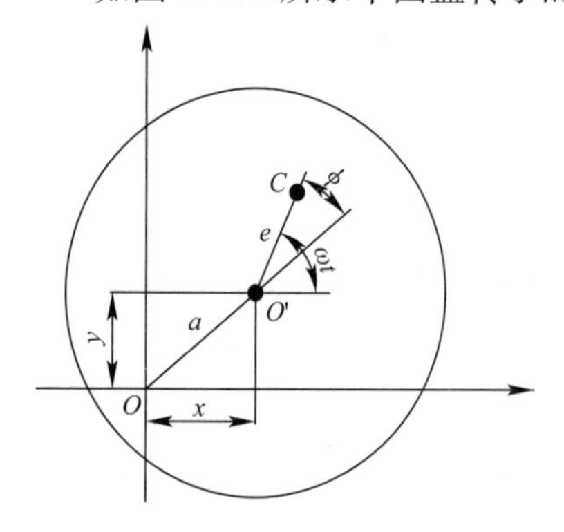

图 3.3.1　单圆盘转子不平衡受力图

设转子偏心质量集中于 C，考虑阻尼的作用，其轴心 O' 的运动微分方程如下：

$$mx'' + cx' + kx = me\omega^2\cos(\omega t) \tag{3.3.1}$$

$$my'' + cy' + ky = me\omega^2\sin(\omega t) \tag{3.3.2}$$

式中：m——转子的质量；

e——偏心距；

ω——转子角速度。

从运动方程可知，转子 x、y 方向的振动为幅值相同、相位差 90°的简谐振动，轴心轨迹为圆形，但因转子轴各向弯曲刚度差异及支承刚度各向的不同，实际转子系统并非完全线性振动系统，沿 x、y 方向的振动幅值不同，相位差也不是 90°，轴心轨迹为椭圆。

此外，由转子运动微分方程可知，转子不平衡最大激振力为 $F=me\omega^2$，其中偏心距 e 按转子不平衡等级，由下式确定：

$$G = e\omega/1000 \tag{3.3.3}$$

式中：G——平衡品质等级（mm/s），一般不低于 6.3；

e——转子质量偏心距（μm）；

ω——角速度（rad/s），$\omega=2\pi n/60$；

n——转子最高工作转速（r/min）。

三、转子质量偏心距估算

20 世纪 60 年代西德工程师提出，各种转子，当动平衡品质相同时，其轴承的单位动力承压相同即轴承的单位承压大小作为衡量动平衡品质的基础。按这一原则可推知，同样的动平衡品质转子具有相同的 $e\omega$ 值，由此可见 $e\omega$ 值是可用来评价转子动平衡品质的衡量尺度。最先采纳这一衡量尺度的是西德工程师协会的 VDI2060 标准，随后又被国际标准化组织的 ISO1940 标准所采纳，我国现行标准也采纳这一衡量尺度。

在 VDI2060 和 ISO1940 中以 $e\omega$ 值（单位 mm/s）作为转子不平衡级别标记，并以 101/10 作为级差因子，以符号 G（德文 Gütestufen 的缩写）表示。通常分级如下：

G1 级，$e\omega$=1mm/s；G1.25 级，$e\omega$=1.25mm/s；G1.6 级，$e\omega$=1.6mm/s；

G2 级，$e\omega$=2.0mm/s；G2.5 级，$e\omega$=2.5mm/s；G3.15 级，$e\omega$=3.15mm/s；

G4 级，$e\omega$=4.0mm/s；G5 级，$e\omega$=5.0mm/s；G6.3 级，$e\omega$=6.3mm/s；

G8 级，$e\omega$=8.0mm/s；G10 级，$e\omega$=10.0mm/s。

通风机、鼓风机、离心泵、电动机转子通常为刚性转子，实践中，平衡等级高要求时为 G2 级，低要求时为 G6.3 级。工程中，由于转子偏心质量集中点 C 与几何中心（O'）的距离很近，估算中可近似认为不平衡力振动扰力作用于转子几何中心。实践证明，工程中对计算基础的振动荷载影响可忽略不计。当机器技术资料缺乏时，设转子的平衡品质等级为 6.3mm/s（即 6.3=$e\omega$/1000），根据机器运行速度近似估算转子质量偏心距 e(μm)，如表 3.3.1 所示。

平衡等级与允许质量偏心距对应表　　　　**表 3.3.1**

转子最高转速 n(min/s)			300	500	750	1000	1500	3000	4000
G (mm/s)	6.3	e (μm)	200	120	80	60	40	20	15
	5.6		178	107	71	53	36	18	13.4
	4		127	76	51	38	25	12.7	9.55
	2.5		80	48	32	24	16	8	4.8

机器的转子质量可以通过称重或通过转子长度、回转半径、叶片数、材质特性等估算获得，过去有些资料从机器设备重量近似估算，同时偏心距简单给定，这样做显得粗糙些，实践证明难以操作，如《实用供热空调设计手册》介绍一般水泵风机等旋转型机械的振动扰力 R_0 的计算为：

$$R_0 = mr_0\omega^2/1000 \tag{3.3.4}$$

式中：r_0——转子质量偏心距（mm）；

R_0——最大扰力（N）。

因 r_0 值不易获取，该手册采用的转子质量偏心距或当量偏心距为估计值，给出的依据不清，如引风机鼓风机的当量偏心距为 0.7～1mm，而中低压离心通风机，不论机号大小，计算扰力时，偏心距取 0.25mm，这样计算结果易出现大偏差；又如《动力机器基础设计手册》给出了上述类似的风机小型电机和泵类的扰力计算过程相应的偏心距取法。

本标准以保证旋转设备安全长周期运行转子基本平衡等级为基础，推出其相应偏心距，准确计算其不平衡扰力。目前国内外尚无通风机、鼓风机、离心泵、电动机振动荷载规范，本标准的制定较过去长期使用的振动扰力计算，无论是计算原理，还是方法与精度都大为完善与提高，同时填补了国内空白。

第四节 离 心 机

一、离心机的振动荷载

离心机是利用转鼓旋转产生的离心惯性力实现悬浮液、乳浊液及其他非均相物料的分离或浓缩的机器。离心机有一个绕本身轴线高速旋转的圆筒，称为转鼓，通常由电动机驱动，按结构形式分为立式和卧式两种。悬浮液（或乳浊液）加入转鼓后，被迅速带动与转鼓同速旋转，在离心力作用下各组分分离并分别排出。通常，转鼓转速越高，分离效果也越好。离心机主要用于将悬浮液中的固体颗粒与液体分开，例如从糖蜜中分离出砂糖结晶；或将乳浊液中两种密度不同，又互不相溶的液体分开；它也可用于排除湿固体中的液体，例如用洗衣机甩干湿衣服；特殊的超速管式分离机还可分离不同密度的气体混合物；利用不同密度或粒度的固体颗粒在液体中沉降速度不同的特点，有的沉降离心机还可对固体颗粒按密度或粒度进行分级。离心机按结构和分离要求分为过滤离心机、沉降离心机和分离机 3 类。过滤离心机有三足式（平板式）、上悬式、刮刀卸料式、活塞推料式、螺旋卸料式、离心力卸料式、振动卸料式、进动卸料式、翻袋卸料式等多种类型；沉降离心机有刮刀卸料沉降离心机和螺旋卸料沉降离心机；分离机包括碟式分离机、管式分离机和室式分离机，仅适用于分离低浓度悬浮液和乳浊液。

衡量离心分离机分离性能的重要指标是分离因数 F_r，它表示被分离物料在转鼓内所受的离心力与其重力的比值。分离因数越大，通常分离也越迅速，分离效果越好。工业用离心分离机的 F_r 为 100～20000，超速管式分离机的 F_r 高达 60000，分析用超速分离机的 F_r 最高达 600000。

离心机是作为一种分离固-液相、液-液相、液-液-固相混合物的典型化工机械，广泛应用于化工、石油、食品、制药、选矿、煤炭、水处理和船舶等多种生产过程。离心机不同于离心泵、离心压缩机、离心风机等高速回转机械，除了离心机转鼓质量不均匀、尺寸误差等因素引起的质量偏心外，它在生产中不是处理均匀的介质（液体或气体），还会因生产过程中物料性能的差异及操作上的因素譬如布料不均引起回转件质量偏心，致使离心机产生偏心离心力，传递到基础上，使得基础承受振动荷载。

离心机（不管是立式还是卧式）一般做成悬臂结构，这种布置形式的离心机在工作时很容易产生由偏心离心力引起的振动荷载 F_v，这个 F_v 在不断变化方向，但始终沿半径向外，其大小由下式决定：

$$F_v = me\omega_n^2 \tag{3.4.1}$$

对于卧式离心机，垂直于离心机轴向的横向振动荷载 F_{vx}和垂直于离心机轴向的竖向振动荷载 F_{vz}大小等于上式中计算的振动荷载 F_v，离心机的纵向振动荷载 F_{vy}较小，一般根据经验取 0.5 倍振动荷载 F_v，即：

$$F_{vx} = F_v \tag{3.4.2}$$

$$F_{vy} = 0.5F_v \tag{3.4.3}$$

$$F_{vz}=F_v \tag{3.4.4}$$

对于立式离心机，垂直于离心机轴向的横向振动荷载 F_{vx} 和垂直于离心机轴向的纵向振动荷载 F_{vy} 大小等于振动荷载 F_v，离心机的竖向振动荷载 F_{vz} 较小，一般根据经验取0.5倍振动荷载 F_v，即：

$$F_{vx}=F_v \tag{3.4.5}$$

$$F_{vy}=F_v \tag{3.4.6}$$

$$F_{vz}=0.5F_v \tag{3.4.7}$$

二、离心机的当量偏心距

离心机属旋转机械，其旋转部件基本构成包括离心机转鼓、支撑转鼓的轴承室或壳体、联轴器或槽轮、轴承等，一般通过转鼓旋转完成能量形式转换实现任务，转鼓是离心机最核心部件，也是振动激振能量最先输入部位。

离心机旋转部件总质量一般包括：转鼓体（包括主轴、齿轮箱等）、转鼓内物料、联轴器或槽轮（皮带轮）、轴承等，为了计算方便和取值统一，旋转部件总质量规定直接取转鼓体的质量加上转鼓内物料质量，轴承、联轴器等对于振动荷载的影响综合到偏心距 e 取值中考虑，不再计入。离心机旋转部件总质量对于旋转轴心的当量偏心距 e 的确定：

1. 转速高低不同的离心机产品标准要求转鼓的动平衡精度等级不同，中低速离心机产品标准要求转鼓的动平衡精度等级不低于G6.3级，对于高速分离机如管式分离机要求转鼓的动平衡精度等级不低于G2.5级。

2. 设计时常规沿用的方法。长期以来，工程技术人员在计算动载荷时，偏心距 e 的取法，国内一直沿用苏联的资料，即对过滤式离心机转鼓，取偏心距 e 等于转鼓直径的1/1000，但考虑到它只是一种简化的理论计算，过滤式离心机品种多样，结构不一，处理物料复杂，即使是同一种型式的离心机也在不同场合使用，这就决定了离心机在实际使用过程中可能出现转鼓偏心距 e 小于转鼓直径的1/1000的情况，而且大于1/1000的情况也是经常有的。

3. 通过试验确定的方法。业内在确定离心机工作时的动载荷方面做了大量试验工作，如利用GK1200卧式刮刀离心机分离粗蒽做过试验，结果为实际最大偏心距等于0.3mm，折合为离心机转鼓直径的0.25/1000，也就是减少到计算值的1/4，又利用HY800单级活塞推料离心机做过试验，分离硫铵时实际最大偏心距达到7.5mm，折合为离心机转鼓直径的9.4/1000，即为计算值的9.4倍。因此我们认为，在离心机的设计计算中，对于离心机偏心距 e 取转鼓直径的1/1000，还不能反映出离心机转鼓质量不平衡的状况，偏心距 e 的计算应该按离心机的不同转速和不同使用场合分别对待，表3.4.1中偏心距 e 的确定根据大多数机器在运转条件下的试验数据获得。

离心机旋转部件总质量对于旋转轴心的当量偏心距 e　　表3.4.1

机器类别	离心机				分离机			
	工作转速 n(r/min)				工作转速 n(r/min)			
	$0<n\leqslant750$	$750<n\leqslant1000$	$1000<n\leqslant1500$	$1500<n\leqslant3000$	$3000<n\leqslant5000$	$5000<n\leqslant7500$	$7500<n\leqslant10000$	$10000<n\leqslant20000$
e(mm)	0.3	0.15	0.1	0.05	0.03	0.015	0.01	0.005

三、修正系数的选取

考虑到离心机在化工、冶金、矿山、环保等许多行业应用，且处理的多为腐蚀性物料，在腐蚀环境中工作的离心机，转鼓、主轴等转动部件会有不同程度的腐蚀，且这种腐蚀常常是不均匀的，因此，在考虑离心机的振动荷载时，其旋转部件总质量对轴心的当量偏心距 e，应按表 3.4.1 的数值乘以介质系数，工程经验表明，介质系数可取 1.1～1.2，工作转速较低时取小值，工作转速较高时取大值。

第四章　往复式机器

第一节　往复式压缩机、往复泵

一、机器的工作原理

往复式机器是通过曲柄-连杆-活塞使旋转运动和往复运动相互转化的动力设备，其主要运动部件是主轴及其连接的曲柄-连杆-活塞机构，根据驱动方式的不同可分为两类：第一类包括往复式压缩机、往复泵等，其工作时由驱动机（电动机或透平机等）带动主轴旋转，主轴上各气缸的曲柄带动连杆做复合运动，连杆带动十字头、活塞杆、活塞做往复运动，最终通过活塞在气缸内的往复运动达到压缩气缸内气态、液态介质的工艺目的。第二类包括蒸汽机、内燃机等，其驱动方式与第一类正相反，是由气缸内燃料燃烧带动活塞的往复运动，经由连杆，最终推动主轴旋转。

虽上述两类往复式机器的驱动方式不同，但其扰力的产生机理却是相同的，均由曲柄（包括曲柄臂、曲柄销、平衡重等）、连杆做旋转运动产生的不平衡质量惯性力（即离心力）和由连杆、十字头、活塞杆、活塞等做往复运动产生的质量惯性力组成，按作用方向分为水平扰力、竖向扰力。对于多气缸机器，各列气缸分扰力向主轴上气缸布置中心平移时还会形成扰力矩，按作用方向分为扭转力矩和回转力矩。

二、振动荷载坐标系

往复式机器的振动荷载坐标系（图 4.1.1），应按下列规定采用：

1. 坐标原点应取机器主轴上各气缸布置中心 C；

2. Y 轴应取机器主轴方向，Z 轴正向应取向上方向，X 轴正向应取向右方向，曲轴角速度 ω 正向应取绕 Y 轴顺时针方向；

3. 各扰力、扰力矩方向应符合右手定则。

在图 4.1.1 的振动荷载坐标系中，F_{vx}、F_{vz}分别为水平扰力、竖向扰力，M_{vz}为绕 Z 轴的扭转力矩，M_{vx}为绕 X 轴的回转力矩。另外，M_{vy}为绕 Y 轴的倾覆力矩，但该力矩仅适用于某些特定的往复式机器类型，当设计需要考虑该倾覆力矩时，应由机器制造厂提供该力矩的数值及频率。

三、运动质量的换算

往复式机器振动荷载计算时，应根据标准附录 B 中提供的方法，将曲柄-连杆-活塞机构各部分的运动质量（图 4.1.2、图 4.1.3）按旋转运动和往复运动分别进行质量换算：

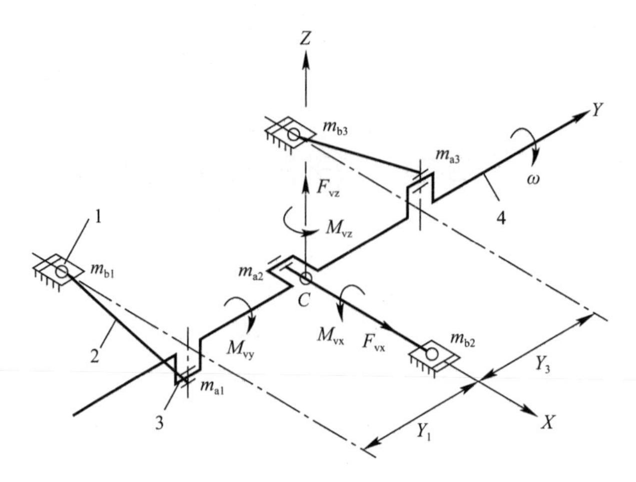

图 4.1.1　振动荷载坐标系

1—十字头、活塞、活塞杆；2—连杆；3—曲柄；4—主轴

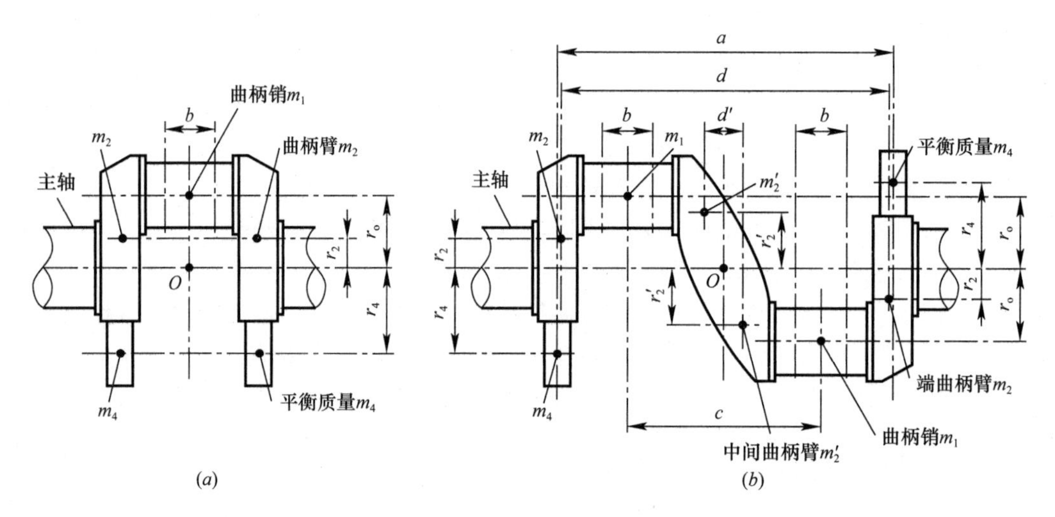

图 4.1.2　曲柄计算简图

（a）单个设置的曲柄；（b）成对设置的曲柄

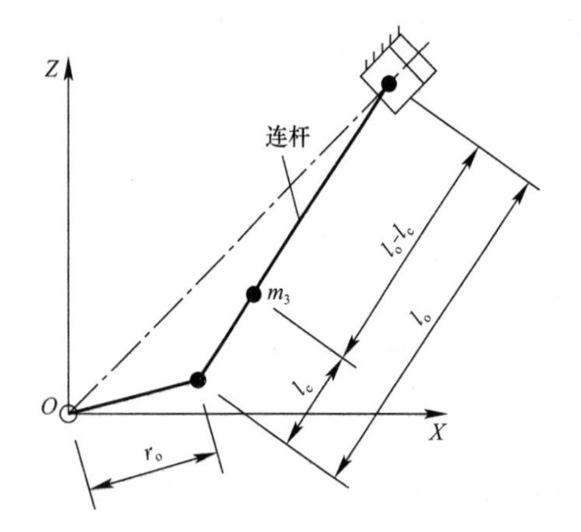

图 4.1.3　连杆质量分配图

1. 单个设置的曲柄（图 4.1.2a）的旋转不平衡质量 m_a 可按下式计算：

$$m_a = m_1 + 2 \cdot \frac{r_2}{r_o} m_2 + k \cdot \left(1 - \frac{l_c}{l_o}\right) m_3 - 2 \cdot \frac{r_4}{r_o} m_4 \tag{4.1.1}$$

2. 成对设置的曲柄（图 4.1.2b）适用于对称平衡型、双列立式、双 V、双 W、双 S 等往复式机器，其旋转不平衡质量 m_a 计算时应遵循如下假定：

（1）以单个曲柄作为基本计算单元。

（2）将单个曲柄中所有重心不与该曲柄销重心重合的旋转不平衡质量都按距离等比换算到曲柄销

重心处。

此处，虽然曲柄臂和平衡质量沿轴向的间距改变本不该影响原应沿径向计算的旋转不平衡质量数值，但计算中这样做可以将这两项质量沿轴向的作用力臂得以体现，从而对应得出正确的扰力矩。且因为曲柄是成对设置的，故单个曲柄旋转不平衡质量引起的水平、竖向扰力最终叠加后都会成对相互抵消，仍能保证得出正确的扰力结果。

成对设置的曲柄的旋转不平衡质量 m_a 可按下式计算：

$$m_a = m_1 + \frac{r_2 \cdot d}{r_o \cdot c} m_2 + \frac{r'_2 \cdot d'}{r_o \cdot c} m'_2 + k \cdot \left(1 - \frac{l_c}{l_o}\right) m_3 - \frac{r_4 \cdot a}{r_o \cdot c} m_4 \tag{4.1.2}$$

针对图 4.1.2（b）中所示的曲柄形式，其中间曲柄臂对振动荷载的影响一般很小，除少数质量及倾角较大者外，均可略去不计。为了简化计算，上式（4.1.2）可转化为式（4.1.3）：

$$m_a = m_1 + \frac{r_2 \cdot d}{r_o \cdot c} m_2 + k \cdot \left(1 - \frac{l_c}{l_o}\right) m_3 - \frac{r_4 \cdot a}{r_o \cdot c} m_4 \tag{4.1.3}$$

3. 各种曲柄的往复运动质量 m_b 均可按下式计算（以一列气缸为基本计算单元）：

$$m_b = m_c + \frac{l_c}{l_o} m_3 \tag{4.1.4}$$

式中：m_a——旋转不平衡质量，可取曲柄-连杆-活塞机构各部分换算到曲柄销的质量（kg）；

m_b——往复运动质量，可取曲柄-连杆-活塞机构各部分换算到十字头的质量（kg）；

m_1——曲柄销的质量（kg）；

m_2——单个曲柄臂（或端曲柄臂）的质量（kg）；

m'_2——单个中间曲柄臂的质量（kg）；

m_3——单个连杆的质量（kg）；

m_4——单个平衡质量（kg）；

m_c——往复运动部件（包括十字头、活塞杆、活塞）的质量（kg）；

r_o——曲柄半径（m）；

r_2——主轴至单个曲柄臂（或端曲柄臂）重心的距离（m）；

r'_2——主轴至单个中间曲柄臂重心的距离（m）；

r_4——主轴至单个平衡质量重心的距离（m）；

l_o——连杆长度（m）；

l_c——连杆重心至曲柄销的距离（m），l_c/l_o 可取 0.3；

k——同一曲柄上所连接的连杆个数；

a——两个平衡质量重心的轴向间距（m）；

b——同一曲柄上所连接多个连杆的轴向间距（m）；

c——成对设置的两个曲柄中心的轴向间距（m）；

d——两个端曲柄臂重心的轴向间距（m）；

d'——上、下与中间曲柄臂重心的轴向间距（m）。

四、运动质量的加速度及惯性力：

1. 旋转不平衡质量 m_a 的加速度 a_a 及惯性力 F_a：

如图 4.1.4 所示，旋转不平衡质量 m_a 绕单个气缸的曲轴中心 O 点以角速度 ω 做顺时

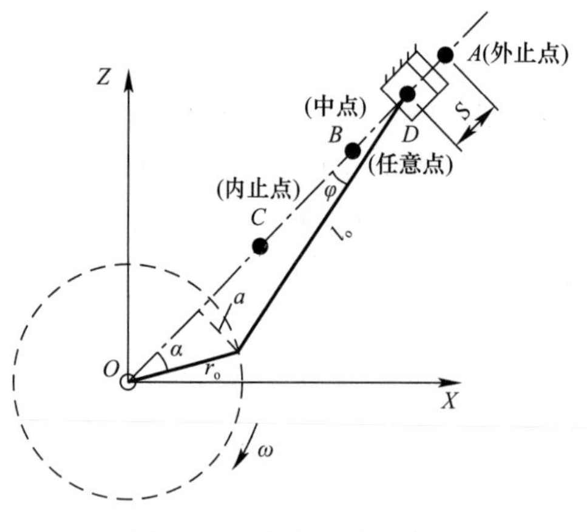

图 4.1.4　往复运动示意图

针方向的匀速运动，角位移 α 对时间 t 求导即得角速度 ω，即：

$$\omega=\frac{\mathrm{d}\alpha}{\mathrm{d}t} \tag{4.1.5}$$

旋转不平衡质量 m_a 的径向加速度 a_a 方向沿曲柄方向指向中心 O 点，数值为：

$$a_a=r_o\omega^2 \tag{4.1.6}$$

旋转不平衡质量 m_a 的惯性力 F_a 方向沿曲柄方向向外，数值为：

$$F_a=m_a r_o\omega^2 \tag{4.1.7}$$

2. 往复运动质量 m_b 的加速度 a_b 及惯性力 F_b：

往复运动质量 m_b 沿气缸中心线，在外止点 A 到内止点 C 之间做往复运动。在任意点 D 的运动位移 s 为：

$$s=OA-OD=r_o+l_o-(l_o\cos\varphi+r_o\cos\alpha) \tag{4.1.8}$$

结构比 λ：

$$\lambda=\frac{r_o}{l_o}=\frac{a/\sin\alpha}{a/\sin\varphi}=\frac{\sin\varphi}{\sin\alpha} \tag{4.1.9}$$

为了公式的进一步推导，结合式（4.1.8）和式（4.1.9），现将上式（4.1.8）中的 $\cos\varphi$ 采用牛顿二项式定理展开，并配合相关的三角函数及导数公式，过程如下：

$$\cos\varphi=\sqrt{1-\sin^2\varphi}=\sqrt{1-\lambda^2\sin^2\alpha}=(1-\lambda^2\sin^2\alpha)^{\frac{1}{2}} \tag{4.1.10}$$

牛顿广义二项式定理可以推广到对任意实数次幂的展开，公式如下：

$$(x+y)^{\alpha}=\sum_{k=0}^{\infty}\binom{\alpha}{k}x^{\alpha-k}\cdot y^{k} \tag{4.1.11}$$

$$\binom{\alpha}{k}=\frac{\alpha\cdot(\alpha-1)\cdots(\alpha-k+1)}{k!}=\frac{(\alpha)_k}{k!} \tag{4.1.12}$$

该定理表达中用到了符号 α 和 k，但与本文公式推导中对应符号的物理意义并不完全相同，针对式（4.1.10），定理中的 $x=1$，$y=(-\lambda^2\sin^2\alpha)$，$\alpha=\frac{1}{2}$，展开后，

$$k=0,\text{原式}=(1)^{(\frac{1}{2}-0)}\cdot(-\lambda^2\sin^2\alpha)^0\cdot\frac{\left(\frac{1}{2}\right)_0}{0!}=(-\lambda^2\sin^2\alpha)^0\cdot\frac{1}{0!}=1$$

$$k=1,\text{原式}=(1)^{(\frac{1}{2}-1)}\cdot(-\lambda^2\sin^2\alpha)^1\cdot\frac{\left(\frac{1}{2}\right)_1}{1!}=(-\lambda^2\sin^2\alpha)^1\cdot\frac{\frac{1}{2}}{1!}=-\frac{1}{2}\lambda^2\sin^2\alpha$$

$$k=2,\text{原式}=(1)^{(\frac{1}{2}-2)}\cdot(-\lambda^2\sin^2\alpha)^2\cdot\frac{\left(\frac{1}{2}\right)_2}{2!}=(-\lambda^2\sin^2\alpha)^2\cdot\frac{\frac{1}{2}\times\left(\frac{1}{2}-1\right)}{2!}=-\frac{1}{8}\cdot\lambda^4\sin^4\alpha$$

$$k=3,\text{原式}=(1)^{(\frac{1}{2}-3)}\cdot(-\lambda^2\sin^2\alpha)^3\cdot\frac{\left(\frac{1}{2}\right)_3}{3!}=(-\lambda^2\sin^2\alpha)^3\cdot\frac{\frac{1}{2}\times\left(\frac{1}{2}-1\right)\times\left(\frac{1}{2}-2\right)}{3!}$$

$$=-\frac{1}{16}\cdot\lambda^6\sin^6\alpha \tag{4.1.13}$$

……

在保持足够精度的前提下，仅保留前两项，略去 $k=2$ 以后的项，式（4.1.10）转换为：

$$\cos\varphi=1-\frac{1}{2}\lambda^2\sin^2\alpha \tag{4.1.14}$$

将式（4.1.14）代入式（4.1.8），得位移 s：

$$\begin{aligned}s&=r_o+l_o-\left[l_o\cdot\left(1-\frac{1}{2}\lambda^2\sin^2\alpha\right)+r_o\cos\alpha\right]\\&=r_o+\frac{1}{2}\lambda^2\sin^2\alpha\cdot l_o-r_o\cos\alpha\\&=r_o\left(1+\frac{1}{2}\lambda\sin^2\alpha-\cos\alpha\right)\\&=r_o\left[(1-\cos\alpha)+\frac{\lambda}{4}(1-\cos2\alpha)\right]\end{aligned} \tag{4.1.15}$$

位移 s 对时间 t 求导即得速度 v，即：

$$v=\frac{ds}{dt}=\frac{ds}{d\alpha}\cdot\frac{d\alpha}{dt}=r_o\left(\sin\alpha+\frac{\lambda}{2}\sin2\alpha\right)\cdot\omega \tag{4.1.16}$$

速度 v 对时间 t 求导即得加速度 a_b，即：

$$a_b=\frac{dv}{dt}=\frac{dv}{d\alpha}\cdot\frac{d\alpha}{dt}=r_o(\cos\alpha+\lambda\cos2\alpha)\cdot\omega^2 \tag{4.1.17}$$

往复运动质量 m_b 的加速度 a_b 方向沿气缸中心线指向中点 B。

往复运动质量 m_b 的惯性力 F_b 方向沿气缸中心线指向气缸外（气缸盖）侧，数值为：

$$F_b=m_br_o\omega^2(\cos\alpha+\lambda\cos2\alpha)=m_br_o\omega^2\cos\alpha+m_br_o\omega^2\lambda\cos2\alpha \tag{4.1.18}$$

式（4.1.18）中，第一项为一谐波扰力，第二项为二谐波扰力，更高谐波忽略不计。

公式推导中涉及的三角函数及导数公式如下：

$$\cos2\alpha=1-2\sin^2\alpha \tag{4.1.19}$$

$$\cos'\alpha=-\sin\alpha \tag{4.1.20}$$

$$\sin'\alpha=\cos\alpha \tag{4.1.21}$$

$$\cos'2\alpha=-2\sin2\alpha \tag{4.1.22}$$

$$\sin'2\alpha=2\cos2\alpha \tag{4.1.23}$$

上面推导所得的式（4.1.7）为旋转不平衡质量 m_a 的惯性力 F_a，式（4.1.18）为往复运动质量 m_b 的惯性力 F_b，是作为不同类型机器扰力（矩）计算的基础。

五、扰力（矩）计算通式

将上述旋转不平衡质量惯性力 F_a、往复运动质量惯性力 F_b 分别沿 X 轴、Z 轴分解为水平、竖向两个分量，就可以得到往复式机器扰力计算公式。

多气缸活塞式机器除产生水平扰力 F_{vx}、竖向扰力 F_{vz}外，各气缸扰力向坐标原点 C 平移时还会形成扰力矩，水平扰力 F_{vx}对 Z 轴形成扭转力矩 M_{vz}，竖向扰力 F_{vz}对 X 轴形成回转力矩 M_{vx}。

1. 一谐波的水平扰力：

$$F_{vx1}=r_o\omega^2\left(\sum m_{ai}\sin\beta_i+\sum m_{bi}\cos\alpha_i\sin\psi_i\right) \tag{4.1.24}$$

2. 二谐波的水平扰力：

$$F_{vx2} = r_o \omega^2 \lambda \left(\sum m_{bi} \cos 2\alpha_i \sin\psi_i \right) \tag{4.1.25}$$

3. 一谐波的竖向扰力：

$$F_{vz1} = r_o \omega^2 \left(\sum m_{ai} \cos\beta_i + \sum m_{bi} \cos\alpha_i \cos\psi_i \right) \tag{4.1.26}$$

4. 二谐波的竖向扰力：

$$F_{vz2} = r_o \omega^2 \lambda \left(\sum m_{bi} \cos 2\alpha_i \cos\psi_i \right) \tag{4.1.27}$$

5. 一谐波与二谐波的扭转力矩：

$$M_{vz1} = \sum F_{vx1} \cdot Y_i \tag{4.1.28}$$

$$M_{vz2} = \sum F_{vx2} \cdot Y_i \tag{4.1.29}$$

6. 一谐波与二谐波的回转力矩：

$$M_{vx1} = \sum F_{vz1} \cdot Y_i \tag{4.1.30}$$

$$M_{vx2} = \sum F_{vz2} \cdot Y_i \tag{4.1.31}$$

式中：F_{vx1}——一谐波的水平扰力（N）；
F_{vx2}——二谐波的水平扰力（N）；
F_{vz1}——一谐波的竖向扰力（N）；
F_{vz2}——二谐波的竖向扰力（N）；
M_{vz1}——一谐波的扭转力矩（N·m）；
M_{vz2}——二谐波的扭转力矩（N·m）；
M_{vx1}——一谐波的回转力矩（N·m）；
M_{vx2}——二谐波的回转力矩（N·m）；
m_{ai}——旋转不平衡质量，可取第 i 列曲柄-连杆-活塞机构各部分换算到曲柄销的质量（kg）；
m_{bi}——往复运动质量，可取第 i 列曲柄-连杆-活塞机构各部分换算到十字头的质量（kg）；
r_o——曲柄半径（m）；
l_o——连杆长度（m）；
λ——结构比，$\lambda = r_o / l_o$；
ω——机器主轴的旋转角速度（rad/s）；
i——气缸列数；
Y_i——第 i 列气缸中心线距坐标原点 C 的距离（m）；
α_i、β_i、ψ_i——运动转角（图 4.1.5）。

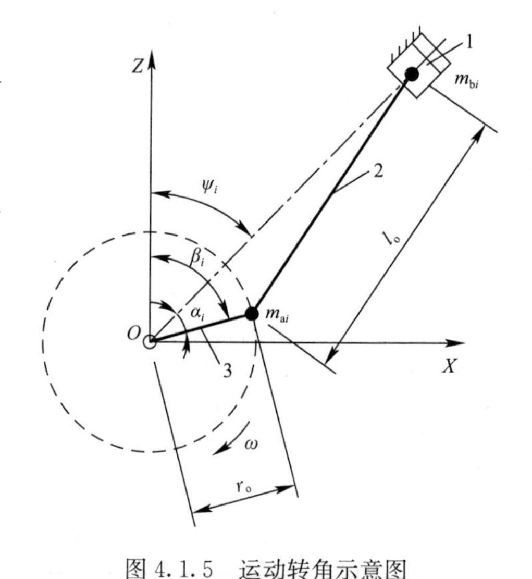

图 4.1.5　运动转角示意图

1—十字头、活塞、活塞杆；2—连杆；3—曲柄

β_i——Z 轴正向与第 i 列曲柄的夹角；

ψ_i——Z 轴正向与第 i 列气缸中心线的夹角；

α_i——第 i 列气缸中心线与曲柄的夹角，$\alpha_i = \beta_i - \psi_i$。

注：转角以顺时针为正。

对于不同气缸布置的往复式机器，应分别计算其各气缸的 α_i、β_i、ψ_i 对于时间 t 的函数表达式，继而代入式（4.1.24）～式（4.1.31），即可得出其各向的一、二谐扰力（矩）。

六、常用往复式机器的扰力（矩）计算公式

根据上述方法，标准附录 A 表 A.0.1 中给出了常用往复式机器的一、二谐水平扰力 F_{vx}、竖向扰力 F_{vz}、扭转力矩 M_{vz}、回转力矩 M_{vx}的计算通式和最大值，本文不再罗列。机器类型包括单列卧式，二列对称平衡型，三列对置式，四列对称平衡型Ⅰ，Ⅱ，六列对称平衡型，单列立式，双列立式，三列立式，单 L 型，单 V 型，单 W 型，双 W 型，共 13 种。每种类型机器的运动质量 m_{ai}、m_{bi}均可参照规标准录 B（即本节三）进行计算。

公式推导中，常用的三角函数公式列举如下：

其中：$\sin(\alpha+\beta)=\sin\alpha\cos\beta+\cos\alpha\sin\beta, \sin(\omega t+45°)=\dfrac{\sqrt{2}}{2}(\sin\omega t+\cos\omega t)$

$$\sin(\alpha-\beta)=\sin\alpha\cos\beta-\cos\alpha\sin\beta, \sin(\omega t-45°)=\frac{\sqrt{2}}{2}(\sin\omega t-\cos\omega t)$$

$$\cos(\alpha+\beta)=\cos\alpha\cos\beta-\sin\alpha\sin\beta, \cos(\omega t+45°)=\frac{\sqrt{2}}{2}(\cos\omega t-\sin\omega t)$$

$$\cos(\alpha-\beta)=\cos\alpha\cos\beta+\sin\alpha\sin\beta, \cos(\omega t-45°)=\frac{\sqrt{2}}{2}(\cos\omega t+\sin\omega t)$$

$$\sin(\omega t+60°)=\frac{1}{2}\sin\omega t+\frac{\sqrt{3}}{2}\cos\omega t, \sin(\omega t+120°)=-\frac{1}{2}\sin\omega t+\frac{\sqrt{3}}{2}\cos\omega t$$

$$\sin(\omega t-60°)=\frac{1}{2}\sin\omega t-\frac{\sqrt{3}}{2}\cos\omega t, \sin(\omega t-120°)=-\frac{1}{2}\sin\omega t-\frac{\sqrt{3}}{2}\cos\omega t$$

$$\cos(\omega t+60°)=\frac{1}{2}\cos\omega t-\frac{\sqrt{3}}{2}\sin\omega t, \cos(\omega t+120°)=-\frac{1}{2}\cos\omega t-\frac{\sqrt{3}}{2}\sin\omega t$$

$$\cos(\omega t-60°)=\frac{1}{2}\cos\omega t+\frac{\sqrt{3}}{2}\sin\omega t, \cos(\omega t-120°)=-\frac{1}{2}\cos\omega t+\frac{\sqrt{3}}{2}\sin\omega t$$

$$\sin(\omega t+30°)=\frac{\sqrt{3}}{2}\sin\omega t+\frac{1}{2}\cos\omega t, \sin(\omega t+150°)=-\frac{\sqrt{3}}{2}\sin\omega t+\frac{1}{2}\cos\omega t$$

$$\sin(\omega t-30°)=\frac{\sqrt{3}}{2}\sin\omega t-\frac{1}{2}\cos\omega t, \sin(\omega t-150°)=-\frac{\sqrt{3}}{2}\sin\omega t-\frac{1}{2}\cos\omega t$$

$$\cos(\omega t+30°)=\frac{\sqrt{3}}{2}\cos\omega t-\frac{1}{2}\sin\omega t, \cos(\omega t+150°)=-\frac{\sqrt{3}}{2}\cos\omega t+\frac{1}{2}\sin\omega t$$

$$\cos(\omega t-30°)=\frac{\sqrt{3}}{2}\cos\omega t+\frac{1}{2}\sin\omega t, \cos(\omega t-150°)=-\frac{\sqrt{3}}{2}\cos\omega t+\frac{1}{2}\sin\omega t$$

$$\sin(90°+\alpha)=\cos\alpha, \sin(180°+\alpha)=-\sin\alpha, \sin(270°+\alpha)=-\cos\alpha$$

$$\cos(90°+\alpha)=-\sin\alpha, \cos(180°+\alpha)=-\cos\alpha, \cos(270°+\alpha)=\sin\alpha$$

$$\cos(\alpha-90°)=\sin\alpha, \cos(\alpha-180°)=-\cos\alpha$$

$$\sin(-\alpha)=-\sin\alpha, \cos(-\alpha)=\cos\alpha$$

下面给出部分机器类型的扰力（矩）推导示例以供参考。对于标准表 A.0.1 中没有涵盖的机器类型，可自行推导其振动荷载。

1. 单列卧式机器的扰力（矩）计算

见图 4.1.6，气缸列数 $i=1$。振动荷载以水平扰力为主，无扰力矩。

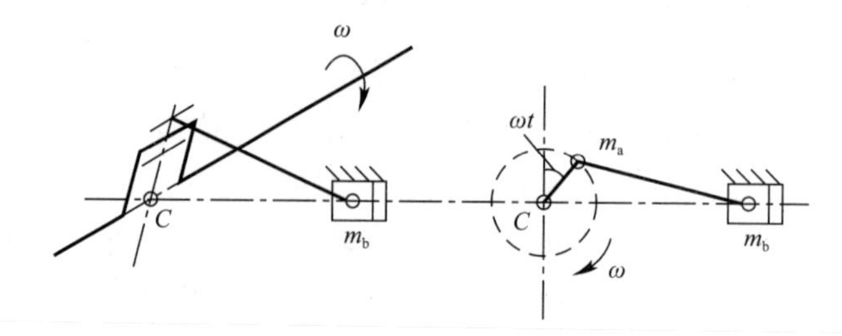

图 4.1.6　单列卧式机器计算简图

其运动质量为 m_{a1}、m_{b1}，此处对于单列机器可简化为 m_a、m_b。

其转动夹角，$\psi_1 = 90°, \beta_1 = \omega t, \alpha_1 = \omega t - 90°$

一谐水平：$F_{vx1} = r_o\omega^2[m_a \sin\omega t + m_b \cos(\omega t - 90°)\sin 90°] = r_o\omega^2(m_a + m_b)\sin\omega t$

二谐水平：$F_{vx2} = r_o\omega^2\lambda[m_b \cos 2(\omega t - 90°)\sin 90°] = -r_o\omega^2\lambda m_b \cos 2\omega t$

一谐竖向：$F_{vz1} = r_o\omega^2[m_a \cos\omega t + m_b \cos(\omega t - 90°)\cos 90°] = r_o\omega^2 m_a \cos\omega t$

二谐竖向：$F_{vz2} = r_o\omega^2\lambda[m_b \cos 2(\omega t - 90°)\cos 90°] = 0$

各向扰力的最大值为：

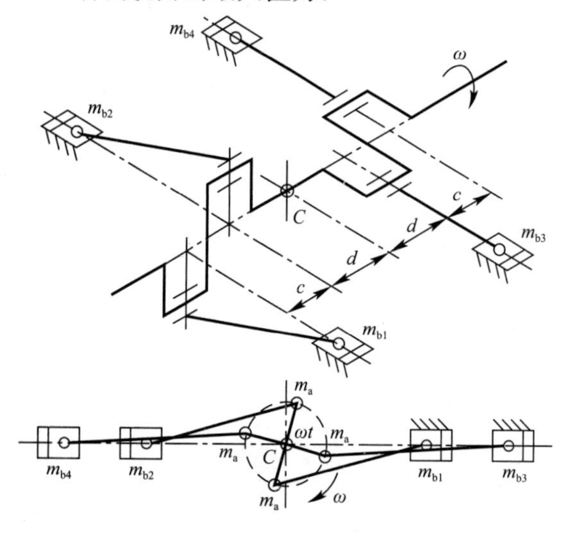

图 4.1.7　四列对称平衡型Ⅱ机器计算简图

一谐水平：$F_{vx1} = r_o\omega^2(m_a + m_b)$

二谐水平：$F_{vx2} = r_o\omega^2\lambda m_b$

一谐竖向：$F_{vz1} = r_o\omega^2 m_a$

二谐竖向：$F_{vz2}=0$

其中：$\cos(\alpha - 90°) = \sin\alpha$，$\cos(\alpha - 180°) = -\cos\alpha$

2. 四列对称平衡型Ⅱ机器的扰力（矩）计算

见图 4.1.7，气缸列数 $i=4$。振动荷载以扭转力矩为主，无竖向扰力。

四个夹角互为 90°的对称平衡气缸的旋转不平衡质量 $m_{a1}=m_{a2}=m_{a3}=m_{a4}$，在推导中简化为 m_a。与四列对称平衡型Ⅰ型不同的是，Ⅱ型气缸 3、4 依 Z 轴对调。

其转动夹角，$\psi_1 = 90°, \beta_1 = 180° + \omega t, \alpha_1 = 90° + \omega t$

$\psi_2 = 270°, \beta_2 = 360° + \omega t, \alpha_2 = 90° + \omega t$

$\psi_3 = 90°, \beta_3 = 90° + \omega t, \alpha_3 = \omega t$

$\psi_4 = 270°, \beta_4 = 270° + \omega t, \alpha_4 = \omega t$

一谐水平：
$$\begin{aligned}F_{vx1} = & r_o\omega^2[m_{a1}\sin(180° + \omega t) + m_{b1}\cos(90° + \omega t)\sin 90°] \\ & + r_o\omega^2[m_{a2}\sin(360° + \omega t) + m_{b2}\cos(90° + \omega t)\sin 270°] \\ & + r_o\omega^2[m_{a3}\sin(90° + \omega t) + m_{b3}\cos\omega t \sin 90°] \\ & + r_o\omega^2[m_{a4}\sin(270° + \omega t) + m_{b4}\cos\omega t \sin 270°]\end{aligned}$$

$$= r_o\omega^2[m_{a1}(-\sin\omega t)+m_{b1}(-\sin\omega t)(+1)]$$
$$+r_o\omega^2[m_{a2}(+\sin\omega t)+m_{b2}(-\sin\omega t)(-1)]$$
$$+r_o\omega^2[m_{a3}(+\cos\omega t)+m_{b3}(+\cos\omega t)(+1)]$$
$$+r_o\omega^2[m_{a4}(-\cos\omega t)+m_{b4}(+\cos\omega t)(-1)]$$
$$= r_o\omega^2[(m_{b2}-m_{b1})\sin\omega t+(m_{b3}-m_{b4})\cos\omega t]$$

二谐水平：$F_{vx2} = r_o\omega^2\lambda[m_{b1}\cos2(90°+\omega t)\sin90°+m_{b2}\cos2(90°+\omega t)\sin270°]$
$$+r_o\omega^2\lambda[m_{b3}\cos2\omega t\sin90°+m_{b4}\cos2\omega t\sin270°]$$
$$= r_o\omega^2\lambda[m_{b1}(-\cos2\omega t)(+1)+m_{b2}(-\cos2\omega t)(-1)]$$
$$+r_o\omega^2\lambda[m_{b3}(+\cos2\omega t)(+1)+m_{b4}(+\cos2\omega t)(-1)]$$
$$= r_o\omega^2\lambda[(m_{b2}-m_{b1}+m_{b3}+m_{b4})\cos2\omega t]$$

一谐竖向：$F_{vz1} = r_o\omega^2[m_{a1}\cos(180°+\omega t)+m_{b1}\cos(90°+\omega t)\cos90°]$
$$+r_o\omega^2[m_{a2}\cos(360°+\omega t)+m_{b2}\cos(90°+\omega t)\cos270°]$$
$$+r_o\omega^2[m_{b3}\cos(90°+\omega t)+m_{b3}\cos\omega t\cos90°]$$
$$+r_o\omega^2[m_{a4}\cos(270°+\omega t)+m_{b4}\cos\omega t\cos270°]$$
$$= r_o\omega^2[m_{a1}(-\cos\omega t)+m_{a2}(+\cos\omega t)+m_{a3}(-\sin\omega t)+m_{a4}(+\sin\omega t)]$$
$$= 0$$

二谐竖向：$F_{vz2} = r_o\omega^2\lambda[m_{b1}\cos2(90°+\omega t)\cos90°+m_{b2}\cos2(90°+\omega t)\cos270°]$
$$+r_o\omega^2\lambda[m_{b3}\cos2\omega t\cos90°+m_{b4}\cos2\omega t\cos270°]$$
$$= 0$$

各向扰力的最大值为（当 $m_{b1}=m_{b2}=m_{b3}=m_{b4}$ 时）：

一谐水平：$F_{vx1}=0$

二谐水平：$F_{vx2}=0$

一谐竖向：$F_{vz1}=0$

二谐竖向：$F_{vz2}=0$

其中：$\sin(90°+\alpha)=\cos\alpha, \sin(180°+\alpha)=-\sin\alpha, \sin(270°+\alpha)=-\cos\alpha$

$\cos(90°+\alpha)=-\sin\alpha, \cos(180°+\alpha)=-\cos\alpha, \cos(270°+\alpha)=\sin\alpha$

在四列对称平衡型Ⅱ机器计算简图中，假设第 2、3 列气缸中心线至原点 C 的 Y 向距离均为 d，则第 1、2、3、4 列气缸中心线距坐标原点 C 的 Y 向距离分别为（$-c-d$）、（$-d$）、（$+d$）、（$+c+d$）。在力矩通式推导中，还考虑了对称平衡型机器成对布置的气缸往复运动质量 $m_{b1}=m_{b2}$，$m_{b3}=m_{b4}$，这种布置特点可以抵消掉大部分扰力矩。

一谐扭转：$M_{vz1} = r_o\omega^2[m_{a1}(-\sin\omega t)+m_{b1}(-\sin\omega t)(+1)]\cdot(-c-d)$
$$+r_o\omega^2[m_{a2}(+\sin\omega t)+m_{b2}(-\sin\omega t)(-1)]\cdot(-d)$$
$$+r_o\omega^2[m_{a3}(+\cos\omega t)+m_{b3}(+\cos\omega t)(+1)]\cdot(+d)$$
$$+r_o\omega^2[m_{a4}(-\cos\omega t)+m_{b4}(+\cos\omega t)(-1)]\cdot(+c+d)$$
$$= r_o\omega^2[m_a\sin\omega t\cdot(+c+d-d)+m_{b1}\sin\omega t\cdot(+c+d-d)]$$
$$+r_o\omega^2[m_a\cos\omega t\cdot(+d-c-d)+m_{b4}\cos\omega t\cdot(+d-c-d)]$$
$$= r_o\omega^2 c[(m_a+m_{b1})\sin\omega t-(m_a+m_{b4})\cos\omega t]$$

二谐扭转：$M_{vz2} = r_o\omega^2\lambda[m_{b1}(-\cos2\omega t)(+1)\cdot(-c-d)+m_{b2}(-\cos2\omega t)(-1)\cdot(-d)]$

$$+r_o\omega^2\lambda[m_{b3}(+\cos2\omega t)(+1)\cdot(+d)+m_{b4}(+\cos2\omega t)(-1)\cdot(+c+d)]$$

$$=r_o\omega^2\lambda[m_{b1}\cos2\omega t\cdot(+c+d-d)+m_{b4}\cos2\omega t\cdot(+d-c-d)]$$

$$=r_o\omega^2 c\lambda(m_{b1}-m_{b4})\cos2\omega t$$

一谐回转：$M_{vx1}=r_o\omega^2[m_{a1}(-\cos\omega t)\cdot(-c-d)+m_{a2}(+\cos\omega t)\cdot(-d)$

$$+m_{a3}(-\sin\omega t)\cdot(+d)+m_{a4}(+\sin\omega t)\cdot(+c+d)]$$

$$=r_o\omega^2 m_a[\cos\omega t(+c+d-d)+\sin\omega t(-d+c+d)]$$

$$=r_o\omega^2 cm_a(\sin\omega t+\cos\omega t)$$

二谐回转：$M_{vx2}=0$

各向扰力矩的最大值为（当 $m_{b1}=m_{b2}=m_{b3}=m_{b4}$时）：

一谐扭转：$M_{vz1}=\sqrt{2}t_o\omega^2 c(m_a+m_b)$

二谐扭转：$M_{vz2}=0$

一谐回转：$M_{vx1}=\sqrt{2}r_o\omega^2 cm_a$

二谐回转：$M_{vx2}=0$

3. 三列立式机器的扰力（矩）计算

见图 4.1.8，气缸列数 $i=3$。振动荷载以竖向扰力、回转力矩为主，无水平扰力。

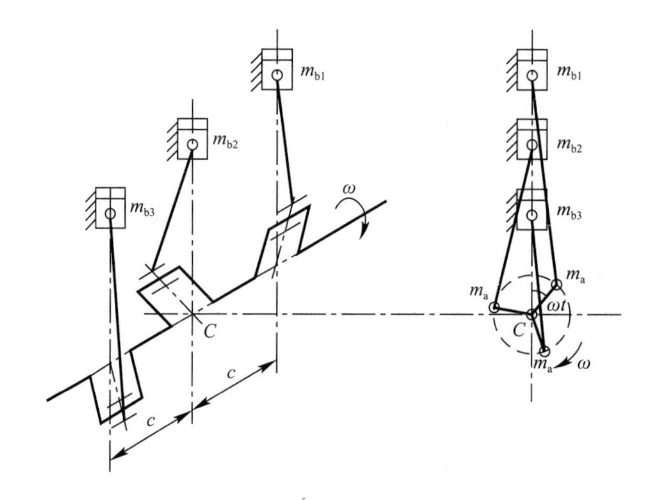

图 4.1.8 三列立式机器计算简图

三个夹角互为 120°的立式气缸的旋转不平衡质量 $m_{a1}=m_{a2}=m_{a3}$，在推导中简化为 m_a。

其转动夹角，$\psi_1=0°, \beta_1=\omega t, \alpha_1=\omega t$

$$\psi_2=0°, \beta_2=\omega t-120°, \alpha_2=\omega t-120°$$

$$\psi_3=0°, \beta_3=\omega t+120°, \alpha_3=\omega t+120°$$

一谐水平：$F_{vx1}=r_o\omega^2[m_{a1}\sin\omega t+m_{b1}\cos\omega t\sin0°]$

$$+r_o\omega^2[m_{a2}\sin(\omega t-120°)+m_{b2}\cos(\omega t-120°)\sin0°]$$

$$+r_o\omega^2[m_{a3}\sin(\omega t+120°)+m_{b3}\cos(\omega t+120°)\sin0°]$$

$$=r_o\omega^2\left[m_{a1}\sin\omega t+m_{a2}\left(-\frac{1}{2}\sin\omega t-\frac{\sqrt{3}}{2}\cos\omega t\right)\right.$$

$$\left.+m_{a3}\left(-\frac{1}{2}\sin\omega t+\frac{\sqrt{3}}{2}\cos\omega t\right)\right]=0$$

二谐水平：$F_{vx2}=r_o\omega^2\lambda[m_{b1}\cos2\omega t\sin0°]$

$$+r_o\omega^2\lambda[m_{b2}\cos2(\omega t-120°)\sin0°]$$

$$+r_o\omega^2\lambda[m_{b3}\cos2(\omega t+120°)\sin0°]$$

$$=0$$

一谐竖向：$F_{vz1}=r_o\omega^2[m_{a1}\cos\omega t+m_{b1}\cos\omega t\cos0°]$

$$+r_o\omega^2[m_{a2}\cos(\omega t-120°)+m_{b2}\cos(\omega t-120°)\cos0°]$$

$$+r_o\omega^2[m_{a3}\cos(\omega t+120°)+m_{b3}\cos(\omega t+120°)\cos0°]$$

$$=r_o\omega^2[m_{a1}\cos\omega t+m_{b1}\cos\omega t]$$

$$+r_o\omega^2\left[m_{a2}\left(-\frac{1}{2}\cos\omega t+\frac{\sqrt{3}}{2}\sin\omega t\right)+m_{b2}\left(-\frac{1}{2}\cos\omega t+\frac{\sqrt{3}}{2}\sin\omega t\right)\right]$$

$$+r_o\omega^2\left[m_{a3}\left(-\frac{1}{2}\cos\omega t-\frac{\sqrt{3}}{2}\sin\omega t\right)+m_{b3}\left(-\frac{1}{2}\cos\omega t-\frac{\sqrt{3}}{2}\sin\omega t\right)\right]$$

$$=r_o\omega^2\left[\left(m_{b1}-\frac{m_{b2}+m_{b3}}{2}\right)\cos\omega t+\frac{\sqrt{3}}{2}(m_{b2}-m_{b3})\sin\omega t\right]$$

二谐竖向：$F_{vz2}=r_o\omega^2\lambda[m_{b1}\cos2\omega t\cos0°+m_{b2}\cos2(\omega t-120°)\cos0°]$

$$+r_o\omega^2\lambda[m_{b3}\cos2(\omega t+120°)\cos0°]$$

$$=r_o\omega^2\lambda[m_{b1}\cos2\omega t+m_{b2}\cos(2\omega t+120°)+m_{b3}\cos(2\omega t-120°)]$$

$$=r_o\omega^2\lambda\left[m_{b1}\cos2\omega t+m_{b2}\left(-\frac{1}{2}\cos2\omega t-\frac{\sqrt{3}}{2}\sin2\omega t\right)\right.$$

$$\left.+m_{b3}\left(-\frac{1}{2}\cos2\omega t+\frac{\sqrt{3}}{2}\sin2\omega t\right)\right]$$

$$=r_o\omega^2\lambda\left[\left(m_{b1}-\frac{m_{b2}+m_{b3}}{2}\right)\cos2\omega t-\frac{\sqrt{3}}{2}(m_{b2}-m_{b3})\sin2\omega t\right]$$

各向扰力的最大值为（当 $m_{b1}=m_{b2}=m_{b3}$时）：

一谐水平：$F_{vx1}=0$

二谐水平：$F_{vx2}=0$

一谐竖向：$F_{vz1}=0$

二谐竖向：$F_{vz2}=0$

其中：$\sin(\omega t+120°)=-\frac{1}{2}\sin\omega t+\frac{\sqrt{3}}{2}\cos\omega t$

$$\sin(\omega t-120°)=-\frac{1}{2}\sin\omega t-\frac{\sqrt{3}}{2}\cos\omega t$$

$$\cos(\omega t+120°)=-\frac{1}{2}\cos\omega t-\frac{\sqrt{3}}{2}\sin\omega t$$

$$\cos(\omega t-120°)=-\frac{1}{2}\cos\omega t+\frac{\sqrt{3}}{2}\sin\omega t$$

一谐扭转：$M_{vz1}=r_o\omega^2[m_{a1}\sin\omega t+m_{b1}\cos\omega t\sin0°]\cdot(+c)$

$$+r_o\omega^2[m_{a3}\sin(\omega t+120°)+m_{b3}\cos(\omega t+120°)\sin0°]\cdot(-c)$$

$$=r_o\omega^2\left[m_{a1}\sin\omega t\cdot(+c)+m_{a3}\left(-\frac{1}{2}\sin\omega t+\frac{\sqrt{3}}{2}\cos\omega t\right)\cdot(-c)\right]$$

$$=\frac{\sqrt{3}}{2}r_o\omega^2 cm_a(\sqrt{3}\sin\omega t-\cos\omega t)$$

二谐扭转：$M_{vz2}=r_o\omega^2\lambda[m_{b1}\cos2\omega t\sin0°]\cdot(+c)$

$$+r_o\omega^2\lambda[m_{b3}\cos2(\omega t+120°)\sin0°]\cdot(-c)$$

$$=0$$

一谐回转：$M_{vx1}=r_o\omega^2[m_{a1}\cos\omega t+m_{b1}\cos\omega t\cos0°]\cdot(+c)$

$$+r_o\omega^2[m_{a3}\cos(\omega t+120°)+m_{b3}\cos(\omega t+120°)\cos0°]\cdot(-c)$$

$$=r_o\omega^2[m_{a1}\cos\omega t+m_{b1}\cos\omega t]\cdot(+c)$$

$$+r_o\omega^2\left[m_{a3}\left(-\frac{1}{2}\cos\omega t-\frac{\sqrt{3}}{2}\sin\omega t\right)+m_{b3}\left(-\frac{1}{2}\cos\omega t-\frac{\sqrt{3}}{2}\sin\omega t\right)\right]\cdot(-c)$$

$$=r_o\omega^2 c\left[\left(\frac{3}{2}m_a+m_{b1}+\frac{1}{2}m_{b3}\right)\cos\omega t+\frac{\sqrt{3}}{2}(m_a+m_{b3})\sin\omega t\right]$$

二谐回转：$M_{vx2}=r_o\omega^2\lambda[m_{b1}\cos2\omega t\cos0°]\cdot(+c)$

$$+r_o\omega^2\lambda[m_{b3}\cos2(\omega t+120°)\cos0°]\cdot(-c)$$

$$=r_o\omega^2\lambda[m_{b1}\cos2\omega t\cdot(+c)+m_{b3}\cos(2\omega t-120°)\cdot(-c)]$$

$$=r_o\omega^2\lambda\left[m_{b1}\cos2\omega t\cdot(+c)+m_{b3}\left(-\frac{1}{2}\cos2\omega t+\frac{\sqrt{3}}{2}\sin2\omega t\right)\cdot(-c)\right]$$

$$=r_o\omega^2 c\lambda\left[m_{b1}\cos2\omega t+m_{b3}\left(\frac{1}{2}\cos2\omega t-\frac{\sqrt{3}}{2}\sin2\omega t\right)\right]$$

各向扰力矩的最大值为（当 $m_{b1}=m_{b2}=m_{b3}$时）：

一谐扭转转化：$M_{vz1}=\frac{\sqrt{3}}{2}r_o\omega^2 cm_a(\sqrt{3}\sin\omega t-\cos\omega t)=\sqrt{3}r_o\omega^2 cm_a\left(\frac{\sqrt{3}}{2}\sin\omega t-\frac{1}{2}\cos\omega t\right)$

$$=\sqrt{3}r_o\omega^2 cm_a\sin(\omega t-30°)$$

故最大值：$M_{vz1}=\sqrt{3}r_o\omega^2 cm_a$

二谐扭转：$M_{vz2}=0$

一谐回转转化：$M_{vx1}=r_o\omega^2 c\left[\frac{3}{2}m_a+m_{b1}+\frac{1}{2}m_{b3}\right)\cos\omega t+\frac{\sqrt{3}}{2}(m_a+m_{b3})\sin\omega t\right]$

$$=r_o\omega^2 c\left[\frac{3}{2}(m_a+m_b)\cos\omega t+\frac{\sqrt{3}}{2}(m_a+m_b)\sin\omega t\right]$$

$$=r_o\omega^2 c\cdot(m_a+m_b)\cdot\sqrt{3}\cdot\left[\frac{\sqrt{3}}{2}\cos\omega t+\frac{1}{2}\sin\omega t\right]$$

$$=\sqrt{3}r_o\omega^2 c(m_a+m_b)\cos(\omega t-30°)$$

故最大值：$M_{vx1}=\sqrt{3}r_o\omega^2 c(m_a+m_b)$

二谐回转转化：$M_{vx2}=r_o\omega^2 c\lambda\left[m_{b1}\cos2\omega t+m_{b3}\left(\frac{1}{2}\cos2\omega t-\frac{\sqrt{3}}{2}\sin2\omega t\right)\right]$

$$=r_o\omega^2 c\lambda\cdot m_b\cdot\sqrt{3}\cdot\left[\frac{\sqrt{3}}{2}\cos2\omega t-\frac{1}{2}\sin2\omega t\right]$$

$$=\sqrt{3}r_o\omega^2 c\lambda\cdot m_b\cos(2\omega t+30°)$$

故最大值：$M_{vx2}=\sqrt{3}r_o\omega^2 c\lambda m_b$

4. 单 W 型机器的扰力（矩）计算

见图 4.1.9，气缸列数 $i=3$。振动荷载以水平扰力、竖向扰力为主。因三气缸连杆共同连接在同一曲柄上，气缸中心间距 c 较小，故扭转力矩、回转力矩可以忽略。

三个夹角为 60°的气缸共用一个曲柄，其旋转不平衡质量 $m_{a1}=m_{a2}=m_{a3}=m_a/3$。

单 W 型机器的同一曲柄上、居中对称的两个气缸的往复运动质量 $m_{b1}=m_{b3}$。

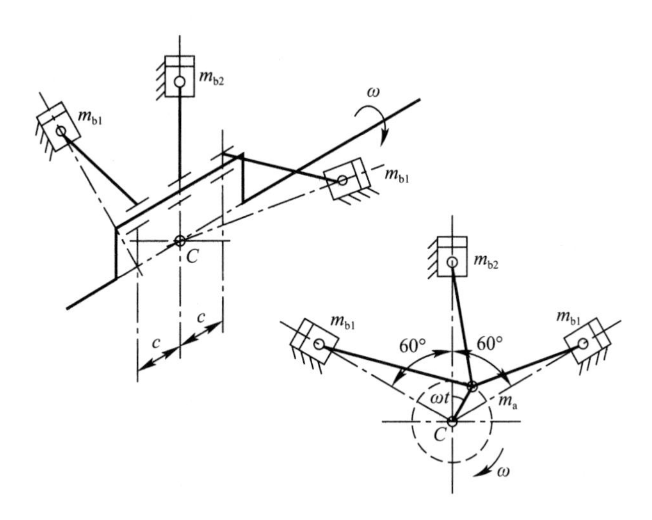

图 4.1.9　单 W 型机器计算简图

其转动夹角，$\psi_1=-60°$，$\beta_1=\omega t$，$\alpha_1=\omega t+60°$

$\psi_2=0°$，$\beta_2=\omega t$，$\alpha_2=\omega t$

$\psi_3=+60°$，$\beta_3=\omega t$，$\alpha_3=\omega t-60°$

一谐水平：
$$\begin{aligned}F_{vx1}=&r_o\omega^2[m_{a1}\sin\omega t+m_{b1}\cos(\omega t+60°)\sin(-60°)]\\&+r_o\omega^2[m_{a2}\sin\omega t+m_{b2}\cos\omega t\sin0°]\\&+r_o\omega^2[m_{a3}\sin\omega t+m_{b3}\cos(\omega t-60°)\sin(+60°)]\\=&r_o\omega^2\left[(m_{a1}+m_{a2}+m_{a3})\cdot\sin\omega t+m_{b1}\left(+\frac{1}{2}\cos\omega t-\frac{\sqrt{3}}{2}\sin\omega t\right)\left(-\frac{\sqrt{3}}{2}\right)\right.\\&\left.+0+m_{b3}\left(+\frac{1}{2}\cos\omega t+\frac{\sqrt{3}}{2}\sin\omega t\right)\left(+\frac{\sqrt{3}}{2}\right)\right]\\=&r_o\omega^2\left(m_a+\frac{3}{2}m_{b1}\right)\sin\omega t\end{aligned}$$

二谐水平：
$$\begin{aligned}F_{vx2}=&r_o\omega^2\lambda[m_{b1}\cos2(\omega t+60°)\sin(-60°)]\\&+r_o\omega^2\lambda[m_{b2}\cos2\omega t\sin0°]\\&+r_o\omega^2\lambda[m_{b3}\cos2(\omega t-60°)\sin(+60°)]\\=&r_o\omega^2\lambda\left[m_{b1}\left(-\frac{1}{2}\cos2\omega t-\frac{\sqrt{3}}{2}\sin2\omega t\right)\left(-\frac{\sqrt{3}}{2}\right)\right.\\&\left.+0+m_{b3}\left(-\frac{1}{2}\cos2\omega t+\frac{\sqrt{3}}{2}\sin2\omega t\right)\left(+\frac{\sqrt{3}}{2}\right)\right]\\=&\frac{3}{2}r_o\omega^2\lambda m_{b1}\sin2\omega t\end{aligned}$$

一谐竖向：$F_{vz1}=r_o\omega^2[m_{a1}\cos\omega t+m_{b1}\cos(\omega t+60°)\cos(-60°)]$

$$+r_o\omega^2[m_{a2}\cos\omega t+m_{b2}\cos\omega t\cos0°]$$

$$+r_o\omega^2[m_{a3}\cos\omega t+m_{b3}\cos(\omega t-60°)\cos(+60°)]$$

$$=r_o\omega^2\left[(m_{a1}+m_{a2}+m_{a3})\cdot\cos\omega t+m_{b1}\left(+\frac{1}{2}\cos\omega t-\frac{\sqrt{3}}{2}\sin\omega t\right)\left(+\frac{1}{2}\right)\right.$$

$$\left.+m_{b2}\cos\omega t(+1)+m_{b3}\left(+\frac{1}{2}\cos\omega t+\frac{\sqrt{3}}{2}\sin\omega t\right)\left(+\frac{1}{2}\right)\right]$$

$$=r_0\omega^2\left(m_a+\frac{1}{2}m_{b1}+m_{b2}\right)\cos\omega t$$

二谐竖向：$F_{vz2}=r_o\omega^2\lambda[m_{b1}\cos2(\omega t+60°)\cos(-60°)]$

$$+r_o\omega^2\lambda[m_{b2}\cos2\omega t\cos0°]$$

$$+r_o\omega^2\lambda[m_{b3}\cos2(\omega t-60°)\cos(+60°)]$$

$$=r_o\omega^2\lambda\left[m_{b1}\left(-\frac{1}{2}\cos2\omega t-\frac{\sqrt{3}}{2}\sin2\omega t\right)\left(+\frac{1}{2}\right)\right.$$

$$\left.+m_{b2}\cos2\omega t(+1)+m_{b3}\left(-\frac{1}{2}\cos2\omega t+\frac{\sqrt{3}}{2}\sin2\omega t\right)\left(+\frac{1}{2}\right)\right]$$

$$=r_o\omega^2\lambda\left(m_{b2}-\frac{1}{2}m_{b1}\right)\cos2\omega t$$

各向扰力的最大值为：

一谐水平：$F_{vx1}=r_o\omega^2\left(m_a+\frac{3}{2}m_{b1}\right)$

二谐水平：$F_{vx2}=\frac{3}{2}r_o\omega^2\lambda m_{b1}$

一谐竖向：$F_{vz1}=r_o\omega^2\left(m_a+\frac{1}{2}m_{b1}+m_{b2}\right)$

二谐竖向：$F_{vz2}=r_o\omega^2\lambda\left(m_{b2}-\frac{1}{2}m_{b1}\right)$

不同类型往复式机器振动荷载的大小与机器转速、曲柄-连杆-活塞机构等运动部件的质量、气缸几何分布、曲柄与连杆的长度等因素有关。若机器制造厂不能提供扰力数据，则应提供机器的转速、曲柄连杆数量、尺寸、平面布置图和曲柄错角，以及各运动部件的质量等资料，由设计人员按照标准 5.1 节及附录 A、B 的公式计算扰力和扰力矩。

往复式机器的扰力主要是由各列气缸往复运动质量产生，旋转运动产生的离心力相对较小。不同类型的机器的扰力（矩）特点是不同的，依不同的气缸方向而定，立式机器以竖向扰力 F_{vz}和回转力矩 M_{vx}为主，卧式机器以水平扰力 F_{vx}和扭转力矩 M_{vz}为主，对称平衡型机器由于各列气缸水平扰力 F_{vx}相互抵消，仅余下扭转力矩 M_{vz}，L、V、W 型机器以水平扰力 F_{vx}和竖向扰力 F_{vz}为主。

驱动机转子旋转产生的不平衡惯性力相对于往复式机器曲柄-连杆-活塞机构运动产生的一、二谐扰力（矩）而言是很小的，为简化计算，可以忽略驱动机的扰力。

第二节　往复式发动机

一、往复式发动机振动荷载的产生、标示及特点

1. 振动荷载的产生及标示

往复式发动机亦称内燃机，其振动荷载由两部分构成，一部分是运动部件质量产生的旋转运动离心力和往复运动惯性力合力及其力矩，另一部分是倾覆力矩未平衡的简谐分量。旋转运动离心力和往复运动惯性力的产生机理与活塞式压缩机相同，整机的合力以作用于曲轴中心，即气缸布置中心的一谐、二谐竖向扰力 F_{vz1}、F_{vz2} 和水平 x 向扰力 F_{vx1}、F_{vx2} 标示，当扰力平衡后则形成力偶，即扰力矩，以一谐、二谐回转力矩 M_{vx1}、M_{vx2} 和扭转力矩 M_{vz1}、M_{vz2} 标示。由于曲柄气缸列配置的结构平衡和平衡铁平衡，4 个参数有的也已平衡了。倾覆力矩未平衡的简谐分量以 M_{vy} 表示。倾覆力矩的产生及成为作用于机器基础的外力矩，可用图 4.2.1 加以说明。

与往复运动部件质量产生惯性力分析类似，扭矩和倾覆力矩力学分析简图依然是由曲柄、连杆和汽缸中心线构成的 ABO 力学三角形。作用在活塞上的力有燃气压力，还有往复运动惯性力，二者一般分别计算。作为对基础的激振力，可以简化只考虑气缸内燃气产生的气体压力 P，它作用于活塞上形成推力 F。F 可分解为对汽缸壁的侧压力 F_c 和连杆轴力 F_1，F_1 通过连杆传给曲柄销，并在曲柄销处分解为沿曲柄切线方向的分力 F_t 和沿曲柄径向的分力 F_n，F_n 通过曲柄传给轴承座，在轴承座处分解为与 F_t 大小相等方向相反的 F_t'、与气缸中心线重合的 F' 和与 F_c 大小相等、方向相反的 F_c' 3 个分力。F' 与作用于气缸顶的气体压力平衡，成为机器的内力。F_t-F_t' 为推动曲轴旋转作功并激发曲轴扭振的扭矩 T，它通过发动机输出端传给测功器或发电机，再传给基础；F_c-F_c' 为与扭矩 F_t-F_t' 平衡的反扭矩 T_k，它使基础产生倾覆和横向的摇摆振动，故称为倾覆力矩，它是直接作用于基础的外力矩。扭矩的平均值对应功率，为静力矩。扭矩和功率发动机仪表都有显示。扭矩的脉动值激发曲轴扭振，但通过曲轴、飞轮、测功器或发电机的减振、吸振作用后，很难再传给基础；倾覆力矩的脉动值没有中间环节的减振、吸振、作用，全部以扰力矩方式通过机身直接作用于基础。由于倾覆力矩是扭矩的反作用力矩，故可以采用扭矩的分析计算结果。多缸的扭矩叠加后，其反力矩以倾覆力矩未平衡的简谐分量形式成了作用于发动机基础的扰力矩 M_y，它是激发往复式发动机（以下简称发动机）基础振动的重要甚至是主要振动荷载。扭矩和反扭矩使公共底座和基础受扭，设计无基础发电机组时，需计算公共底座抗扭并应避免扭振共振。

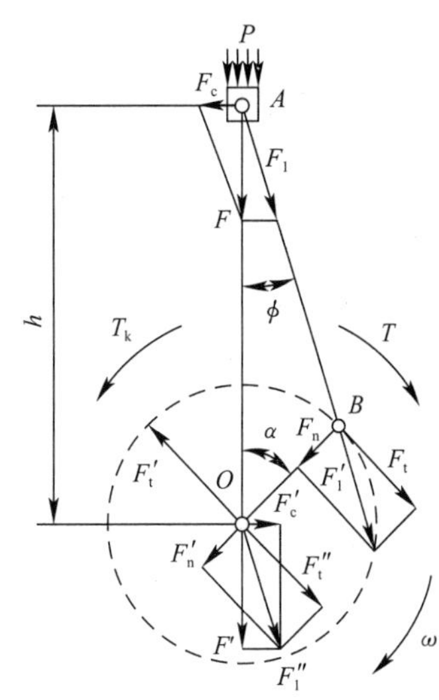

图 4.2.1　扭矩与反扭矩作用原理图

2. 振动荷载的特点

（1）发动机是变转速设备，振动荷载具有多谐次、多方向特性，致使振动荷载的频率

和方向复杂多变。最大扰力和扰力矩一般发生在最大转速时，但部分转速较低的发动机基础的振动响应，则可能发生在某一方向某一谐次的扰力或扰力矩与基础该方向固有频率相同或接近时，这是振动设备中比较特殊的，设计时需要注意。

（2）包括发动机在内的往复式机器的振动荷载，也称动力荷载，是在发动机动力设计时，通过曲柄连杆机构力学分析，建立扰力、扰力矩计算公式，进行理论计算获得的。因此，设备制造厂可以提供振动荷载理论计算值，但一般未考虑误差的影响，而这种影响有时是很大的。这是往复式机器与其他设备振动荷载的显著区别。

（3）虽同是往复式机器，发动机的平衡设计比压缩机要好很多，误差影响要大得多。由于发动机的各缸特性相同，各列往复运动的质量没有差别，加上合理的曲柄、气缸列配置，很多机型运动部件质量产生的扰力和扰力矩，理论上都已经平衡了，剩下机型未能平衡的扰力和扰力矩，有的又通过配置平衡装置也平衡了，这就使很多发动机的扰力和扰力矩理论计算值成为 0 或小到可以忽略不计，真正还有扰力和扰力矩理论值的发动机就减少了很多，误差产生的扰力、内扰力激发的机器振动通过机身传给基础的等效扰力，就显得特别重要，需要作为振动荷载考虑。

（4）倾覆力矩未平衡的简谐分量是振动荷载的重要组成部分。发动机基础振动实测结果表明，当发动机的平衡性能好，扰力和扰力矩理论计算值均为 0 或小到可忽略不计时，发动机基础的振动频率主要是自扭振基频起、包括一谐波、二谐波在内的 3～5 个主要谐次，见图 4.2.2。对称于发动机轴线两侧基础上的竖向振动反相位，显示出以倾覆力矩作用方向为主的振动特征，见图 4.2.3。更详实的资料见本节四振动荷载的验证——四冲程发动机试验台基础振动实测资料图 4.2.7～图 4.2.16。

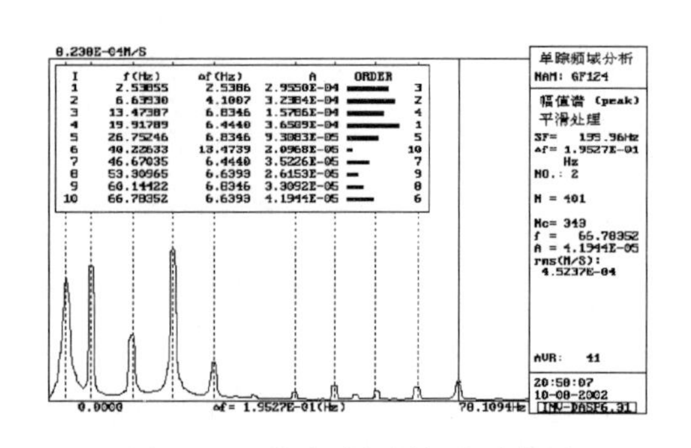

图 4.2.2　某发动机隔振基础实测振动速度频谱

型号：V 型 12 缸，四冲程，转速 800r/min

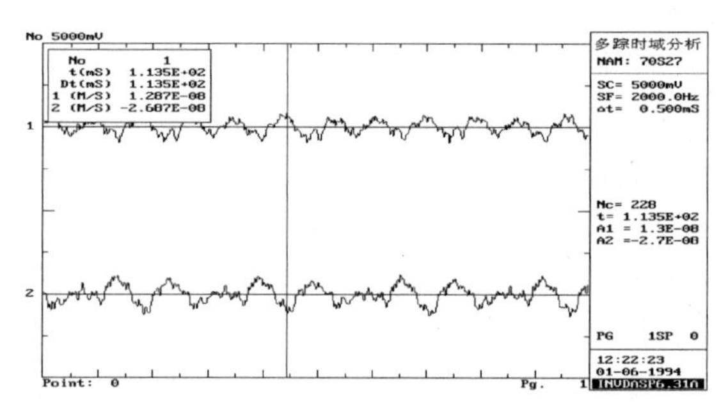

图 4.2.3　某发动机隔振基础实测竖向振动速度时程曲线

型号：V 型 12 缸，四冲程，曲线 1、2 测点对称于发动机主轴

二、往复式发动机振动荷载的理论计算

1. 运动部件质量产生的扰力和扰力矩计算

往复式发动机的扰力和扰力矩理论计算与往复式压缩机相同，区别主要有以下两点：

（1）由于各缸直径、气压等特性相同，各列往复运动质量完全相同，发动机习惯以缸数代表列数，扰力和扰力矩理论计算公式及简图更简单了。

（2）当按理论公式计算的某谐扰力或扰力矩未平衡时，该扰力或扰力矩为首要振动荷载；但若配置平衡装置，也就使该扰力或扰力矩达到了平衡，即扰力和扰力矩理论值均为 0 或小到可忽略不计了。

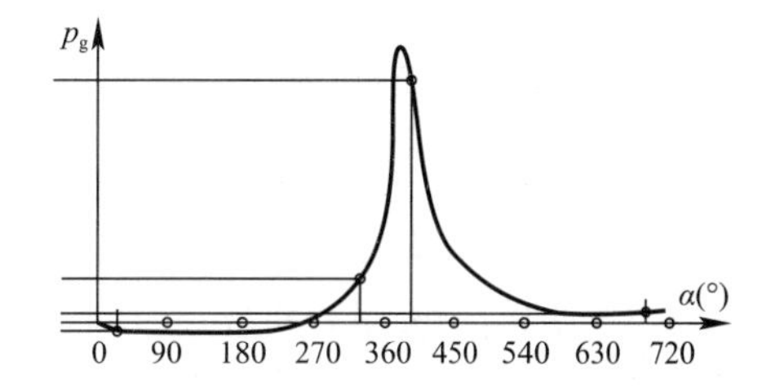

图 4.2.4　四冲程发动机燃气压力曲线

2. 倾覆力矩未平衡的简谐分量计算

倾覆力矩未平衡的简谐分量可以直接采用发动机设计时扭矩的理论计算结果。根据发动机单缸燃气压力随曲柄转角的变化曲线，见图 4.2.4，可以计算出单缸发动机的扭矩，再通过傅里叶变换，分解为周期函数的简谐波分量。因气缸内气体压力曲线只能以对应不同角度的数值表示，这个计算过程比较复杂，发动机设计时采用计算机程序数值计算，图 4.2.5 表示了计算结果的曲线图。然后进行多缸扭矩叠加，得到扭矩的未平衡简谐分量，即为作用于基础的倾覆力矩未平衡简谐分量。图 4.2.6 提供了一种点火间隔均匀的四冲程 4 缸发动机扭矩图。

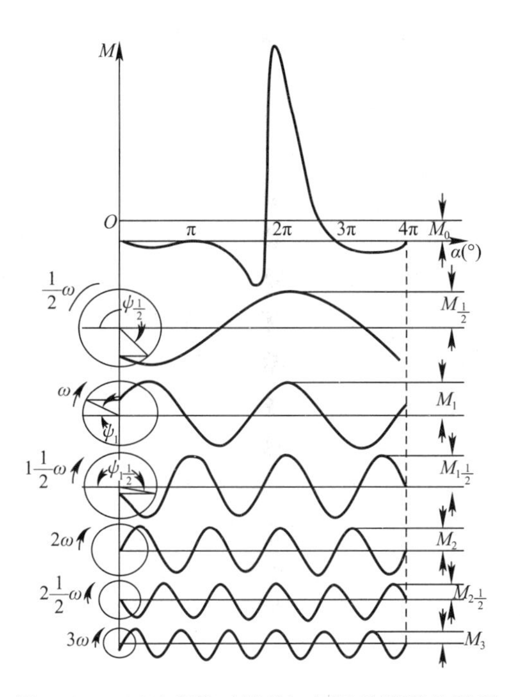

图 4.2.5　四冲程发动机单缸扭矩及简谐分量图

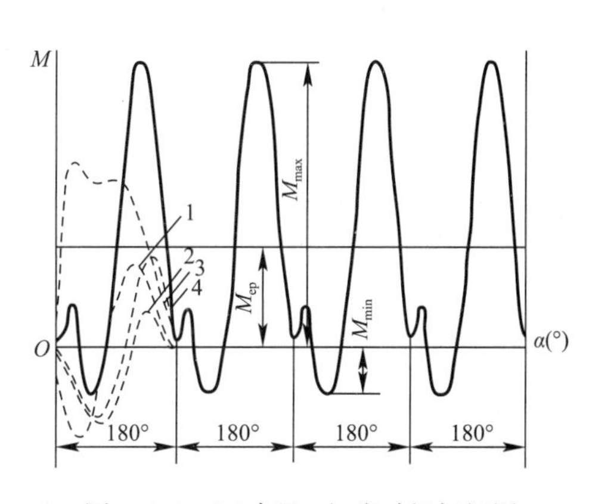

图 4.2.6　四冲程 4 缸发动机扭矩图

因四冲程发动机的点火周期为曲轴旋转 2 转，故扭矩简谐分量的基频对应转速的 1/2，二冲程发动机的点火周期为曲轴旋转 1 转，故扭矩简谐分量的基频对应转速。当各缸点火间隔时间相同时，多缸发动机的扭矩叠加结果，理论上，四冲程发动机仅剩对应缸数 1/2 及其倍数谐次的简谐分量未平衡，二冲程发动机仅剩对应缸数及其倍数谐次的简谐分量未平衡，其余谐次的简谐分量均已平衡了。但实际上，由于各缸的燃气压力不可避免地存在误差，这种误差一般超过了 10%，因此，自基频起的各谐次简谐分量均仍有不同程度存在，发动机设计一般取值至 12 谐次，更高的谐次忽略不计。对发动机基础设计来说，一般在 6 谐次以下取值就可以了。

三、振动荷载的确定

1. 振动荷载由发动机制造厂提供，但需审查是否满足基础振动计算要求

由于往复式发动机的振动荷载，包括一谐扰力或扰力矩、二谐扰力或扰力矩、倾覆力矩未平衡的简谐分量，机器设计时进行动力计算已经获得了理论计算值，具备要求机器制造厂提供的条件。倾覆力矩未平衡的简谐分量宜满足标准第 5.2.1 条第 5 款要求。

2. 误差产生振动荷载的估算

误差产生的振动荷载也是两部分。一部分是运动部件的质量误差产生的，可按同一类型的单缸机零部件图纸标明的容许的质量误差计算，考虑到容许质量误差很小，且有内扰力激发发动机振动传给基础的振动，可与制造厂协商，乘一个大于 1 的系数。另一部分是理论上已平衡而实际上未完全平衡、低于主谐次的倾覆力矩简谐分量，可取主谐次理论计算值的适当比例。

四、振动荷载的验证——四冲程发动机试验台基础振动实测资料

针对扰力和扰力矩理论上均已平衡的发动机，包括理论计算公式未能平衡、通过配置平衡装置予以平衡的发动机，现在广泛使用的现状，编者在《隔振设计规范》GB 50463—2008 编制过程中进行过专题研究。在此专题研究报告基础上，结合本标准编制，编者单位又列题对 V 型 6 缸发动机和 V 型 8 缸发动机进行了振动实测研究，并研究了本标准兄弟单位参编人提供的立式 6 缸发动机和立式 4 缸发动机的基础振动实测资料。其中立式 4 缸发动机、V 型 6 缸发动机和 V 型 8 缸发动机的二谐扰力或扰力矩是通过配置平衡装置平衡的。这些实测资料验证了上文所述的振动荷载取值是基本符合发动机基础振动实际情况的，标准的要求是适宜的。现将这些实测资料节录一部分，供读者阅读应用标准时参考。

基础上的测点布置见图 4.2.7，图（*a*）的测点 1～4 测竖向振动，测点 5、6 测水平 x 向（旋转轴方向为 y 向，下同）振动，测点号与通道号一一对应；图（*b*）、图（*c*）的测点 1～6 分别与通道 1～6（测水平 x 向振动）和 7～12（测竖向振动）一一对应，但图（*c*）的测点 4 在基础外，故图中将其时程曲线置顶；图（*d*）测点号与通道号一一对应，测点 4～6 不在基础上。

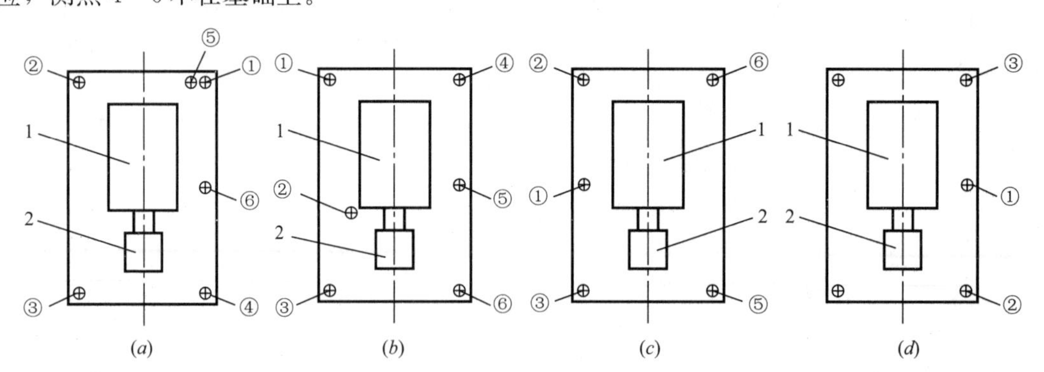

图 4.2.7　测点布置图

1—发动机；2—测功器；①～⑥测点号

图号与发动机基础、测点位置及工况等参数对应关系等见表 4.2.1。

图号与发动机机型、基础类型、测点位置和工况参数对应关系　　　　表 4.2.1

序号	图号	测点布置图	发动机机型	基础类别	工况-正常工作		
					转速（r/min）	扭矩（N·m）	功率（kW）
1	图 4.2.8	图 4.2.7（*a*）	立式 6 缸，四冲程	隔振基础	1200	—	—
2	图 4.2.9	图 4.2.7（*a*）	V 型 16 缸，四冲程	隔振基础	1940	—	—
3	图 4.2.10	图 4.2.7（*a*）	V 型 12 缸，四冲程	隔振基础	800	—	—
					2200	—	—
4	图 4.2.11	图 4.2.7（*b*）	V 型 8 缸，四冲程	隔振基础	1400	1200	178
						2420	350
5	图 4.2.12				2000	2000	440
6	图 4.2.13	图 4.2.7（*c*）	V 型 6 缸，四冲程	天然地基基础	1300	—	—
					2100	—	—
7	图 4.2.14	图 4.2.7（*d*）	V 型 8 缸，四冲程	天然地基基础	2300	—	—
8	图 4.2.15	基础角点	立式 6 缸，四冲程	隔振基础	2200	644	148
9	图 4.2.16	基础角点	立式 4 缸，四冲程	隔振基础	2300	703	292

注：1. 表中序号 1～3 采用 891-Ⅱ型速度拾振器测振动速度，配 INV-6 放大器、INV306A 型数据采集仪和 DASP 数据自动采集分析软件；序号 4～7 采用 DH610 型伺服式速度拾振器测振动加速度，配 INV3060S 型 24 位网络分布式同步采集仪；序号 8、9 测振仪器是丹麦 B&K 的加速度计；

2. 序号 1～3、6、7 的发动机未记录扭矩和功率，发动机正常工作。

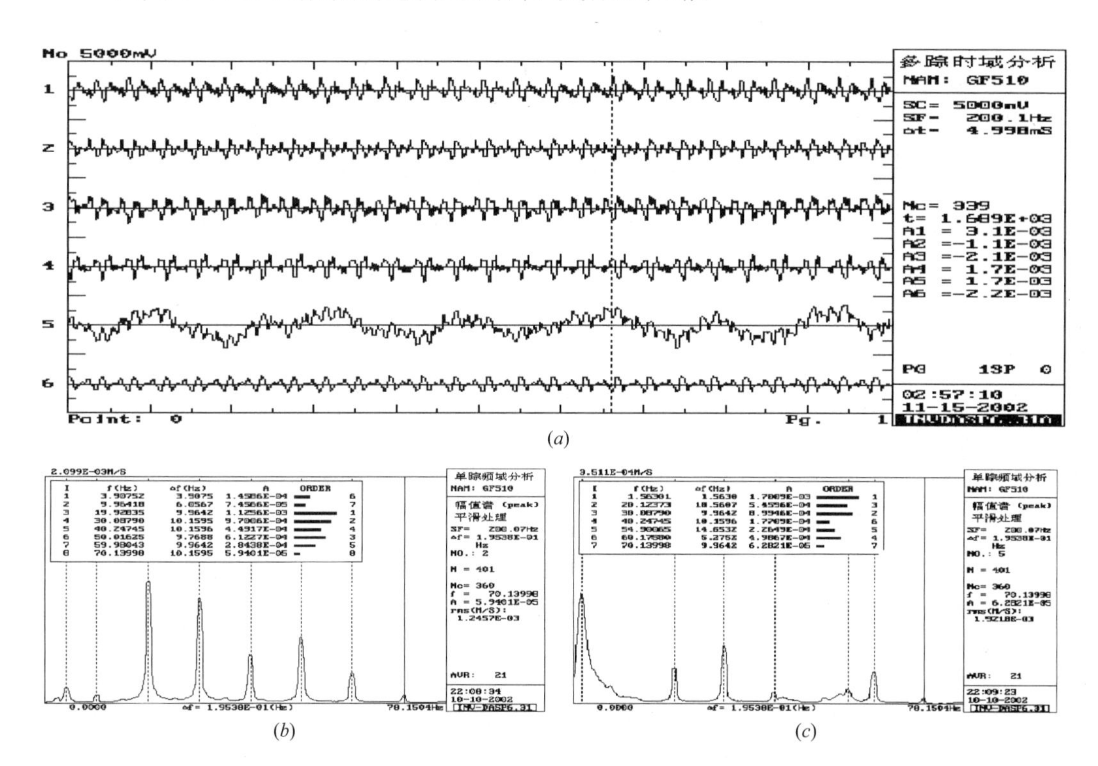

(*a*)

(*b*)　　　　(*c*)

图 4.2.8　立式 6 缸四冲程发动机试验台隔振基础实测振动速度时程曲线及频谱图

（*a*）时程曲线；（*b*）竖向振动频谱图；（*c*）水平 *x* 向振动频谱图

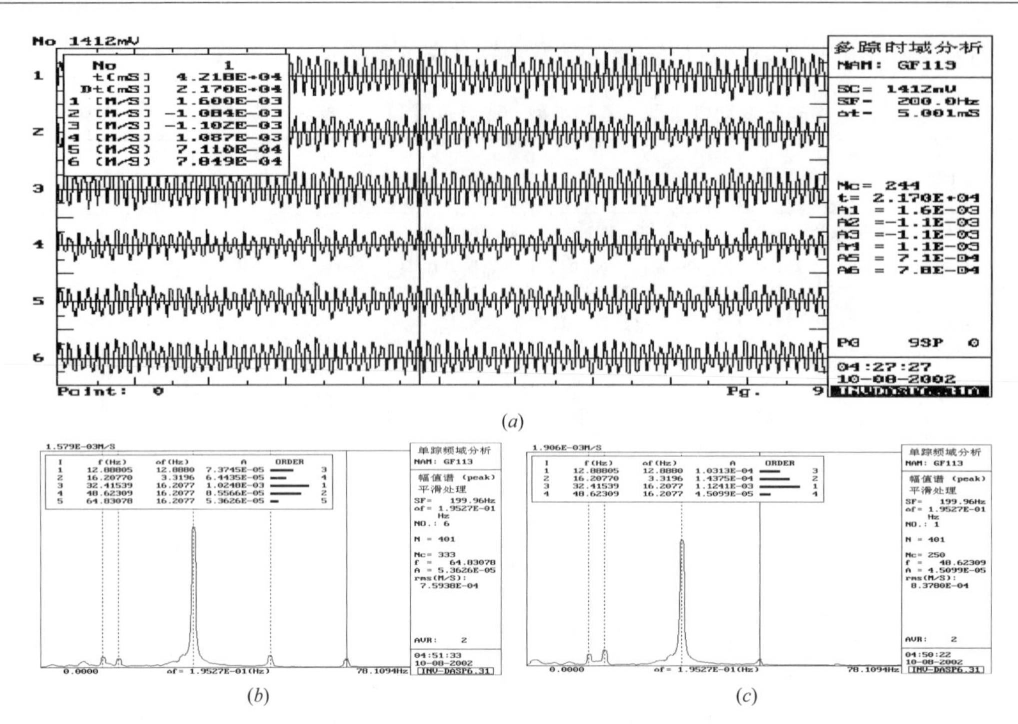

(*a*)

(*b*)　　(*c*)

图 4.2.9　V 型 16 缸四冲程发动机试验台隔振基础实测振动速度时程曲线及频谱图

（*a*）时程曲线；（*b*）竖向振动频谱图；（*c*）水平 x 向振动频谱图

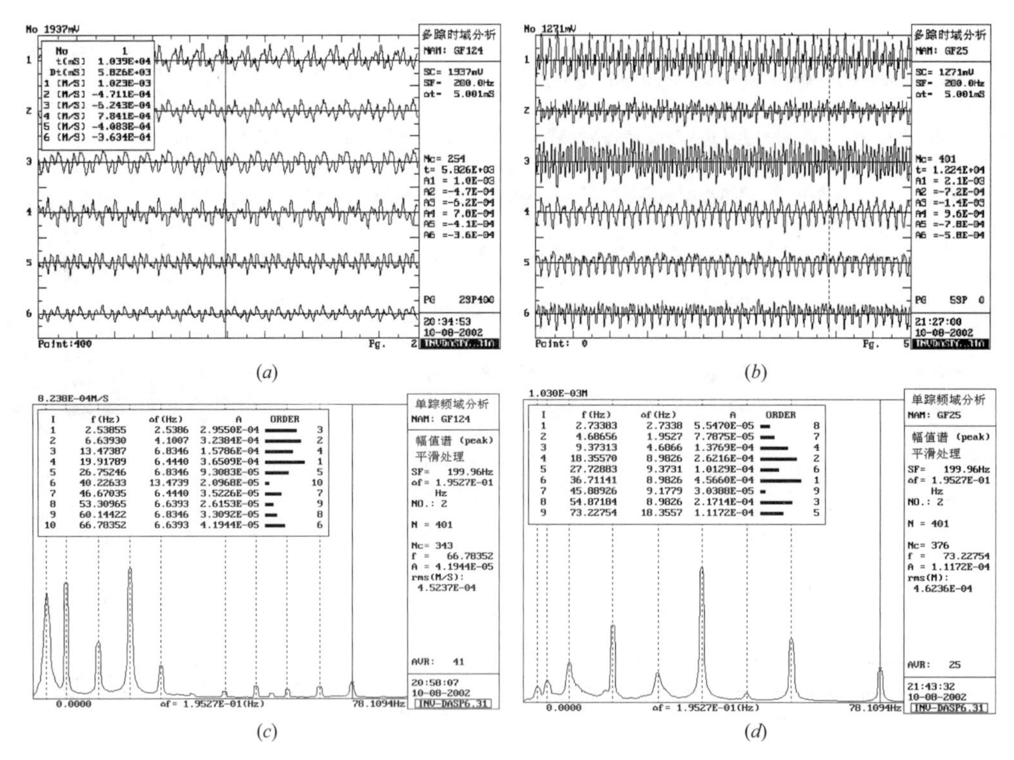

(*a*)　　(*b*)

(*c*)　　(*d*)

图 4.2.10　V 型 12 缸四冲程发动机试验台隔振基础实测振动速度时程曲线及频谱图（一）

（*a*）转速 800r/min 时程曲线；（*b*）转速 2200r/min 时程曲线；（*c*）800r/min 时竖向振动频谱图；（*d*）2200r/min 时竖向振动频谱图

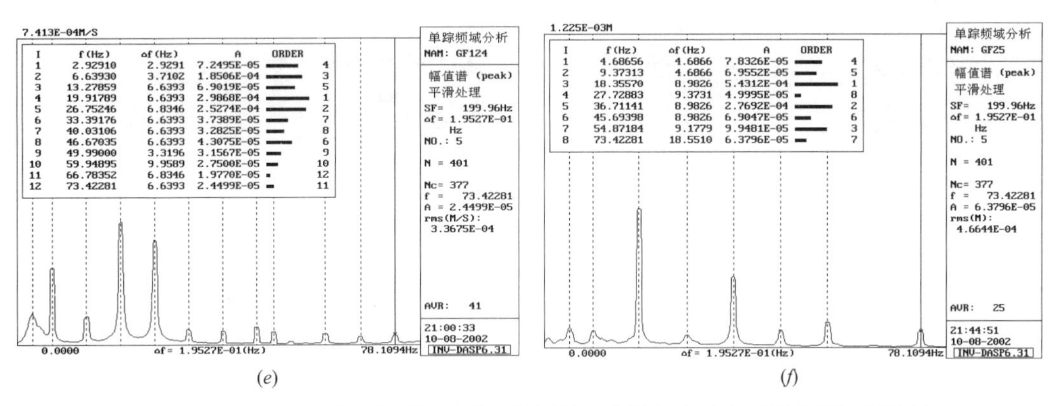

(*e*)　　　　(*f*)

图 4.2.10　V 型 12 缸四冲程发动机试验台隔振基础实测振动速度时程曲线及频谱图（二）

（*e*）800r/min 时水平 x 向振动频谱图；（*f*）2200r/min 时水平 x 向振动频谱图

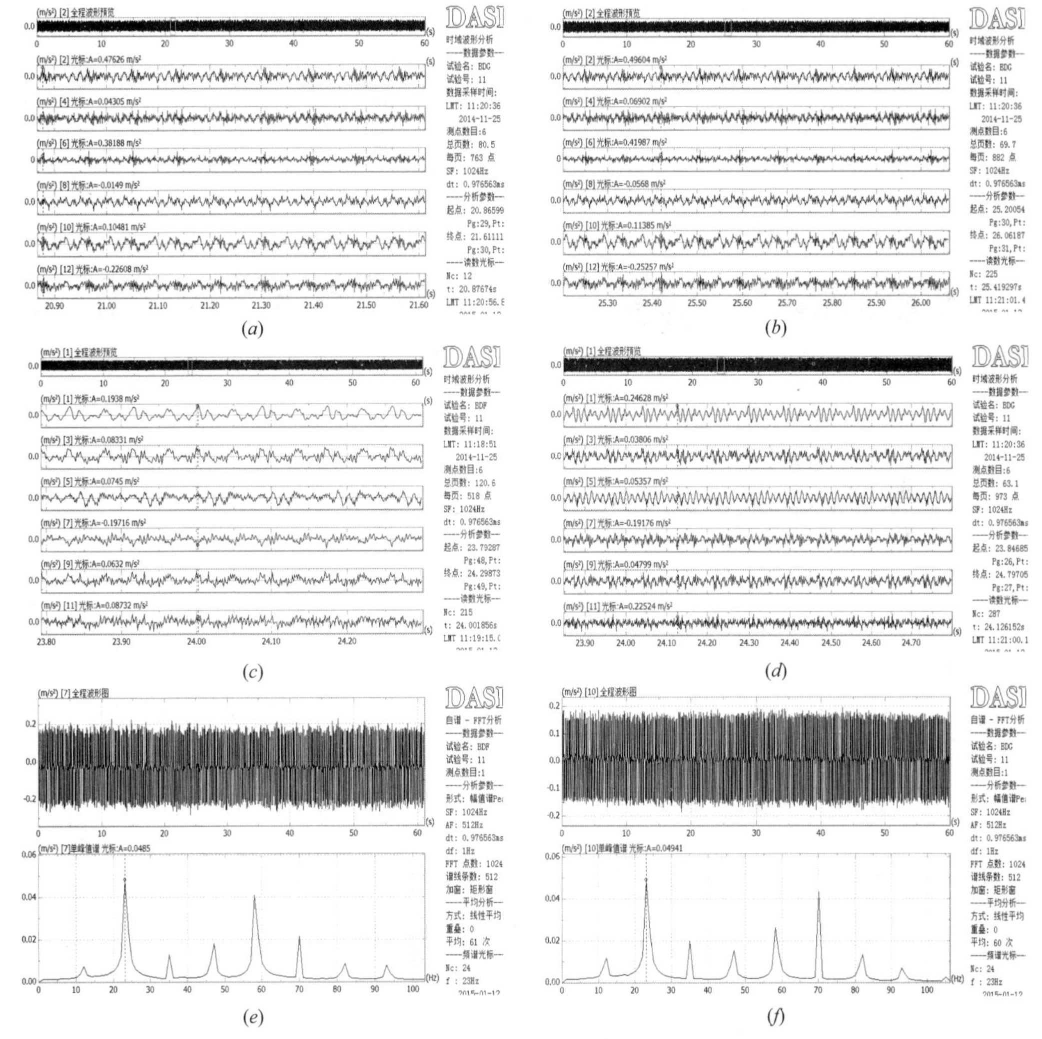

(*a*)　　　　(*b*)

(*c*)　　　　(*d*)

(*e*)　　　　(*f*)

图 4.2.11　V 型 8 缸四冲程发动机试验台隔振基础实测不同功率、扭矩时振动加速度时程曲线及频谱图（一）

（*a*）半功率竖向振动时程曲线；（*b*）满功率竖向振动时程曲线；（*c*）半功率水平 x 向振动时程曲线；

（*d*）满功率水平 x 向振动时程曲线；（*e*）半功率竖向振动频谱图；（*f*）满功率竖向振动频谱图；

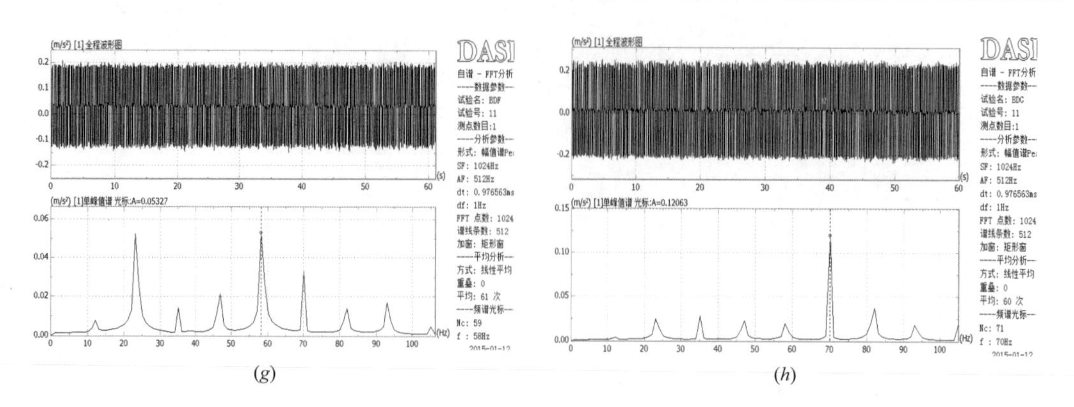

图 4.2.11 V 型 8 缸四冲程发动机试验台隔振基础实测不同功率、扭矩时振动加速度时程曲线及频谱图（二）

（g）半功率水平 x 向振动频谱图；（h）满功率水平 x 向振动频谱图

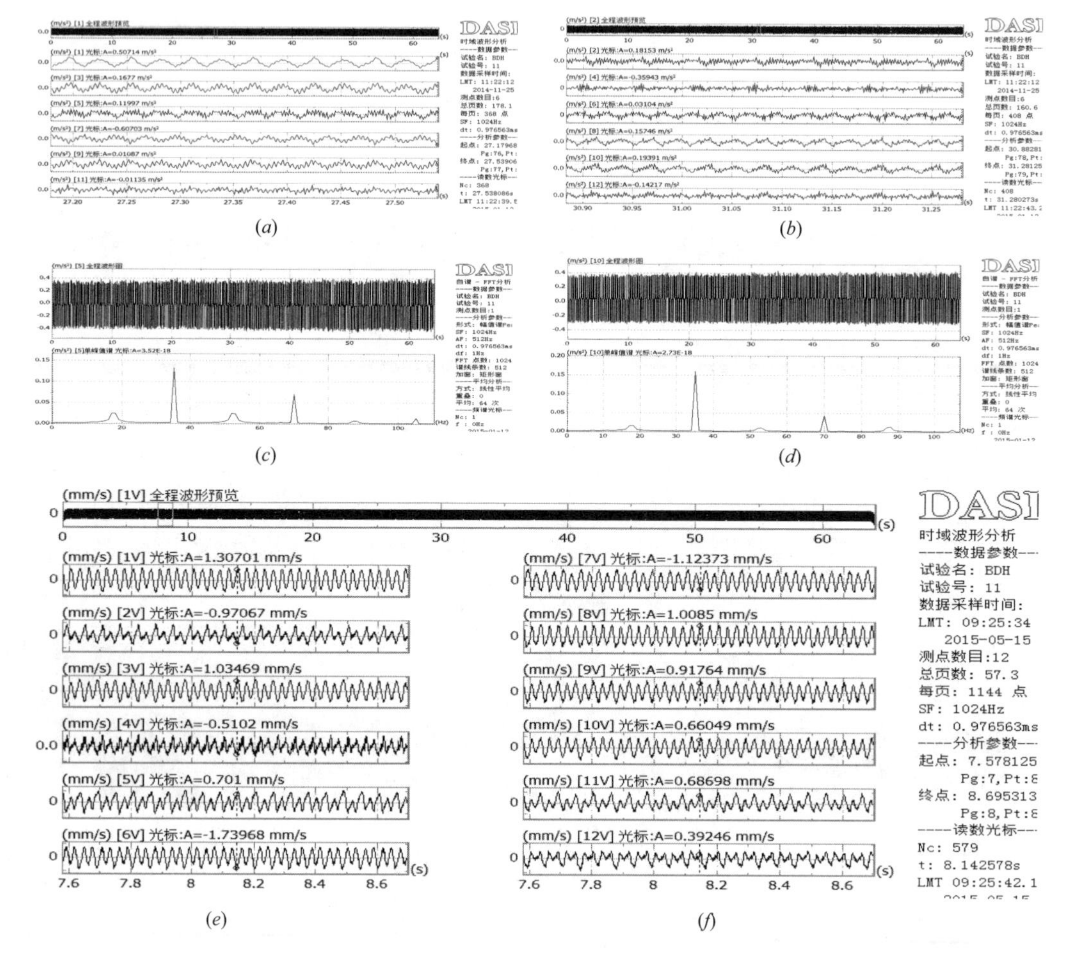

图 4.2.12 V 型 8 缸四冲程发动机试验台隔振基础实测振动加速度、速度、位移时程曲线及频谱图对比（一）

（a）水平 x 向振动加速度时程曲线；（b）竖向振动加速度时程曲线；

（c）水平 x 向振动加速度频谱图；（d）竖向振动加速度频谱图；

（e）水平 x 向振动速度时程曲线；（f）竖向振动速度时程曲线

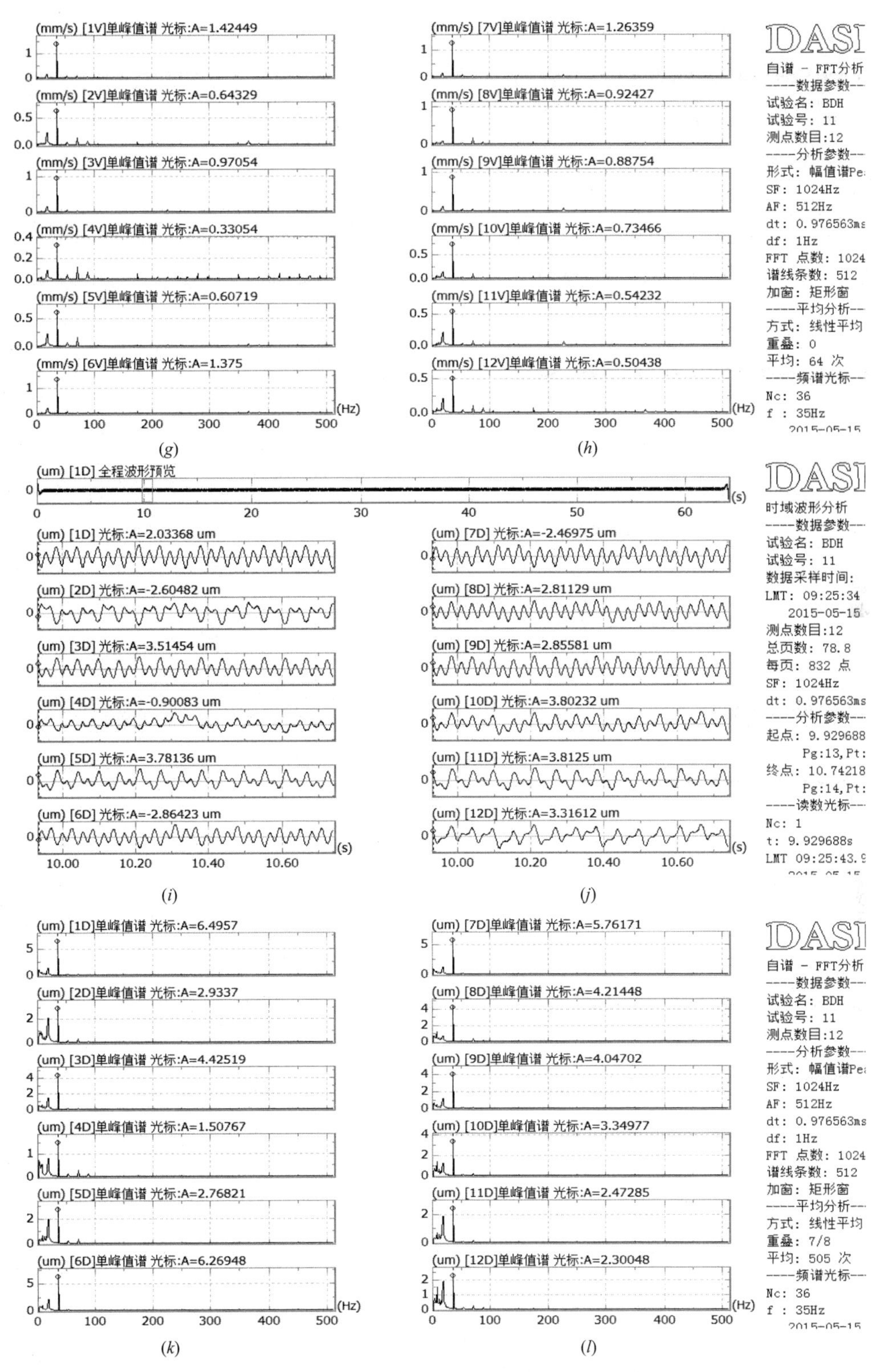

图 4.2.12 V 型 8 缸四冲程发动机试验台隔振基础实测振动加速度、速度、位移时程曲线及频谱图对比（二）

（g）水平 x 向振动速度频谱图；（h）竖向振动速度频谱图；（i）水平 x 向振动位移时程曲线；（j）竖向振动位移时程曲线；（k）水平 x 向振动位移频谱图；（l）竖向振动位移频谱图

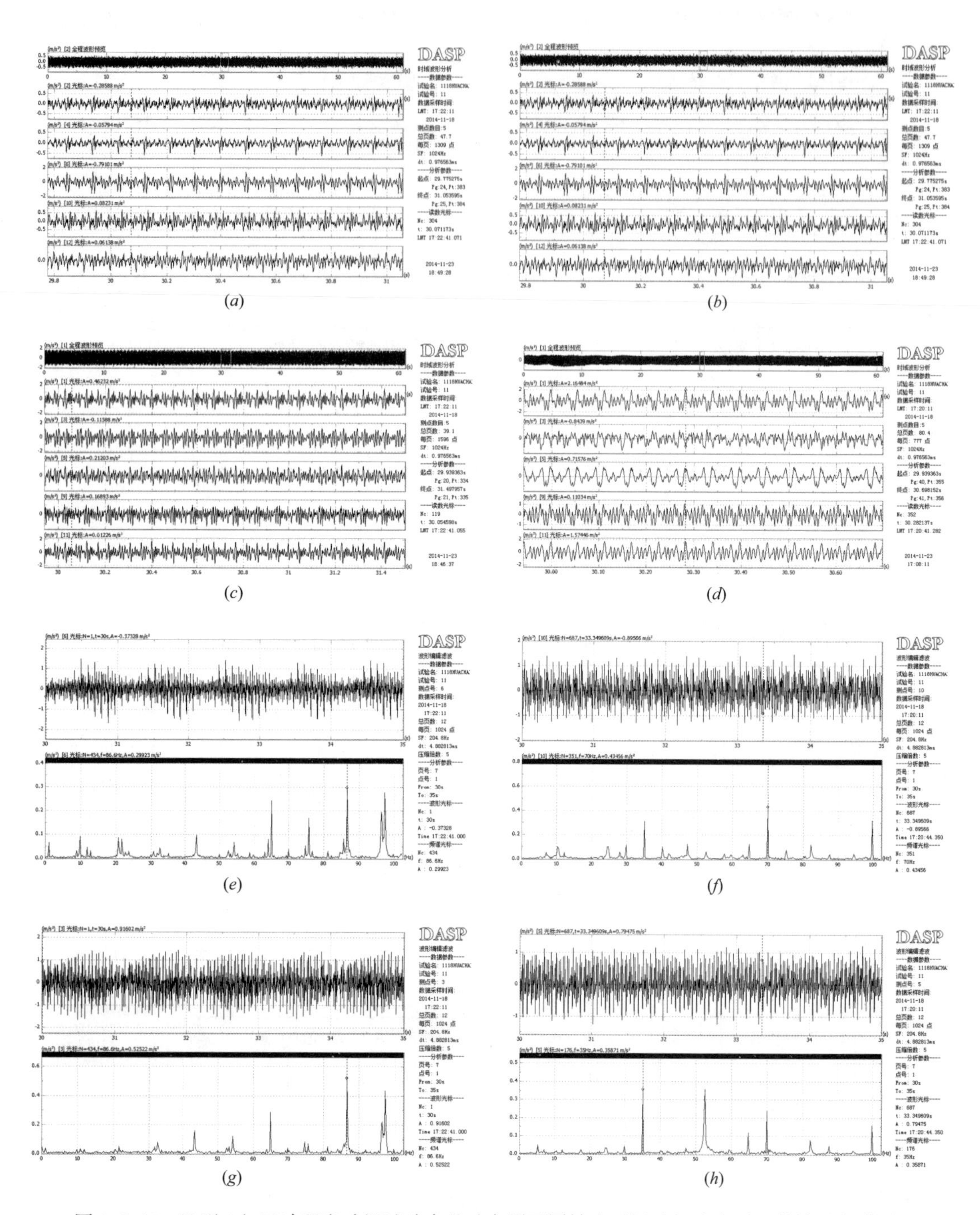

图 4.2.13　V 型 6 缸四冲程发动机试验台基础实测不同转速时振动加速度时程曲线及频谱图

(*a*) 1300r/min 时竖向振动时程曲线；(*b*) 2100r/min 时竖向振动时程曲线；

(*c*) 1300r/min 时水平 x 向振动时程曲线；(*d*) 2100r/min 时水平 x 向振动时程曲线；

(*e*) 1300r/min 时竖向振动频谱图；(*f*) 2100r/min 时竖向振动频谱图；

(*g*) 1300r/min 时水平 x 向振动频谱图；(*h*) 2100r/min 时水平 x 向振动频谱图

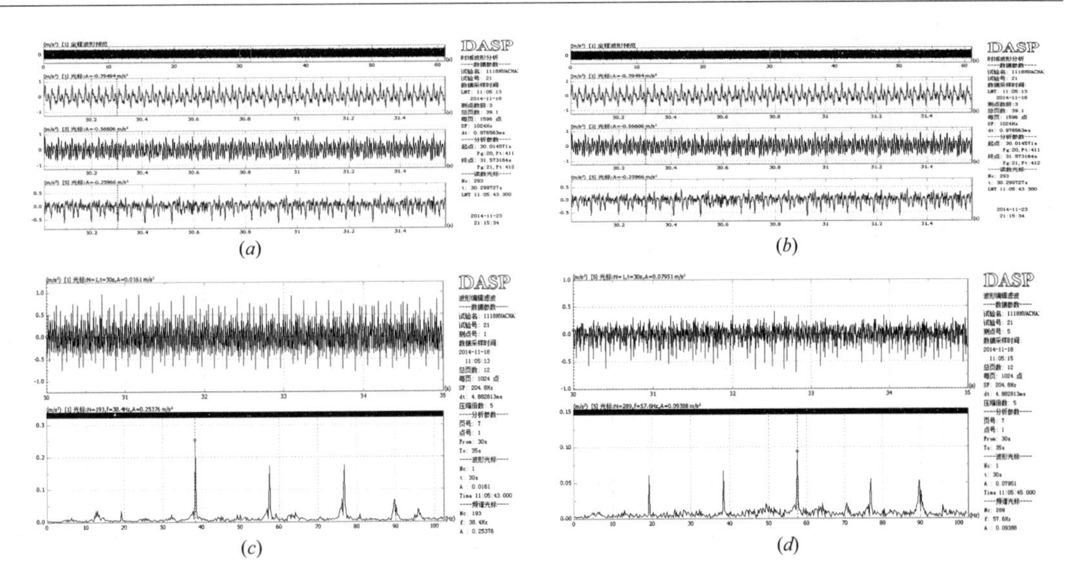

图 4.2.14 V 型 8 缸四冲程发动机试验台基础实测振动加速度时程曲线及频谱图

(a) 竖向振动时程曲线；(b) 水平 x 向振动时程曲线；(c) 竖向振动频谱图；(d) 水平 x 向振动频谱图

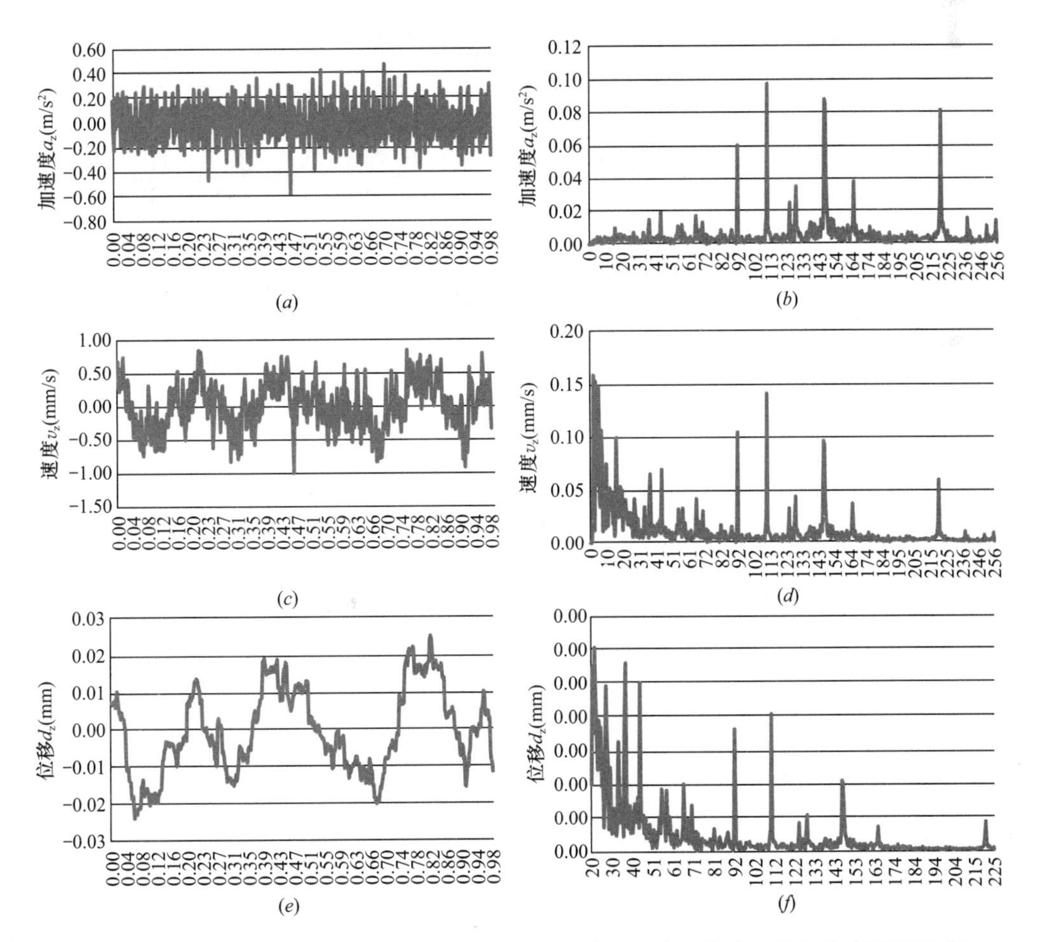

图 4.2.15 立式 6 缸发动机基础实测竖向振动加速度、速度、位移时程曲线及频谱图对比

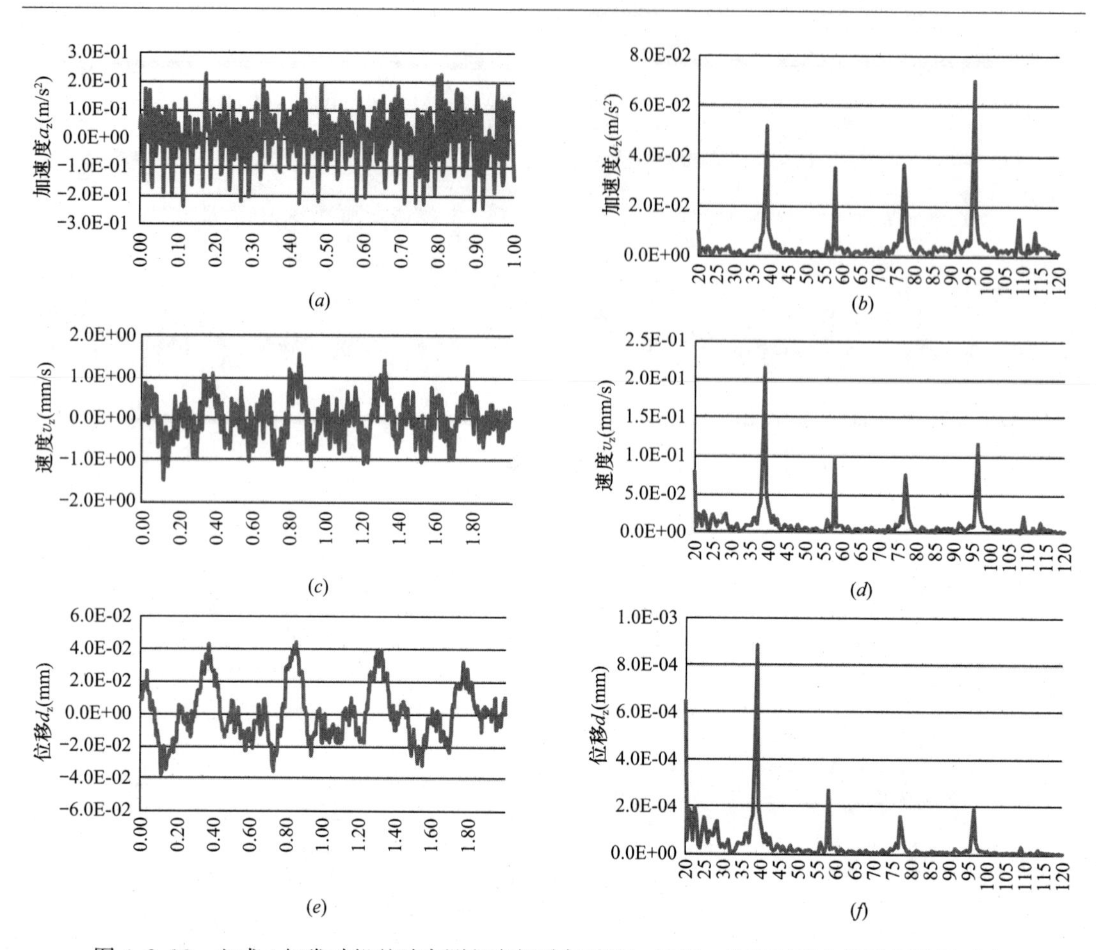

图 4.2.16 立式 4 缸发动机基础实测竖向振动加速度、速度、位移时程曲线及频谱图对比

第五章　冲击式机器

第一节　锻　　锤

一、分类和工作原理

锻锤根据工作特点分为自由锻锤和模锻锤两类，如图 5.1.1 所示。自由锻锤主要用于锻件的延伸、镦粗、冲孔、热剪、扭转、弯曲等。模锻锤采用胎模锻造，使工件具有一定的外形，适用于锻件精度要求高、成批或大批量生产。

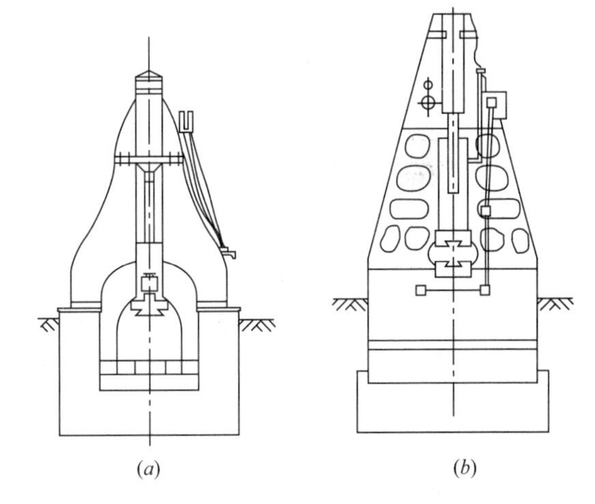

图 5.1.1　锻锤示意图
(*a*) 自由锻锤；(*b*) 模锻锤

锻锤工作时，用手柄或脚踏杠杆操作，以进气压力作为驱动源，带动锤头做上下往复运动，以达到空行程、提锤、轻重连续打击、压锤、单次打击等动作。

在设计锻锤基础时必须考虑到，作用于砧座或基础的巨大冲击力，不会引起邻近机器的振动或建筑物的损坏。为了减少振动，可以在砧座与基础之间或基础下部设置弹性元件，以使冲击力控制在期望的范围内。隔振效率必须足够高，确保基础或地基中所产生的应力不大于容许值。

二、锻锤的锤击速度

锻锤的锤击速度，一般应按照设备说明书上规定的最大锤击速度取用。当说明书上未表明锤击速度，只有最大打击行程时，可按式（5.1.1）和式（5.1.2）计算。

锻锤按其工作原理可分为两类：

第一类：单作用锤，锤头自由下落。

第二类：双作用锤，锤头下落属于强迫运动。

第一类包括自由锻锤、摩擦锤和单向（向上）作用的蒸汽锤。锤头从高度为 h_0 的位置自由下落时（图 5.1.2*a*），则锤头和砧座碰撞前的最大速度为：

$$v_0 = \eta_1 \sqrt{2gh_0} \tag{5.1.1}$$

式中：v_0——锤头的锤击速度（m/s）；

h_0——锤头的下落高度（m）；

g——重力加速度（m/s²）；

η_1——阻尼影响的修正系数，可取0.9。

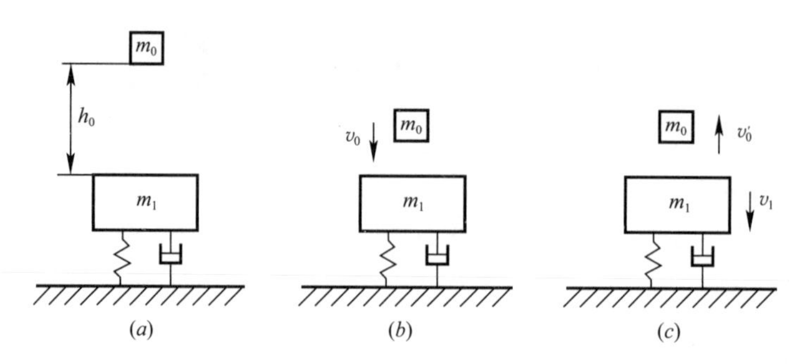

图5.1.2　锻锤打击过程示意图

现代锻锤在双作用下工作，即蒸汽或压缩空气不仅用来提升锤头，还用来推动锤头下落。这种情况下锤头速度为：

$$v_0 = \eta_2 \sqrt{2h_0 \frac{ps + m_0 g}{m_0}} \tag{5.1.2}$$

式中：h_0——锤的提升高度（m）；

s——活塞面积（m²）；

p——作用于活塞的平均压力（N/m²）；

η_2——修正系数，试验所确定的修正系数为η=0.56～0.80，计算时可取0.65。

计算时一般采用说明书上最大蒸汽压力。如实际工作介质（空气或蒸汽）气压p小于说明书上规定的最大工作压力，根据实际情况并征得使用单位同意，可按生产中实际使用的蒸汽或压缩空气的压力取用。落下部分最大质量m_0，自由锻包括落塞、锤杆和锤头的总质量，模锻锤再加锻模的最大质量。当锻模的质量无资料时，可近似地取附加20%的落下部分公称质量。

当仅给出锤击最大能量E_0时，锤击速度宜按下式计算：

$$v_0 = \sqrt{\frac{2E_0}{m_0}} \tag{5.1.3}$$

式中：m_0——锤头质量（kg）；

E_0——锤击最大能量（kJ）。

三、基础的初始运动速度

在此研究锤头打击对砧座的作用，砧座和基础构成一个整体。假设，撞击前后动量保持不变。撞击前为$m_0 v_0$（参照图5.1.2b），其中m_0和v_0分别为锤头的质量和速度。撞击后（参照图5.1.2c）锤头和基础的动量为：

$$E = m_1 v_1 - m_0 v_0' \tag{5.1.4}$$

式中：v_0'——锤头与砧座撞击后的回弹速度（m/s），其方向与v_1相反；

m_1——打击后与砧座一起运动部件的总质量（kg）；

v_1——打击后与砧座一起运动部件的初速度（m/s）。

对于模锻锤，m_1 包括机架、砧座和基础的总质量。对于自由锻，隔振时 m_1 包括机架、砧座和隔振器以上基础块的总质量，不隔振时 m_1 包括砧座质量。

系统在撞击前后的动量守恒，为

$$m_0 v_0 = m_1 v_1 - m_0 v_0' \tag{5.1.5}$$

碰撞后下部质量产生的初速度（可以认为是锻锤基础的初速率），可按下式计算：

$$v_1 = \frac{m_0 v_0 (1 + e_n)}{m_1 + m_0} \tag{5.1.6}$$

式中：e_n——撞击回弹系数。

撞击回弹系数 e_n 为两物体碰撞后的相对速度 $v_1 + v_0'$ 与碰撞前相对速度 v_0 的比值，其大小取决于碰撞物体的材料，宜按表 5.1.1 采用。

锻锤工作时撞击回弹系数 **表 5.1.1**

锻锤与工况	模锻锤				自由锻
	精锻钢制件	粗锻钢制件	锻扁钢制件	锻有色金属件	
撞击回弹系数 e_n	0.7	0.5	0.3	0	0.25

四、锻锤的振动荷载

锻锤的振动荷载是指锤头打击砧座的冲击力，根据冲量定理，并假设打击荷载为三角形脉冲，则可按下式计算：

$$F_v = \frac{2 m_1 v_1}{\Delta t} \tag{5.1.7}$$

式中：F_v——锻锤的振动荷载（N）；

Δt——锤击作用时间，一般情况下可取 0.001s；

m_1——打击后与砧座一起运动部件的总质量（kg）；

v_1——打击后与砧座一起运动部件的初速度（m/s）。

五、锻锤振动荷载的测试

1. 试验目的

为了验证锻锤振动荷载的计算方法，确定计算公式中的关键参数（如锤击作用时间），中国汽车工业工程有限公司、中央军委后勤保障部工程兵科研三所、隔而固（青岛）振动控制有限公司和安阳锻压机械工业有限公司组成了课题组，在国内外首次对锻锤的冲击荷载进行了系统的试验研究。

锻锤在工作过程中，锤头接触到工件后速度瞬间（千分之几秒）降至零，从而产生很大的打击力，使锻锤的各主要零部件承受冲击载荷，并有振动传向基础和周围环境。锻锤打击力的测试，不但可以验证本章锻锤振动荷载的计算方法，也可为锻锤基础及隔振设计提供依据。

2. 试验概况

打击力测试试验选用的锻压机械为某公司生产的 16kJ 数控全液压模锻锤，其主要技术参数如表 5.1.2 所示。

空气锤主要技术参数　　　　**表 5.1.2**

项目	参数
型号	C92K-16
锤头质量（kg）	1078
最大打击能量（kJ）	16
最大打击行程（mm）	640
最小打击行程（mm）	480
打击次数（次/min）	90
整机重量（t）	28

3. 测试仪器

由于锻锤的锤击荷载可达上千吨，而市场上可选购的压力传感器的量程最大也仅有几十吨。为此，课题组专门研制了轮辐式力传感器，如图 5.1.3 所示，力传感器的主要技术指标为：

设计量程范围：0～10000kN

固有频率：9573.8Hz（仿真分析值）

线性度、迟滞、重复性误差：＜0.5％

主体尺寸：ϕ300mm×120mm

打击力传感器为应变式传感器，其输出信号的放大调理采用动态应变放大器，型号为 DYB-5 型，动态应变放大器与打击力传感器进行配套校准。信号采集采用 TST3206 型动态测试分析仪。

4. 测试结果

测试时打击力传感器直接放置在锻锤的砧座上，如图 5.1.4 所示，为防止打击后传感器反弹落地，将传感器进行适当固定。

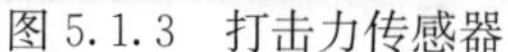

图 5.1.3　打击力传感器

图 5.1.4　打击力传感器安装

传感器安装完成后，与放大器和采集仪联机调试，并进行接地、平衡等调节，确保测试系统本底噪声最小。

根据锻锤打击能量的大小，按照分级逐步增加的方式，分别测量在不同打击能量下锻锤锤头打击力传感器时的打击力。图 5.1.5（黑线）所示为不同打击能量时打击力的实测曲线。

根据对锻锤打击测试波形进行分析和识别，打击力波形可以采用式（5.1.8）所示正矢函数拟合：

$$F(t)=\begin{cases}\dfrac{F_{\max}}{2}\left(1-\cos\dfrac{2\pi t}{\tau}\right) & (t_0\leqslant t\leqslant t_0+\tau)\\ 0 & (\text{其他情况})\end{cases} \tag{5.1.8}$$

各次打击下打击力波形的拟合结果如图5.1.5（灰线）所示。

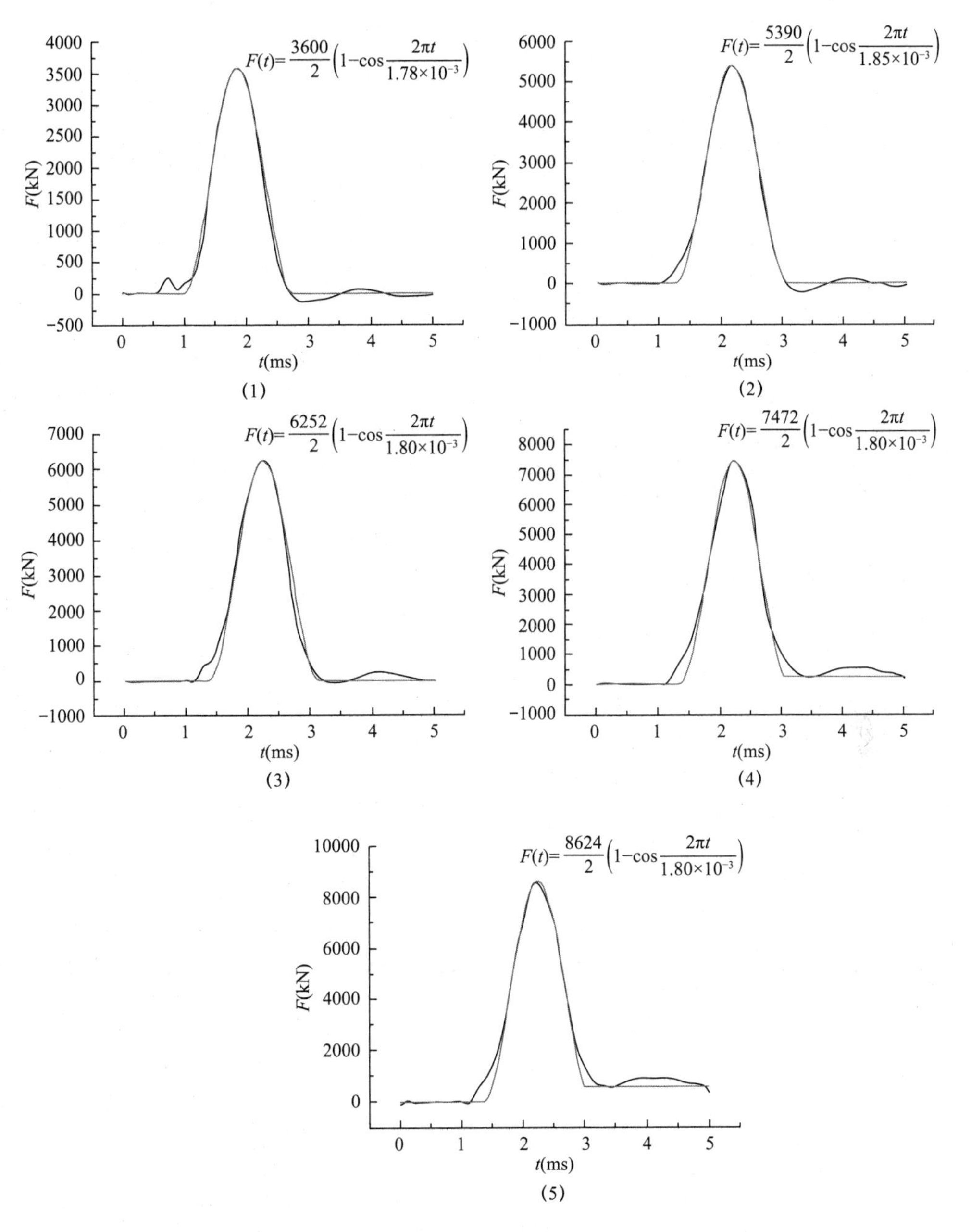

图5.1.5 打击力测试曲线正矢拟合结果

（1）10%打击能量，直接打击；（2）20%打击能量，直接打击；（3）30%打击能量，直接打击；（4）40%打击能量，直接打击；（5）50%打击能量，直接打击

根据拟合曲线得出的各次打击下打击力的峰值及脉冲时间如表 5.1.3 所示。

打击力测试结果统计表　　　　**表 5.1.3**

序号	打击能量	打击条件	最大力（kN）	脉冲时间（ms）
1	10%	直接打击	3600	1.78
2	20%	直接打击	5390	1.85
3	30%	直接打击	6252	1.80
4	40%	直接打击	7476	1.80
5	50%	直接打击	8624	1.80

根据测试结果可以发现，该锻锤的打击力变化曲线可用正矢曲线来模拟，打击过程的持续时间大约在 0.0018s。因此，本章关于锻锤打击力所作的三角形冲击脉冲假设以及锤击作用时间为 0.001s 基本正确。

第二节　压　力　机

一、一般要求

工业工程中常见压力机包括：热模锻机械压力机、冷料成型机械压力机、液压压力机和螺旋压力机等。振动荷载的特征和大小随压力机运行的不同阶段而变化，较大的振动荷载主要分布在起始阶段、机构运行阶段和锻压阶段。不同压力机类型、不同生产工艺、不同设备厂商的产品，振动荷载差异很大，工程设计时应以设备厂商提供的资料为准。当工程设计中无法得到压力机振动荷载资料时，可按《建筑振动荷载标准》选用。

在较大振动荷载的三个阶段中，起始阶段和锻压阶段的振动荷载表现为冲击激励，可以采用脉冲作用函数来描述。运行阶段的振动荷载表现为低频周期振动，可以用周期函数来描述。

压力机振动荷载具有较明显的冲击特征。通常情况，冲击作用可以用以下五种脉冲函数来描述：矩形脉冲、正弦半波、正矢形、三角形和后峰齿形等。压力机脉冲特性与设备类型、工作阶段，以及加工工艺密切相关，脉冲函数的计算公式和图例见表 5.2.1。

脉冲作用特性　　　　**表 5.2.1**

名称	函数	时域特性	冲击响应谱	适用范围
矩形	$P(t)=\begin{cases}P_{max} & (0\leqslant t\leqslant t_0)\\ 0 & (其他情况)\end{cases}$	P_{max}；0，t_0，t	0 1 2 3 4 5 t_0/t	热模锻起始阶段水平力 F_H，锻压阶段竖向力 F_v
正弦半波	$P(t)=\begin{cases}P_{max}\sin\left(\frac{\pi t}{t_0}\right) & (0\leqslant t\leqslant t_0)\\ 0 & (其他情况)\end{cases}$	P_{max}；0，t_0，t	0 1 2 3 4 5 t_0/t	热模锻起始阶段力矩 M 摩擦螺旋竖向力 F_v

续表

名称	函数	时域特性	冲击响应谱	适用范围
正矢	$P(t)=\begin{cases}\dfrac{P_{\max}}{2}\left(1-\cos\dfrac{2\pi t}{t_0}\right) & (0\leqslant t\leqslant t_0)\\ 0 & (其他情况)\end{cases}$			热模锻起始阶段力矩 M
三角形	$P(t)=\begin{cases}P_{\max}\dfrac{2t}{t_0} & \left(0\leqslant t\leqslant\dfrac{t_0}{2}\right)\\ 2P_{\max}\left(1-\dfrac{t}{t_0}\right) & \left(\dfrac{t_0}{2}\leqslant t\leqslant t_0\right)\\ 0 & (其他情况)\end{cases}$			热模锻起始阶段水平力 F_H
后峰齿形	$P(t)=\begin{cases}P_{\max}\dfrac{t}{t_0} & (0\leqslant t\leqslant t_0)\\ 0 & (其他情况)\end{cases}$			热模锻起始阶段竖向力 F_v

二、热模锻压力机

热模锻机械压力机振动荷载作用应考虑两部分荷载作用：冲击作用（起始阶段和锻压阶段）和周期荷载作用（机构运行阶段）。根据热模锻厂商提供的振动荷载资料（如图 5.2.1 所示），三个阶段竖向力（F_v，kN）、水平力（F_H，kN）和力矩（M，kN·m）都是以起始阶段为主。

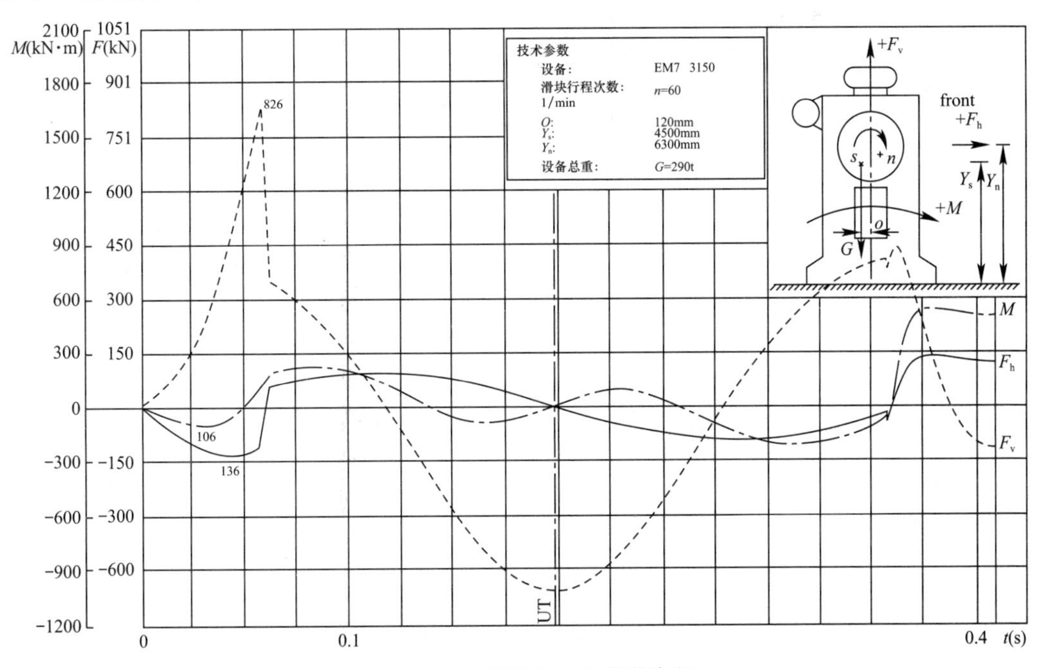

图 5.2.1　热模锻压力机荷载资料

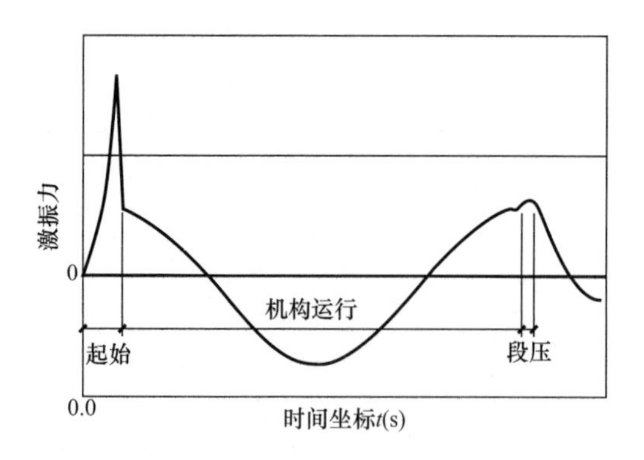

图 5.2.2 热模锻压力机荷载三个阶段

从整个荷载过程来看，根据荷载包络原则，起控制作用的冲击振动荷载应为起始阶段。机构运行阶段的低频周期振动也不容忽视。为了便于分析将热模锻工作过程的三个阶段在图 5.2.2 做了简要注明。

根据振动测试和工程经验，由于飞轮、曲柄机构的惯性作用，在起始阶段会产生较大的振动荷载，形成竖向作用力 F_v、水平作用力 F_H 和扭转作用力矩 M。一些大型热模锻曲柄压力机在起始阶段的水平扰力较大，作用点高，加上作用力矩较大，工作时容易引起压力机摇摆晃动。

在滑块机构和上模的运行阶段（图 5.2.3），虽然作用力不是最大，由于频率较低，隔振难度大，本标准提出滑块运行阶段竖向激振力。

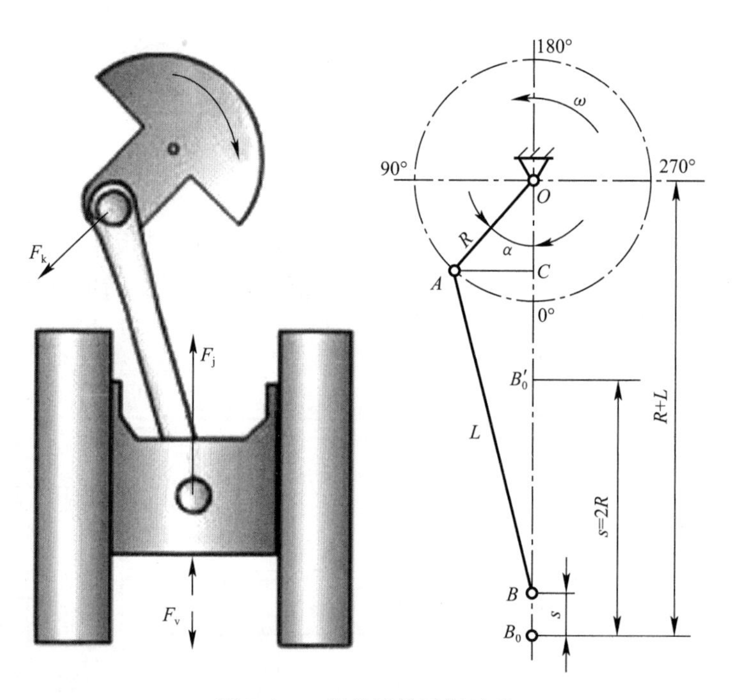

图 5.2.3 滑块机构运行示意

对于热模锻压力机曲柄连杆结构，一般 $R/L \leqslant 1/3$，则有滑块的位移（$s=d$）、速度（v）和加速度（a）的计算公式：

$$S = R\left(1 - \cos\alpha + \frac{R}{2L}\sin^2\alpha\right) \tag{5.2.1}$$

$$S = R\left(1 - \cos\alpha + \frac{R}{2L}\sin^2\alpha\right) \tag{5.2.2}$$

$$S = R\left(1 - \cos\alpha + \frac{R}{2L}\sin^2\alpha\right) \tag{5.2.3}$$

已知滑块运动的加速度和运动机构（包括运动模具）的质量，根据牛顿定律就可以计算振动扰力（图 5.2.4）。

$$F_v = m \cdot a \tag{5.2.4}$$

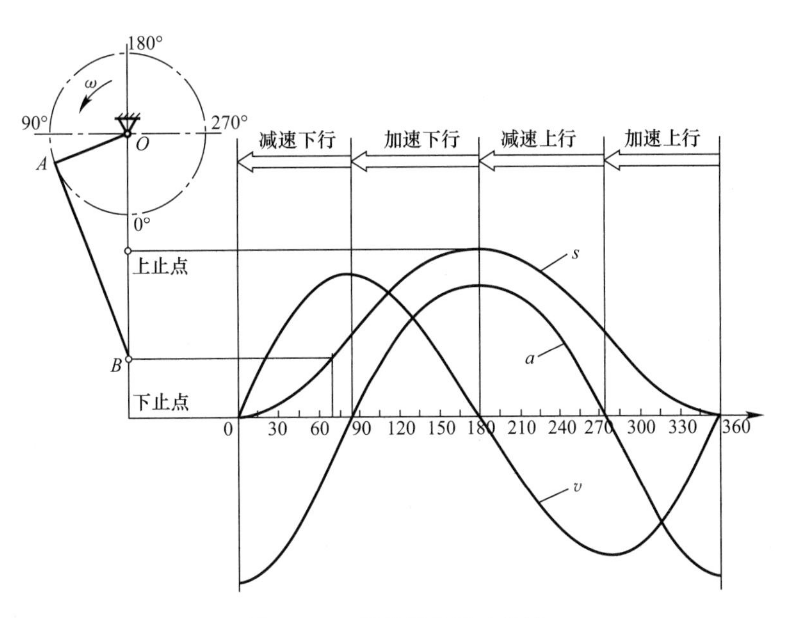

图 5.2.4　滑块机构运动曲线

热模锻压力机主要加工工件为热锻件，锻压阶段激振力较小，不起控制作用。

一般热模锻压力机的公称压力为 10000～125000kN。热模锻压力机的振动荷载值（包络值），10000kN 以下可以内差取值，125000kN 以上由于统计数量较少，应由设备厂商提供上述荷载资料。

根据国内设备厂商提供的压力机设备资料，运用多项式拟合方法计算出公称压力与振动荷载的关系。

假设数据可用下面的多项式表示，计算方法如下：

$$p(x) = \sum_{i=0}^{n} a_i x_i \tag{5.2.5}$$

当实际数据为 p_i 时，运用最小二乘法可以计算出算式中参数 a_i。式中 $i=1,2,\cdots,n$ 为数据序号。当残差的平方为最小时即可得到最佳拟合参数，亦即：

$$\delta_{\min}^2 = \min\sum_{i=0}^{n} \frac{[p(x_i) - p_i]^2}{n} \tag{5.2.6}$$

对于一次和二次拟合的结果，二次拟合的结果更准确，计算偏差可减小 12%。其中竖向力与公称压力的关系如图 5.2.5 所示。

热模锻压力机起始阶段和机构运行阶段的振动荷载，宜按下列规定确定（图 5.2.6）：

1. 起始阶段的振动荷载，宜按下列规定确定：

（1）起始阶段竖向振动荷载，宜按表 5.2.2 确定。

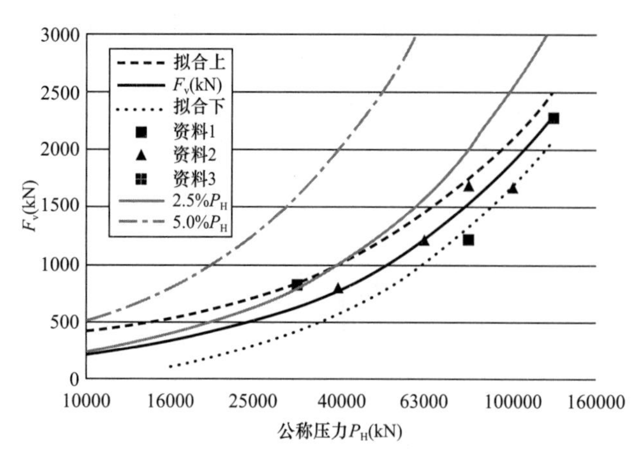

图 5.2.5　振动荷载数据拟合

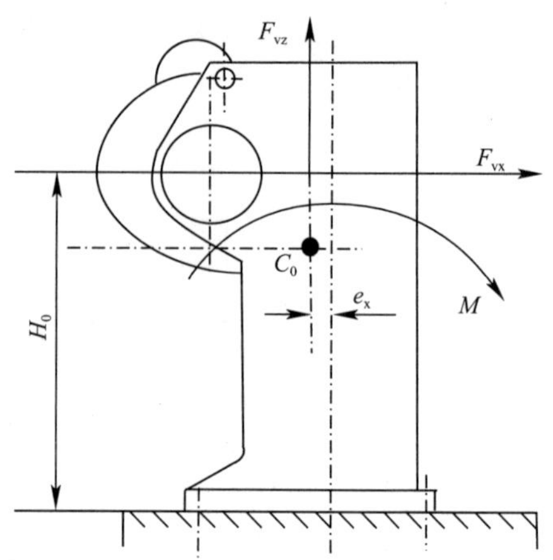

图 5.2.6　热模锻压力机荷载示意图

F_{vz}—竖向振动荷载；F_{vx}—水平振动荷载；M—振动力矩

竖向振动荷载　　**表 5.2.2**

序号	公称压力（kN）	F_{vz}(kN)	持续时间（ms）
1	10000	300	17
2	12500	365	21
3	16000	445	27
4	20000	555	33
5	25000	690	42
6	31500	850	52
7	40000	1055	65
8	50000	1310	80
9	63000	1690	100
10	80000	2095	120
11	100000	2540	140
12	125000	3105	155

（2）起始阶段水平振动荷载，宜按表 5.2.3 确定。

水平振动荷载　　**表 5.2.3**

序号	公称压力（kN）	F_{vx}(kN)	H_0(m)	持续时间（ms）
1	10000	35	5.90	17
2	12500	60	5.95	21
3	16000	95	6.05	27
4	20000	135	6.15	33
5	25000	205	6.30	42
6	31500	270	6.40	52

续表

序号	公称压力（kN）	F_{vx}(kN)	H_0(m)	持续时间（ms）
7	40000	365	6.60	65
8	50000	485	6.80	80
9	63000	660	7.00	100
10	80000	920	7.30	120
11	100000	1235	8.25	140
12	125000	1690	9.15	155

（3）振动力矩，宜按表5.2.4确定。

振动力矩 **表5.2.4**

序号	公称压力（kN）	M(kN·m)	持续时间（ms）
1	10000	20	17
2	12500	30	21
3	16000	50	27
4	20000	105	33
5	25000	180	42
6	31500	295	52
7	40000	460	65
8	50000	685	80
9	63000	1020	100
10	80000	1540	120
11	100000	2240	140
12	125000	3305	155

2. 运行阶段的竖向振动荷载，宜按表5.2.5确定。

运行阶段竖向振动荷载 **表5.2.5**

序号	公称压力（kN）	F_{vz}(kN)	频率（Hz）
1	10000	130	1.60
2	12500	150	1.50
3	16000	190	1.40
4	20000	240	1.30
5	25000	295	1.20
6	31500	365	1.10
7	40000	455	1.00
8	50000	565	0.80
9	63000	730	0.65
10	80000	905	0.60
11	100000	1095	0.55
12	125000	1340	0.50

三、通用机械压力机

在锻压阶段，压力机施压 P_H 形成机构内部的弹性势能，当曲柄机构运行到下止点后，弹性变形存储在设备上的弹性势能立即释放，就会产生较大竖向作用力 F_v。对于落料、冲裁工艺，压力机立柱等部件受拉力伸长后，由于加工件被冲裁部分突然断开，立柱拉力突然释放，会产生更大的竖向作用力 F_v。

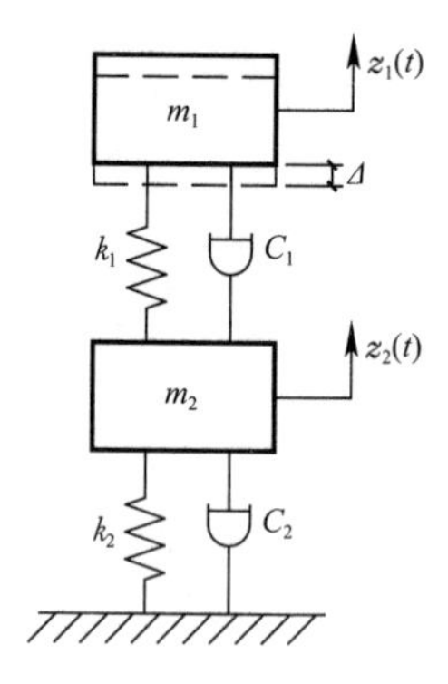

图 5.2.7　两自由度模型

闭式压力机锻压阶段振动的起因为，进入锻压作业过程时，在压力机公称压力作用下，压力机立柱伸长，在锻压终止时刻，变形在下止点达到 Δ；完成锻压后，压力突然释放，锻压过程中积蓄的弹性势能瞬间释放，就会产生较大的振动。其力学模型如图 5.2.7 所示。

当不考虑阻尼作用时，其运动微分方程为：

$$\begin{cases} m_1\ddot{z}_1 + k_1(z_1 - z_2) = 0 \\ m_2\ddot{z}_2 + k_1(z_1 - z_2) + k_2 z_2 = 0 \end{cases}$$

式中：m_1——压力机上部质量；

m_2——压力机及配重块（或基础）质量；

k_1——压力机立柱刚度；

C_1——立柱阻尼系数；

k_2——压力机地基土或隔振器刚度；

C_2——地基土或隔振器阻尼系数。

当机械压力机工作时，机架变形量为 Δ。

$$\begin{cases} z_1(t) = z_1(0) = \Delta \\ z_2(t) = z_2(0) = 0 \\ \dot{z}_1(t) = \dot{z}_1(0) = 0 \\ \dot{z}_2(t) = \dot{z}_2(0) = 0 \end{cases} \tag{5.2.7}$$

$$\Delta = \frac{P_H}{k_1} \tag{5.2.8}$$

$$k_1 = \frac{E_1 A_1}{l_1} \tag{5.2.9}$$

式中：Δ——压力机上部质量的初始位移；

E_1——压力机立柱弹性模量；

A_1——压力机立柱截面面积；

l_1——立柱长度。

压力机上下部分重量比可按表 5.2.6 进行估算。

重量比 α_1　　　　**表 5.2.6**

压力机类型	热模锻	冷成型	液压机
重量比 $\alpha_1 = W_1/W_总$	0.67	0.6	0.5

锻压时，立柱伸长后的突然释放也会产生振动，此时可根据立柱伸长量来估计振动加速度。

因为：

$$\Delta = v_0 \cdot t + \frac{a_\Delta \cdot t^2}{2} \tag{5.2.10}$$

所以：

$$a_\Delta = \frac{2\Delta}{t^2} - \frac{2v_0}{t} \tag{5.2.11}$$

立柱变形通常在1mm以内，设备上部质量可按照设备总重量的0.6倍考虑，激振力作用时间大约在0.01s。考虑到锻压阶段立柱回弹时，立柱顶端初速度为零，并且上下质量的相对运动，压力机上部质量的最大运动加速度大约为7～8m/s^2。

根据运动部件质量（m_y）和上模具质量（m_m）之和乘以滑块运动加速度就是往复运动的激振力。亦即：

$$F_d = (m_y + m_m) \cdot a_d \tag{5.2.12}$$

冷料成型机械压力机由于滑块工作行程速度均匀，空行程速度加快，故工作效率较高，滑块运行15次/min。滑块位移、速度、加速度曲线见图5.2.8。又由于工作台面较大，多连杆运动方向在压机平面内且对称布置，故压力机工作时产生的力矩和水平力相互抵消，只考虑滑块在工作行程结束后由于加速度作用产生的竖向振动荷载F_v。由于惯性力作用时间接近1s，冲击作用不明显，振动相对平稳。

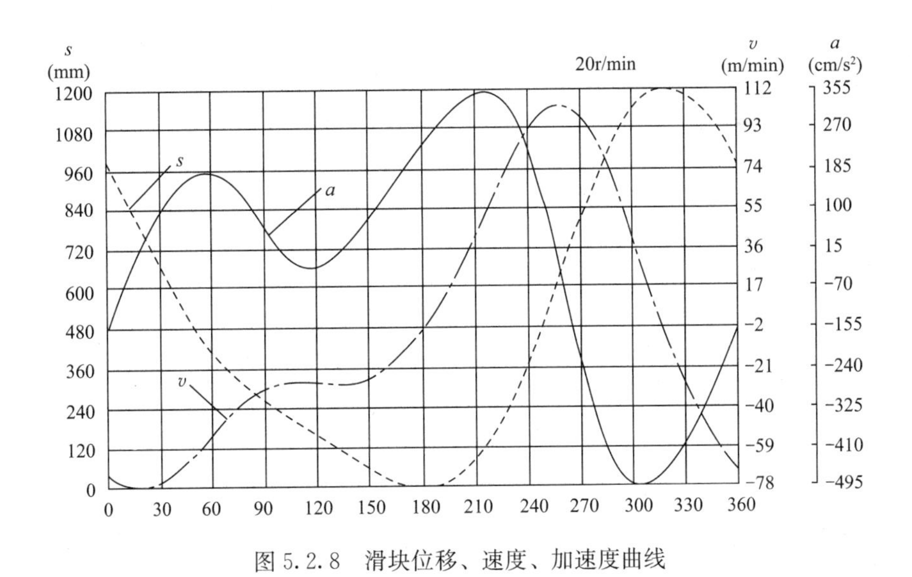

图5.2.8　滑块位移、速度、加速度曲线

通用机械压力机冲裁阶段和机构运行阶段竖向振动荷载（图5.2.8），宜按下列规定确定：

1. 冲裁阶段竖向振动荷载（图5.2.9），宜按表5.2.7取值。

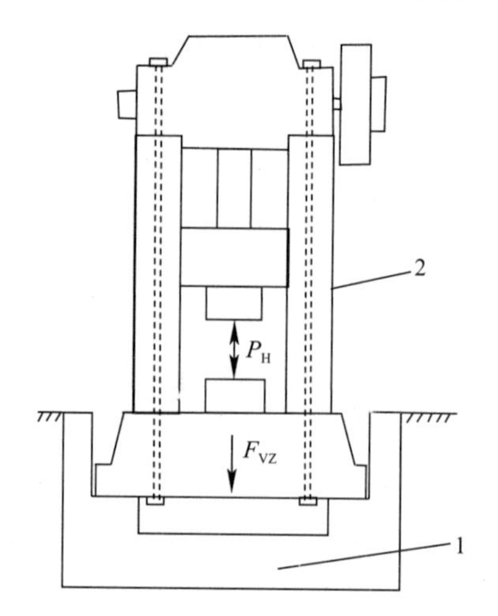

图 5.2.9　通用机械压力机荷载示意图
1—基础；2—压力机

冲裁阶段竖向振动荷载　　表 5.2.7

序号	公称压力（kN）	F_{vz}(kN)	持续时间（ms）
1	5000	300	10
2	6300	380	10
3	8000	480	10
4	10000	600	10
5	12500	760	10
6	16000	980	10
7	20000	1250	10
8	25000	1550	10
9	31500	2000	10
10	40000	2500	10
11	50000	3150	10

2. 运行阶段竖向振动荷载，宜按表 5.2.8 确定。

运行阶段竖向振动荷载　　表 5.2.8

序号	公称压力（kN）	F_{vz}(kN)	频率（Hz）
1	5000	30	0.25
2	6300	33	0.24
3	8000	36	0.24
4	10000	40	0.23
5	12500	44	0.22
6	16000	50	0.21
7	20000	57	0.19
8	25000	66	0.18
9	31500	78	0.16
10	40000	93	0.14
11	50000	110	0.13

四、液压压力机

液压压力机的驱动是由液压泵提供，液压机起始阶段和机构作往复运动的运行阶段工作均比较平稳，速度也相对较慢。因此，液压压力机在起始阶段和运行阶段不会出现较大振动。

对于落料、冲裁工艺，液压机在锻压阶段会有冲击振动，其原理与曲柄压力机相似。在冷料加工时的锻压阶段，由于加载装置的作用力突然释放，设备立柱的回弹作用会产生一定的振动。由于液压机自重较机械压力机小，因此振动荷载也小，主要表现为竖向振动。按照机械压力机竖向作用的 0.8 倍考虑液压机锻压阶段振动荷载（图 5.2.10）。

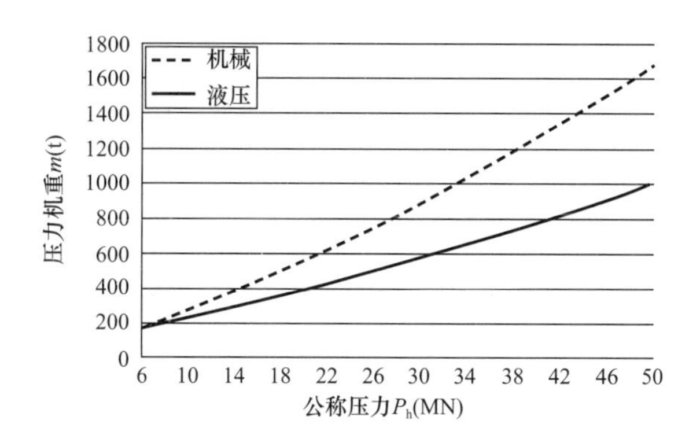

图 5.2.10　机械与液压压力机重量关系

一些超大型的水压机和油压机由于数量极少，设备需专门定制设计，应由设备厂商提供完整的荷载资料，在《建筑振动荷载标准》中不作规定。

液压机锻压阶段竖向振动荷载，宜按表 5.2.9 取值。

液压压力机振动荷载　　**表 5.2.9**

序号	公称压力（kN）	F_{vz}(kN)	持续时间（ms）
1	5000	250	10
2	6300	300	10
3	8000	385	10
4	10000	485	10
5	12500	610	10
6	16000	785	10
7	20000	985	10
8	25000	1250	10
9	31500	1600	10
10	40000	2000	10
11	50000	2500	10

五、螺旋压力机

螺旋压力机主要靠横置于顶部的飞轮旋转势能通过摩擦或离合带动螺杆形成向下的压力，工作效率相对较低。图 5.2.11 能量曲线表示的是模具的打靠力和飞轮旋转能量之间的关系。随着下压力的增大有效功（工件变形用能量）和弹性功（压机机身弹性变形）之间的变化关系为：当能量一定时，摩擦功保持不变，飞轮能量＝有效功＋弹性功＋摩擦功。故振动荷载的最大值发生在有效功最小、弹性功最大的位置，即在锻压很难变形且变形距离短的工件，极端情况发生在模具打靠时振动最大。

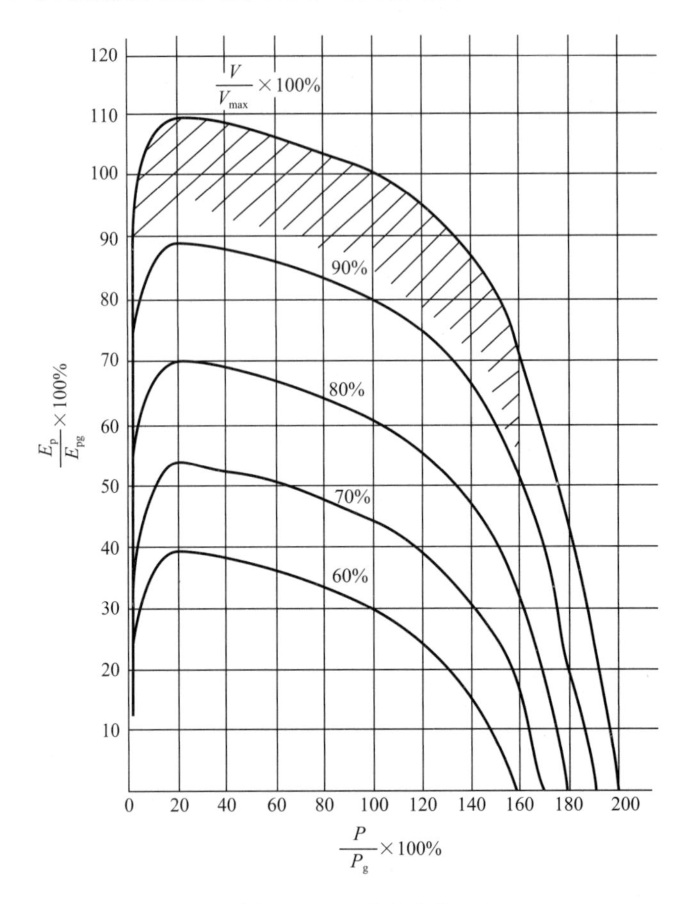

图 5.2.11　能量曲线

几种锻压设备性能比较见表 5.2.10。

三种锻造设备主要性能比较　　**表 5.2.10**

	机械压力机	锻锤	螺旋压力机
打击力	不可控	可控	可控
打击速度	慢	快	较快
闷模时间（ms）	长（25～40）	短（2～10）	较长（8～25）
工作行程	固定	不固定	不固定
过载能力（%）	20～30	—	60～100
振动冲击	小	大	较小

螺旋压力机具有以下性能特点：1）打击力可控；2）打击速度适中，介于机械压力机与锻锤之间。最大速度为 0.45～1.0m/s，约为锻锤的 1/10，压力机的 10 倍。3）工作行

程不固定。4）过载能力大。5）冲击振动较小，噪声小。打击力可被机身封闭，但螺旋压力机的不平衡力矩会传到地基。

最大持续时间约为 20～100ms，闷模时间约为 8～25ms。

角动量守恒定律：

转动惯量：
$$J=\sum \Delta m_i r_i^2 \tag{5.2.13}$$

刚体冲量矩角动量守恒定律：
$$\int_{t_1}^{t_2} T\mathrm{d}t = J(\omega_2-\omega_1) \tag{5.2.14}$$

根据冲击脉冲波形，当打击结束时角速度为零，可以得到：
$$\alpha T\Delta t=-J\omega_1 \tag{5.2.15}$$

这里脉冲系数 α：矩形脉冲为 1；三角形、正弦半波等为 0.5。对于螺旋压力机脉冲系数可取 0.5。

向下行程效率为：$\eta_H=0.65\sim0.70$

打击持续时间为：20～100ms。

螺旋压力机储存总能量组成：
$$E_H=E_T+E_F=\frac{1}{2}J\omega_1^2+\frac{1}{2}mv_1^2 \tag{5.2.16}$$

滑块向下运行的动能为：
$$E_F=\frac{1}{2}mv_1^2=\frac{1}{2}\times2625\times0.7^2=0.643\text{kJ} \tag{5.2.17}$$

下行能量与总能量比较有：
$$\frac{E_F}{E_H}=\frac{0.643}{36}=1.78\% \tag{5.2.18}$$

可以看出，旋转动能占总动量的 95%以上。为了简化计算，以转动动能来计算冲击力矩的振动荷载。打击能可以近似表示为：
$$E_H=\frac{1}{2}J\omega_1^2 \tag{5.2.19}$$

如果冲量矩符合正弦半波脉冲，根据冲量矩和转动动量守恒定律，则有：
$$\frac{1}{2}T\Delta t=J\omega_1 \tag{5.2.20}$$

因此，
$$T=\frac{4E_H}{\omega_1\Delta t} \tag{5.2.21}$$

锻锤、螺旋压力机和机械压力机等设备的振动作用相比较，在同等条件下，锻锤的作用时间（亦即脉宽）最短，竖向振动荷载最大；螺旋压力机其次，作用时间稍长，振动荷载较小；机械压力机的荷载作用时间最长，振动荷载最小。

螺旋压力机锻压阶段的竖向振动荷载 F_{vz}、水平振动扭矩 M_z（图 5.2.12），宜按表 5.2.11 取值。

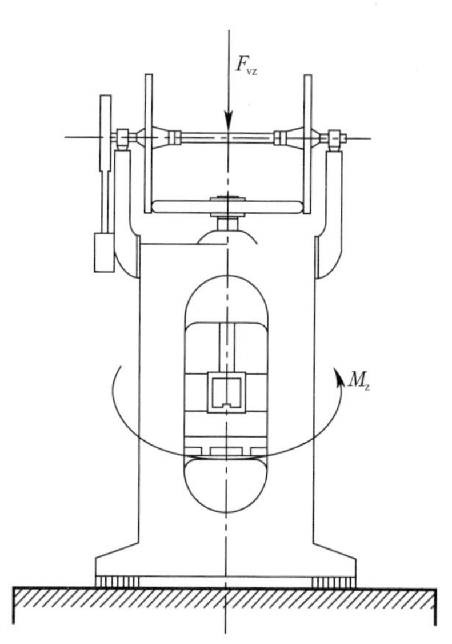

图 5.2.12　螺旋压力机荷载示意图

螺旋压力机振动荷载 **表 5.2.11**

序号	飞轮能量（kJ）	F_{vz}(kN)	M_z(kN·m)	持续时间（ms）
1	40	200	800	22
2	60	250	1165	23
3	80	315	1505	24
4	90	400	1620	25
5	160	500	2750	26
6	200	625	3250	28
7	280	800	4230	30
8	350	1000	4890	32
9	500	1250	6385	35
10	650	1575	7470	39
11	850	2000	8635	44
12	1000	2500	8940	50
13	1100	3150	8505	58
14	1300	4000	8545	68
15	1500	5000	8380	80

第六章　冶 金 机 械

第一节　冶 炼 机 械

冶金机械，包括冶炼机械和轧钢机械两部分。冶金机械和本标准中相关章节的通用机械结合在一起，可以涵盖钢铁厂各生产线的主要工业机械振动荷载。

一、卷筒驱动装置的振动荷载

在钢铁厂，钢丝绳卷扬和皮带输送机等冶金机械的使用较为常见。典型的如高炉上料系统，小型高炉采用料车卷扬而大型高炉采用皮带机，而其驱动装置都离不开卷筒（滚筒）（图 6.1.1、图 6.1.2）。

图 6.1.1　高炉上料皮带机驱动装置

图 6.1.2　高炉上料料车卷扬

卷筒驱动装置的振动荷载，可按下式计算：

$$F_{\mathrm{v}} = me\omega^{2} \tag{6.1.1}$$

式中：F_{v}——卷筒驱动装置振动荷载（N）；

m——卷筒等旋转部件的总质量（kg）；

e——卷筒等旋转部件的当量偏心距（m）；

ω——卷筒的工作角速度（rad/s）。

卷筒是高速运转的回转体，振动荷载是计算卷筒等旋转部件的离心力。卷筒驱动装置的总质量包含卷筒本体、轴承、联轴器等与卷筒一起回转的所有零部件的质量。对于大直径大长度的卷筒，可仅计算卷筒回转体的自重而略去其他较小零部件的质量。

卷筒的振动荷载在垂直于卷筒轴心线的铅垂面内，在圆周方向按正弦规律分布，其频率对应于工作角速度。

卷筒对基础的主要荷载是牵引力，卷筒的离心力与牵引力的合力形成对基础的振动荷载。当离心力方向与牵引力同侧时，振动荷载最大；当离心力方向与牵引力反侧时，振动荷载最小。

二、水渣转鼓装置的振动荷载

图 6.1.3　水渣转鼓装置

在高炉炼铁厂广泛使用的水渣转鼓设备中，转鼓本体作为回转件，虽然其转速不高，但自重（数十吨）和转鼓内水渣物料的重量都（数吨）较大，焊接形成的水渣转鼓设备为体形庞大（外径可达 5m 以上）钢结构件（图 6.1.3），制造时必然存在偏心。因此，转鼓对基础的振动荷载不容忽视。

水渣转鼓装置的振动荷载，可按下式计算：

$$F_{vx} = me\omega^2 + 0.15m_r g \quad (6.1.2)$$

式中：F_{vx}——作用在转鼓中心处的横向振动荷载（N）；

m——转鼓等旋转部件的总质量（kg）；

e——转鼓等旋转部件的当量偏心距（m）；

ω——转鼓的工作角速度（rad/s）；

m_r——转鼓内物料的总质量（kg）。

注：振动荷载的作用方向，可取物料所偏置方向。

水渣转鼓装置的振动荷载有转鼓等旋转部件的离心力和转鼓内物料偏置造成的侧向力。

物料的振动荷载按经验公式是计算其水平力，作用在转鼓中心线的水平面内，指向物料所偏置的方向；转鼓本体的离心力在垂直于卷筒轴心线的铅垂面内，在圆周方向按正弦规律分布。相比于设备重量对基础的荷载来说，离心力因其数值较少在铅垂方向对基础的影响可略去不计，但需考虑其在水平方向对基础的影响。转鼓本体的离心力在转鼓中心线的水平面内，与物料的振动荷载形成合力，对基础产生影响。

转鼓的振动荷载不仅对基础施加横向力，而且通过支承辊对基础施加倾翻力矩，设备供货方需向基础设计方提供在高度方向上卷筒水平中心平面到设备基础的距离。

三、转炉炉体的振动荷载

转炉炉体（图 6.1.4）的振动荷载，宜按下列规定确定：

1. 钢水激振所形成的振动荷载，宜按下式计算：

$$F_v = kmg \quad (6.1.3)$$

式中：F_v——转炉吹氧工作时钢水激振所形成的振动荷载（N），作用在沿耳轴标高处水平面任意方向；

k——激振力系数，可取 0.15～0.40；

m——转炉及耐材、辅料、铁水等的总质量（kg）。

转炉冶炼时产生的动荷载随着操作工况的不同差别很大，一般应按正常冶炼工况、吹氧工况、顶渣工况、事故工况这 4 种工况来考虑。其中吹氧工况中的钢水激振力和顶渣工况中的顶渣荷载属于较大且经常发生的振动荷载。

由于转炉冶炼吹氧时，氧枪不可能做到正对转炉中心，从而使吹炼时钢水搅动的作用

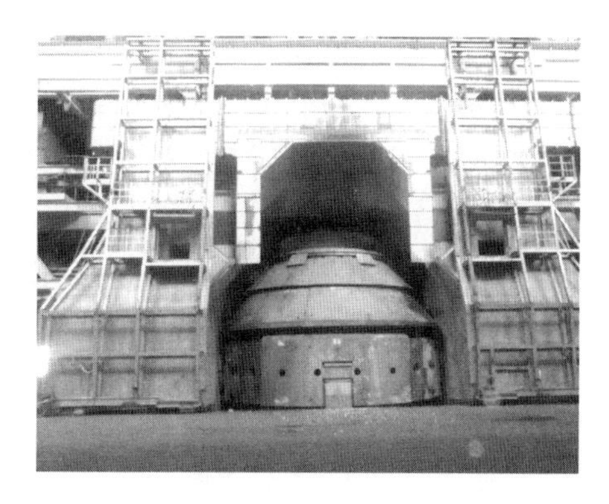
图 6.1.4　转炉炉体

力不能平衡，对任意方向均可能产生这种不平衡的扰动力，称之为钢水激振力。特别在转炉使用较长时间后，由于炉衬遭受侵蚀的程度不同，炉型变化很大，这种不平衡的扰动力更大。此外，在处理事故时（如冻炉等）也同样会产生很大的扰动力。

钢水激振所形成的振动荷载较为复杂，一般采用拟静力荷载等效估计。标准中的计算公式中的激振力系数值是经验值，可取 0.15～0.40。转炉底吹气量大时、转炉钢水熔池深度越大时、转炉底吹口布置不对称时、应用喷粉工艺时、采用小容量转炉时，激振力占转炉及耐材、辅料、铁水等的总质量的比例越大，激振力系数值趋向于取大值，反之则取小值。选用激振力系数时，应综合考虑上述各影响因素。

假定激振力通过转炉耳轴水平作用于基础的任意方向。将激振力分解为作用方向为耳轴轴向和垂直于耳轴轴向，沿耳轴轴向的分力全部由驱动端承受，垂直于耳轴轴向的分力由驱动端和游动端平分承受。这样，在基础设计中，激振力分配到驱动端承受的力，根据激振力方向不同，在 $0.5F_v$～F_v 之间变化。当激振力作用方向为沿耳轴轴向时，激振力分配到驱动端承受的力为 F_v；当激振力垂直于耳轴轴向作用时，激振力分配到驱动端承受的力为 $0.5F_v$。激振力分配到游动端承受的力，根据激振力方向不同，在 0～$0.5F_v$ 之间变化。当激振力作用方向沿耳轴轴向时，激振力分配到游动端承受的力为 0，当激振力垂直于耳轴轴向作用时，激振力分配到游动端承受的力为 $0.5F_v$。

2. 转炉切渣时的振动荷载，宜按下式计算：

$$F_{vx} = L\tau \tag{6.1.4}$$

式中：F_{vx}——转炉切渣时的振动荷载（N），从转炉操作侧指向炉体中心；

L——转炉最大切渣弦长（m）；

τ——转炉炉口切渣弦上的切渣振动荷载，可取 10417N/m。

转炉切渣时的振动荷载，仅在暂停生产而处理转炉炉口堆渣的停机状态时才可能出现。属于顶渣工况才会偶然产生的（冲击）荷载，仅用于尖峰荷载计算。

转炉切渣的方法有很多种，但都需克服钢渣在炉口上的粘接，计算切渣时的振动荷载即是计算出钢渣的最大粘接力。转炉最大切渣弦长反映了可能产生的钢渣粘接最大数量，转炉炉口切渣弦上的切渣振动荷载表明了单位长度的粘接能力。

转炉切渣的振动荷载不仅会对基础施加横向力，而且会通过托圈对基础施加倾翻力矩，设备供货方需向基础设计方提供在高度方向上转炉炉口平面到托圈轴承座设备基础的距离。

四、转炉倾动装置的振动荷载

转炉倾动装置的振动荷载需分别按正常冶炼工况和事故工况进行计算，两者不同时存在。

转炉倾动装置的振动荷载，宜按下列公式计算：

$$M_{v1} = k_1 k_2 M_{max} \tag{6.1.5}$$

$$M_{v2}=9550k_3\eta P/n \quad (6.1.6)$$

式中：M_{v1}——转炉倾动装置在转炉正常冶炼状态时的振动力矩（N·m）；

M_{max}——最大计算振动力矩（N·m）；

M_{v2}——转炉倾动装置在事故时的振动力矩（N·m）；

k_1——实际倾动力矩与计算倾动力矩之间的误差系数，可取 1.2；

k_2——转炉启动、制动等造成的动负荷系数，可取 1.4～2.0，转炉的启制动时间短时取小值，启制动时间长时取大值；

k_3——电机的最大过载倍数，不宜超过 3.0；

η——倾动装置传动机械的总效率；

P——转炉驱动电机的额定功率（kW）；

n——电机额定转速所对应的转炉转速（r/min）。

图 6.1.5　兑铁水中的转炉

转炉倾动装置（图 6.1.5）在转炉正常冶炼状态时的振动力矩，在每炉钢的冶炼周期内将会出现若干次，比如在转炉启动、制动、重心最不利位置、转向等时刻出现。

最大计算振动力矩，可仅按驱动转炉所需的静力矩计算，启制动的影响由参数考量，并考虑到理想计算与实际的误差，按参数保持一定的富余量。上述计算结果，不应超过电机最大过载能力所产生的驱动力矩，即转炉倾动常态的振动力矩数值应小于按公式（6.1.6）计算的数值。

转炉事故时倾动装置的振动力矩，产生在发生冻炉、烘炉时塌炉及其他异常等事故时，是极其偶然出现的振动荷载，用于计算尖峰荷载。

转炉事故时倾动装置的驱动力矩，利用的是电机的过载能力，不会超过电机的最大过载能力所产生的驱动力矩，否则是电机设计能力不足，需重新选取。实际上公式（6.1.6）计算的是最大过载力矩，按此计算的事故时振动荷载来考虑对基础的设计是安全的。

五、钢包回转台

钢包满载时的总质量包括钢包自重和钢水重度，随着炼钢设备的大型化，其值高达数百吨，取放钢包的冲击力相当大。由于钢包回转台的安装基础是一个庞大的整块混凝土，具有足够的质量和承载能力，取放钢包的冲击影响仅考虑对基础锚固螺栓的影响。

图 6.1.6　钢包回转台

钢包回转台（图 6.1.6）的振动荷载，可按下式计算：

$$M_{v1}=k_1 mgR \quad (6.1.7)$$

$$M_{v2}=9550k_2\eta P/n \quad (6.1.8)$$

式中：M_{v1}——钢包取放时，回转台一侧加载所致的振动力矩（N·m）；

k_1——突加荷载系数，基础锚固采用螺栓时可取1.3；

m——钢包满载时的总质量（kg）；

R——钢包回转台的回转半径（m）；

M_{v2}——钢包回转台启动、制动时的振动力矩（N·m）；

k_2——电机的最大启动力矩倍数，不宜超过3.0；

η——钢包回转台传动机械的总效率；

P——钢包回转台驱动电机的额定功率（kW）；

n——电机额定转速所对应的钢包回转台转速（r/min）。

钢包位置处于悬臂状态的回转臂上，重心位置则处于回转台设备基础锚固螺栓范围以外。取放钢包的振动荷载对基础形成一个倾翻力矩，从而使取放钢包一侧的基础受压，另一侧锚固螺栓受拉。

钢包及回转台在回转过程中的振动荷载，产生在其启制动时，计算其启制动力矩即可，并且按电机最大过载力矩计算，如此考虑对基础的设计是安全的。

钢包在回转台上升降动作时的受力一般是钢包回转台的内力，并且速度较慢，对基础的影响忽略不计。

第二节 轧钢机械

一、可逆轧机与连续轧机的振动荷载

轧制过程对基础的冲击载荷有四种：咬钢、抛钢、稳定轧制、轧制时产生的倾翻。其中轧制过程中事故状态下的倾翻力矩对基础的影响最大，实际轧制过程中由轧件咬入、抛出和稳定轧制时的冲击对地基影响并不大，设计地基的强度主要依据为轧制过程的倾翻力矩。

咬钢、抛钢时的第一类冲击荷载值，可按下列公式计算：

$$F_{v1}=S\sqrt{\frac{6TEI}{W^2L}} \tag{6.2.1}$$

$$T=\frac{1}{2}m(v_0^2-v^2\cos^2\alpha) \tag{6.2.2}$$

式中：F_{v1}——轧机咬入时的冲击荷载；

S——轧件咬入过程中与轧辊的接触面积，可取稳态轧制接触面积的2%；

E——轧辊的弹性模量；

L——轧辊两支点之间的距离；

I——轧辊的惯性矩；

W——轧辊的截面模量；

T——轧件与轧辊间无滑动且轧件无塑性变形时，轧件给轧辊的冲击能量；

α——咬入角；

m——带钢的质量；

v_0——轧线辊道的线速度；

v——轧辊的线速度。

稳定轧制时的第二类冲击荷载值，可按下列公式计算：

$$F_{v2}=k_v S_1 \sigma_c \tag{6.2.3}$$

$$k_v=1+\frac{1.15f_y}{P_m} \tag{6.2.4}$$

$$S_1=b\sqrt{D\frac{\Delta h}{2}} \tag{6.2.5}$$

式中：F_{v2}——轧件稳态轧制时的冲击荷载；

k_v——冲击系数；

S_1——轧件稳态轧制时与轧辊的接触面积；

b——轧件宽度；

f_y——轧件的屈服强度；

P_m——金属充满变形区时的平均单位压力；

σ_c——静弯矩作用下的轧辊应力；

D——轧辊的直径；

Δh——轧件在本道次的厚度改变量。

轧制过程的倾翻力矩，可按下式计算：

$$M_{vmax}=\frac{2M_z}{D}\cdot h \tag{6.2.6}$$

二、锯机刀片锯切时对刀槽的振动荷载

锯机刀片锯切时对地基的冲击荷载，可按下式计算：

$$F_v=\frac{d_m}{C} \tag{6.2.7}$$

式中：F_v——刀片锯切时对刀槽的冲击荷载；

C——锯片的振动与锯槽侧壁引起的正压力之间的关联系数，宜按本标准表 7.2.2-1 采用；

d_m——锯片的振动幅值，宜按本标准表 7.2.2-2 采用。

以锯片直径 2000mm、锯片厚度 9mm 的锯切机为例，其锯切速度为 2～5mm/s 时锯切机对地基的冲击荷载最大为 1.78kN。

三、滚切式剪机对基础产生的振动荷载

滚切剪剪切钢板时的最大冲击荷载发生在切入阶段，其大小一般为平稳剪切力的 1.3 倍，其值可按下列公式计算。一般情况下，剪切过程中对基础的冲击荷载，取最大冲切剪切力的 20%。

$$F_v=\frac{0.2k_1k_2h^2\delta_5 f_u}{\tan\theta}\left(1+\frac{\xi\tan\theta}{0.6k_1\delta_5}+\frac{1}{1+\frac{k_3\delta_5 E}{5.4f_u S_y^2 S_x}}\right) \tag{6.2.8}$$

式中：F_v——滚切式剪机对基础产生的振动荷载（N）；

k_1——剪切过程的影响系数，可取 1.0；

k_2——剪刃钝化后的影响系数，可取 1.20；

k_3——剪刃侧向间隙影响系数，可取 0.00265；

h——轧件厚度（m）；

δ_5——轧件延伸率；

f_u——轧件的抗拉强度（N/m^2）；

θ——上下剪刃当量剪切角（°）；

E——轧件的弹性模量（N/m^2）；

ξ——转换系数，影响基础荷载时可取 0.95；

S_y——剪刃侧向相对间隙，即上下剪刃侧向间隙与材料厚度的比值；

S_x——压板侧向相对距离，即剪刃中心离压板的距离与材料厚度的比值，影响基础荷载时可初步取 10。

以某厂 2500mm 滚切式剪切机为例，剪切板材最大厚度 40mm，最大剪切宽度 2300mm，剪切时的材料强度极限 800MPa，材料的弹性模量为 2.1×10^5MPa，轧件剪切时的延伸率为 0.16。参考《建筑振动荷载标准》中计算公式（7.2.3），选取剪切过程的影响系数为 1，剪刃钝化后的影响系数为 1.2，剪刃侧向间隙影响系数为 0.00265，上下剪刃当量剪切角为 2.5°。当材料厚度小于 5mm 时，上下剪刃侧向间隙可按 0.07mm 考虑；当材料厚度在 10～20mm 之间时，上下剪刃侧向间隙可按 0.5mm 考虑；针对 40mm 厚材料，选取剪刃的侧向相对间隙为 0.05mm，压板侧向相对距离为 10mm，转换系数取 0.95 时，由公式（6.2.8）计算得到的剪切机对地基的冲击值约为 1750kN。实际使用过程中，也可采用简化工程做法，直接取剪切机最大剪切力的 20%作为设备对基础的影响。

四、矫直机对基础产生的振动荷载

矫直机主电机振动力矩峰值可取电机额定力矩的 1.75 倍，事故荷载力矩峰值，可取额定力矩的 2 倍，方向取正反两个方向；矫直机本体对基础产生的振动荷载峰值取事故荷载，对基础产生的振动力矩可取额定工作力矩的 2.5 倍，即：振动荷载峰值＝2.5×电机输出额定扭矩×减速器速比，方向取正反两个方向；矫直机减速器和齿轮座振动力矩应根据实际输入轴和输出轴的布置综合确定荷载，同方向合力矩：输入力矩＋输出力矩，反方向合力矩：输入力矩－输出力矩。

五、开卷机及卷取机的振动荷载

开卷机及卷取机稳定卷取/开卷时的设备振动荷载，可按下列公式计算：

$$F_v = me\omega^2 \tag{6.2.9}$$

式中：F_v——设备的振动荷载；

m——卷筒、带卷等旋转部件的总质量；

e——卷筒、带卷等旋转部件的当量偏心距；

ω——卷筒的工作角速度。

以某钢厂地下卷取机稳定卷取时为例，卷筒、带卷等旋转部件的总质量 33000kg，卷筒旋转速度 400r/min，即 41.9rad/s，卷筒等旋转部件的当量偏心距按《刚体转动件的平衡》JB/ZQ 4165—2006 进行计算取值，取 e=0.0008m，其稳定卷取/开卷时的设备振动荷载为 46.3kN。

第七章　矿 山 机 械

第一节　破　碎　机

根据破碎方式、机械的构造特征（动作原理），常用的矿业破碎机机型主要有颚式破碎机、圆锥式破碎机、旋回式破碎机、锤式破碎机和反击式破碎机等。这些破碎设备的运动都具有一定的规律，颚式破碎机为往复运动，锤式、反击式和辊式破碎机为旋转运动，旋回式破碎机和圆锥式破碎机为旋摆和回转复合运动。

破碎机的振动荷载和作用点应由设备制造厂家提供，当不能提供时，应收集有关参数，并根据设备的运动规律和相关力学公式计算确定。

破碎机的振动荷载主要来源于两个方面，一是设备空运转时，由于设备结构不平衡和使用过程中产生的不平衡质量造成的振动荷载，其值具有明显的简谐规律，易于计算；二是设备负荷工作时，工作部件与物料间互相撞击产生的振动荷载，此时振动荷载伴有瞬态冲击分量，具有随机性，其值难以确定。

设计破碎设备基础时，对于静力计算需考虑物料与破碎机之间撞击力的影响，对于动力计算，则按照设备空运转的振动荷载进行计算。这样近似处理，根据实践经验和实测资料是可行的。本文主要研究破碎设备空运转时的振动荷载，以供设计破碎设备基础时参考。

一、颚式破碎机

1. 颚式破碎机结构简介

颚式破碎机结构简单、牢固、维护方便，能处理的物料范围大，自问世一百多年来，至今仍然是初、中碎的主要机型。颚式破碎机按照运动特性可主要分为简摆和复摆两种形式，其中复摆式机型在产量和出料粒度控制上性能更好，应用更为广泛。

简摆颚式破碎机的结构简图如图 7.1.1 所示，简摆颚式破碎机的活动颚是固装在可回转的悬挂轴上，当偏心轴回转时，连杆随之作上下运动，通过推力板的作用，迫使活动颚板绕着悬挂轴作往复摆动。

复摆颚式破碎机的结构简图如图 7.1.2 所示，该机的活动颚的顶部直接悬挂在偏心轴上，其底部支撑在一端有固定铰接的推力板上。当偏心轴转动时，直接带动了活动颚，活动颚上部的运动轨迹近似为圆形，底部因受推力板的约束，运动轨迹为圆弧形，中部为椭圆形。

2. 颚式破碎机振动荷载计算

（1）荷载计算公式

颚式破碎机的振动荷载计算简图如图 7.1.3 所示。

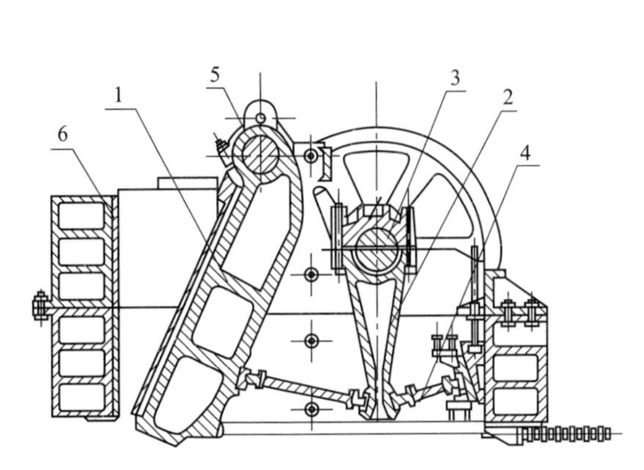

图 7.1.1　简摆颚式破碎机简图
1—活动颚板；2—连杆；3—偏心轴；
4—推力板；5—悬挂轴；6—定颚板

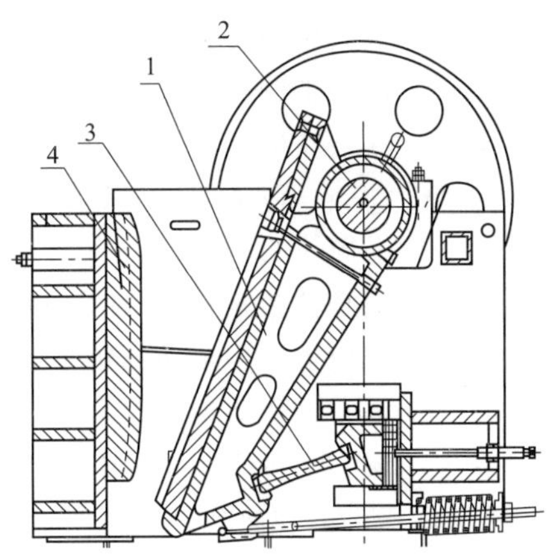

图 7.1.2　复摆颚式破碎机简图
1—活动颚板；2—偏心轴；
3—推力板；4—定颚板

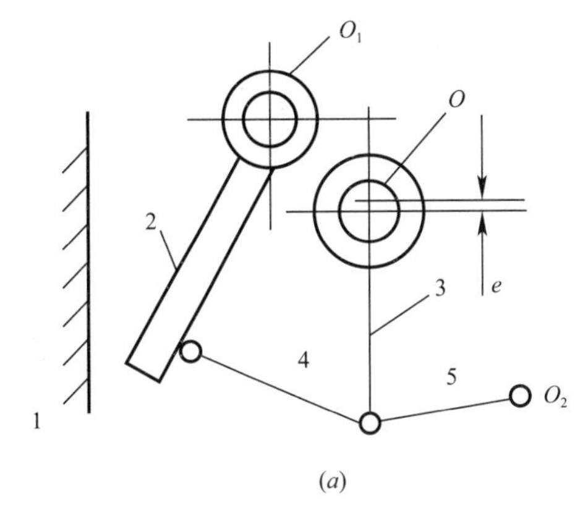

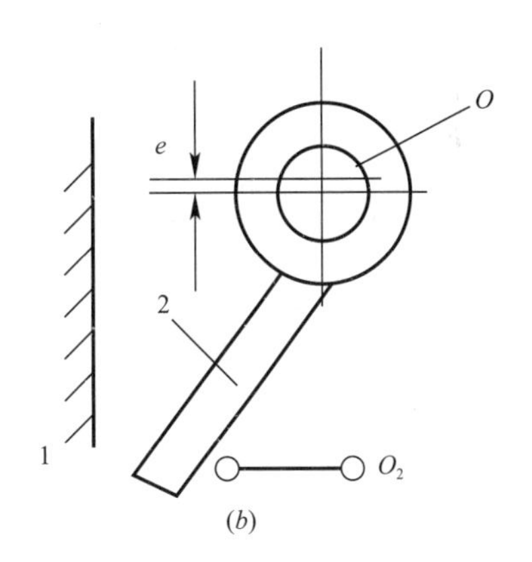

图 7.1.3　颚式破碎机振动荷载计算简图
(a) 简摆；(b) 复摆
O—偏心轴；1—固定颚板；2—动颚板；3—连杆；4、5—推力板；
O_1—活动颚板轴；O_2—接点

简摆颚式破碎机的振动荷载计算主要考虑动颚板、偏心轴和连杆在运转过程中产生的荷载，可按下列公式计算：

$$F_{vx}=e\omega^2[(m_a+0.8m_b)^2+0.25m_c^2]^{\frac{1}{2}} \tag{7.1.1}$$

$$F_{vz}=e\omega^2(m_a+m_b) \tag{7.1.2}$$

$$\omega=1.05n \tag{7.1.3}$$

复摆动颚式破碎机的振动荷载计算主要考虑动颚板、偏心轴和平衡块在运转过程中产生的荷载，平衡块产生的振动荷载与动颚板和偏心轴产生的振动荷载相位差为 180°，可按下列公式计算：

$$F_{vx}=[e(m_a+0.5m_b)-e_1m_d]\omega^2 \tag{7.1.4}$$

$$F_{vz}=[e(m_a+m_c)-e_1m_d]\omega^2 \tag{7.1.5}$$

式中：F_{vx}——水平振动荷载（N）；

F_{vz}——竖向振动荷载（N）；

m_a——偏心轴偏心部分质量（kg）；

m_b——连杆质量（kg）；

m_c——动颚（包括齿板）的质量（kg）；

m_d——平衡块的质量（kg）；

e——偏心轴的偏心距（m）；

e_1——平衡块质心至破碎机主轴中心线的距离（m）；

ω——偏心轴转动角速度（rad/s）；

n——偏心轴转速（r/min）。

颚式破碎机的振动荷载具有水平和垂直两个方向的分量，相位差 90°，荷载幅值在动力计算时不同时考虑。

振动荷载作用点位于偏心主轴中心线上。

（2）部分机型振动荷载，可参考表 7.1.1。

部分颚式破碎机动力参数及振动荷载　　**表 7.1.1**

参数	单位	型号规格							
		复摆（PEF）					简摆（PEJ）		
		400×250	600×400	600×400	900×600	1200×900	1200×900	1500×1200	2100×1500
主轴转数	r/min	310	250	260	250	225	180	135	100
偏心轴质量	kg	61	152	151	437	1180	1034	2255	3572
连杆质量	kg	—	—	—	—	—	3215	6876	14377
平衡块质量	kg	8	57	—	58	89	—	—	—
动颚质量	kg	726	1224	1000	3490	9066	7975	19190	39644
偏心距	m	0.010	0.010	0.012	0.019	0.020	0.030	0.035	0.040
水平振动荷载	N	2000	10000	6000	11000	8000	59000	88000	104000
竖向振动荷载	N	6000	6000	11000	13000	44000	47000	65000	81000
振动荷载高度	m	0.9	1.1	1.2	1.6	2.4	1.5	2.0	2.4
机器质量	kg	2700	6500	6500	16900	46700	61700	123900	220000

二、圆锥式破碎机

1. 圆锥式破碎机结构简介

圆锥式破碎机在选矿、建材行业广泛应用于中碎、细碎各种硬度物料，结构简图如图 7.1.4 所示，它的工作机构主要由动锥和定锥组成，动锥固定在主轴上，工作时动锥中心线绕着主轴中心线转动，定锥是机架的一部分，工作的时候静止不动。

2. 圆锥式破碎机的振动荷载计算

圆锥式破碎机的振动荷载计算简图如图 7.1.5 所示，振动荷载计算主要考虑动锥体、偏心轴套和平衡块绕垂直轴线作水平回转运动时产生的荷载，对于偏心轴套内的主轴部分，与偏心轴套连接在一起，与偏心轴套的振动荷载相互抵消，在计算时不计该部分荷载。平衡块产生的荷载与椎体部分产生的振动荷载相位差为 180°，在计算时应该减去。

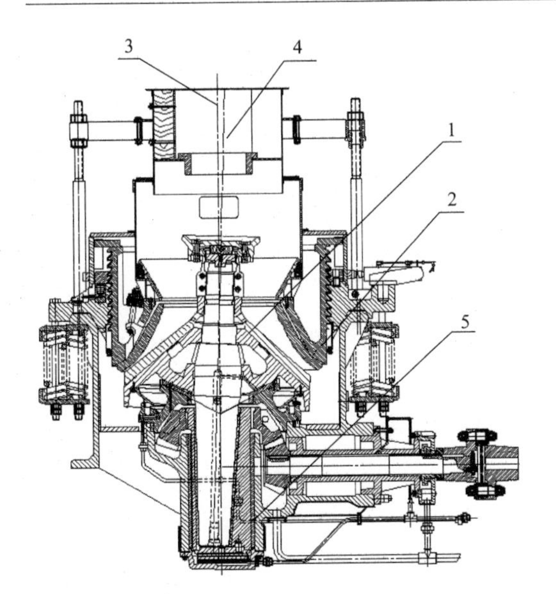

图 7.1.4　圆锥式破碎机结构简图

1—定锥；2—动锥；3—主轴中心线；
4—定锥中心线；5—偏心轴套

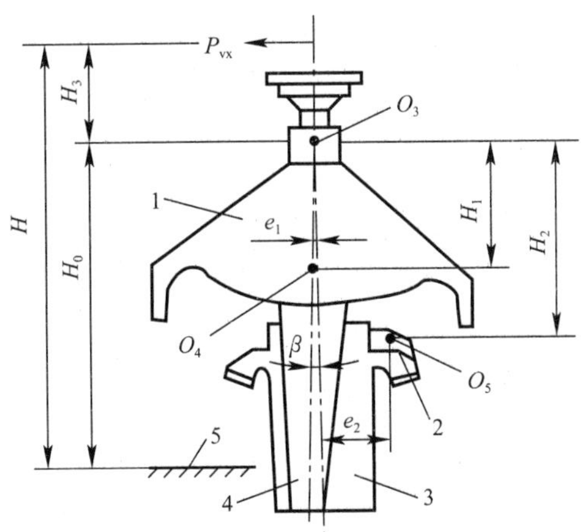

图 7.1.5　圆锥式破碎机振动荷载计算简图

O_3—不动点；O_4—m_1 质心；O_5—m_2 质心；
1—活动锥；2—平衡重；3—偏心轴套；4—主轴；5—基础顶面

(1) 振动荷载可按下式计算：

$$F_{vx} = (m_1 e_1 - m_2 e_2)\omega^2 \tag{7.1.6}$$

式中：F_{vx}——水平振动荷载 (N)；

m_1——锥体部分（不包括偏心轴套内的轴重）的总质量 (kg)；

m_2——平衡块的质量 (kg)；

e_1——破碎机中心线至锥体部分质心的距离 (m)；

e_2——破碎机中心线至平衡块质心的距离 (m)；

ω——主轴回转角速度 (rad/s)。

(2) 振动荷载的作用点高度，可按下列公式计算：

当振动荷载作用点如图 7.1.6 (a) 所示时：

$$H = H_0 + H_3 \tag{7.1.7}$$

当振动荷载作用点如图 7.1.6 (b) 所示时：

$$H = H_0 - H_3 \tag{7.1.8}$$

$$H_3 = \frac{F_{vx1} H_1 - F_{vx2} H_2}{|F_{vx1} - F_{vx2}|} \tag{7.1.9}$$

$$F_{vx1} = m_1 e_1 \omega^2 \tag{7.1.10}$$

$$F_{vx2} = m_2 e_2 \omega^2 \tag{7.1.11}$$

式中：H——水平振动荷载 F_{vx} 作用点至基础面的距离 (m)；

H_0——不动点至基础面的距离 (m)；

H_3——水平振动荷载 F_{vx} 作用点至不动点的距离 (m)；

F_{vx1}——锥体部分产生的水平振动荷载 (N)；

F_{vx2}——平衡块产生的水平振动荷载 (N)；

H_1——振动荷载 F_{vx1} 作用点至不动点的距离（m）；

H_2——振动荷载 F_{vx2} 作用点至不动点的距离（m）。

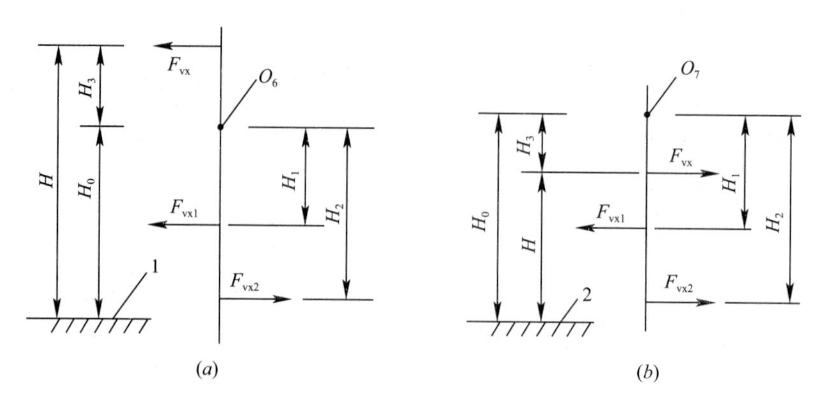

图 7.1.6　振动荷载作用点位置示意图

（*a*）F_{vx}作用在不动点上部；（*b*）F_{vx}作用在不动点下部

O_6—不动点；1—基础面；O_7—不动点；2—基础面

（3）部分机型振动荷载，可参考表 7.1.2。

部分圆锥式破碎机动力参数及振动荷载　　**表 7.1.2**

型号规格			主轴转速（r/min）	水平振动荷载（N）	振动荷载高度（m）	机器质量（kg）
弹簧式	ϕ900	PYB、PYZ	333	4000	1.3	9300
		PYD		6000	1.0	9600
	ϕ1200	PYB、PYZ	300	10000	1.1	23300
		PYD		7000	1.1	23900
	ϕ1750	PYB、PYZ	245	12000	2.3	48700
		PYD		10000	2.4	48700
	ϕ2200	PYB、PYZ	220	73000	1.8	80100
		PYD		76000	1.6	81400
	ϕ1650	PYB、PYZ	230	15000	3.0	40700
		PYD		15000	3.0	65000
	ϕ2100	PYB、PYZ	200	50000	2.0	82700
		PYD		50000	2.0	83000
单缸液压	900/135，900/75		335	11000	1.1	8300
	900/60			8000	1.3	8300
	1650/285，1650/230		250	18000	1.6	35800
	1650/100			12000	2.1	35600
	2200/350，2200		200	41000	2.2	71400
	2200/130			22000	3.0	72500

三、旋回式破碎机

1. 旋回式破碎机结构简介

旋回式破碎机的结构和工作原理与圆锥式破碎机基本相同（图 7.1.7），只是动锥和定锥的夹角要更大一些，以便于破碎较大粒度的物料。

2. 旋回式破碎机振动荷载计算

（1）荷载计算公式

旋回式破碎机的振动荷载计算，主要考虑动锥体和主轴偏心轴套绕垂直轴线作水平回转运动时产生的荷载。旋回式破碎机的振动荷载计算简图如图 7.1.8 所示，可按下列公式计算：

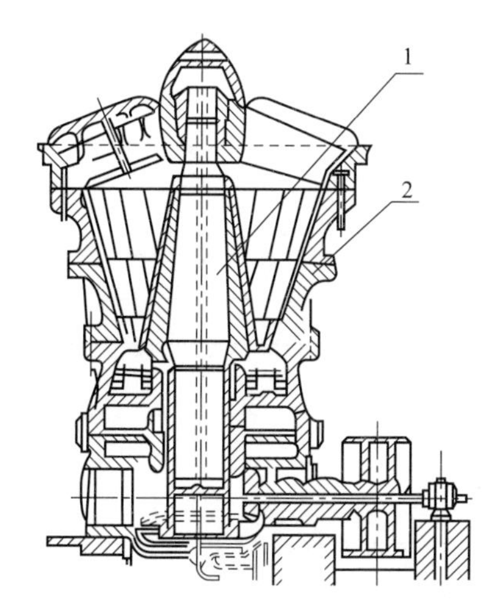

图 7.1.7　旋回式破碎机结构简图

1—动锥；2—定锥

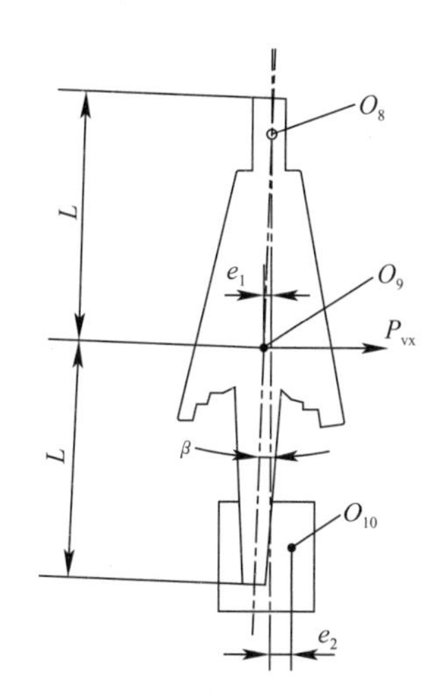

图 7.1.8　旋回式破碎机振动荷载计算简图

O_8—固定点；O_9—m_1 的质心；O_{10}—m_2 的质心

$$F_{vx} = (m_1 e_1 - m_2 e_2)\omega^2 \tag{7.1.12}$$

$$e_1 = L \cdot \sin\beta \tag{7.1.13}$$

$$e_2 = 2L \cdot \sin\beta \tag{7.1.14}$$

式中：F_{vx}——水平振动荷载（N）；

m_1——锥体部分（主轴和活动锥）的总质量（kg）；

m_2——齿轮偏心轴套的总质量（kg）；

e_1——破碎机中心线至锥体部分质心的距离（m）；

e_2——破碎机中心线至齿轮偏心轴套质心的距离（m）；

ω——主轴转动角速度（rad/s）；

L——主轴长度之半（m）；

β——主轴转动偏角（°）。

旋回式破碎机的振动荷载作用点可取主轴长度的中点。

（2）部分机型振动荷载，可参考表 7.1.3。

部分旋回式破碎机振动荷载参考表　　　　表 7.1.3

型号规格		主轴转速（r/min）	水平振动荷载（N）	振动荷载高度（m）	机器质量（kg）
轻型	700/100	160	19000	1.3	43200
	900/130	140	32000	1.9	84700
	1200/150	125	54000	2.2	142000

续表

型号规格		主轴转速（r/min）	水平振动荷载（N）	振动荷载高度（m）	机器质量（kg）
单缸液压	500/60	160	15000	1.2	42400
	700/100	140	27000	1.8	89200
	900/130	125	40000	2.1	139100
	1200/160	110	65000	2.6	224100
	1400/170	105	86000	2.7	309800
	1600/180	100	122000	3.1	472800
老型号	500/75	145	13000	1.1	39800
	700/130	140	17000	2.1	81900
	900/150	125	41000	2.4	141800
	1200/180	110	58000	2.6	224100
颚旋	1000/100	140	53000	2.6	97300
	1000/150	140	49000	2.9	96000

四、锤式和反击式破碎机

1. 锤式和反击式破碎机结构简介

锤式和反击式破碎机都是属于冲击式破碎机，利用高速回转的锤头或板锤冲击物料使之破碎，具有破碎比大、结构简单、产品粒度均匀等特点，广泛应用于矿山、建材、冶金、化工等行业。

锤式破碎机和反击式破碎机结构简图如图 7.1.9 和图 7.1.10 所示，主要由转子、机体、反击板等部件组成，锤式破碎机和反击式破碎机的不同之处在于，锤式破碎机的锤头铰接于转子，可以自由摆动，而反击式破碎机的板锤与转子固定连接。

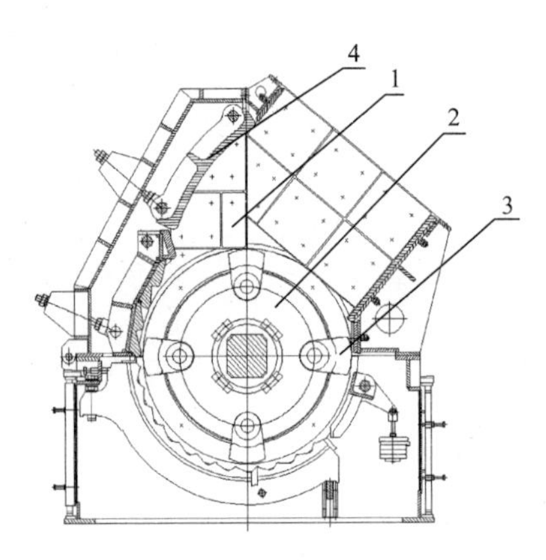

图 7.1.9 锤式破碎机结构简图
1—机体；2—转子；3—锤头；4—反击板

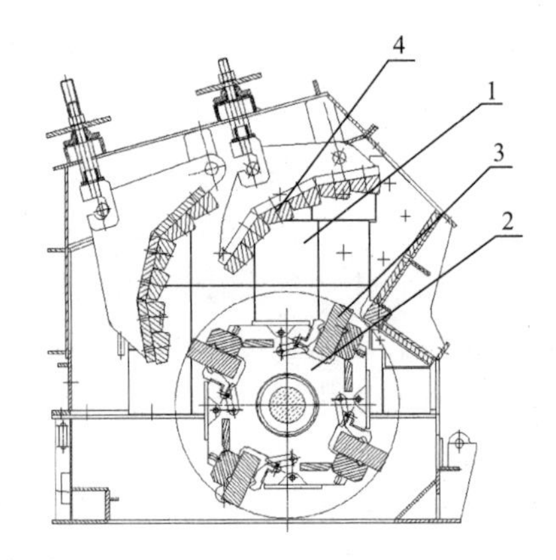

图 7.1.10 反击式破碎机结构简图
1—机体；2—转子；3—板锤；4—反击板

2. 锤式和反击式破碎机振动荷载计算

（1）振动荷载计算公式

锤式和反击式破碎机的振动荷载计算公式与旋转式机器相同，对于单转子型锤式和反击式破碎机，可按下式计算：

$$F_v = me\omega^2 \tag{7.1.15}$$

式中：F_v——作用在转子旋转中心处的振动荷载（N）；

m——转子回转部件的质量（kg）；

ω——转子的角速度（rad/s）；

e——当量偏心距（m）。

双转子型锤式和反击式破碎机的振动荷载，可按下式计算：

$$F_v = F_{v1} + F_{v2} \tag{7.1.16}$$

式中：F_v——破碎机的振动荷载（N）；

F_{v1}——作用在转子一旋转中心处的振动荷载（N）；

F_{v2}——作用在转子二旋转中心处的振动荷载（N）；

F_{v1}和F_{v2}值，可按公式（7.1.15）计算。

双转子型锤式和反击式破碎机振动荷载合力的作用点O的位置（图7.1.11），可按下列公式计算：

$$H_v = \frac{F_{v1}H_1 + F_{v2}H_2}{F_v} \tag{7.1.17}$$

$$S_v = \frac{F_{v2}S}{F_v} \tag{7.1.18}$$

式中：H_v——破碎机振动荷载合力作用点至基础面的垂直距离（m）；

H_1——转子一旋转中心至基础面的垂直距离（m）；

H_2——转子二旋转中心至基础面的垂直距离（m）；

S——转子一旋转中心与转子二旋转中心水平距离（m）；

S_v——破碎机振动荷载合力作用点至转子一旋转中心的水平距离（m）。

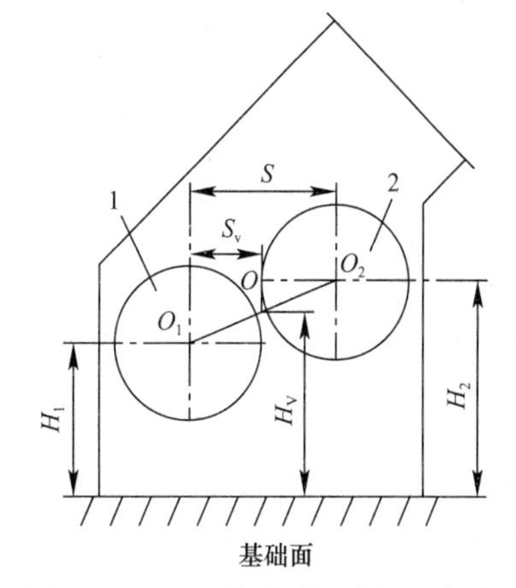

图7.1.11　双转子型锤式和反击式破碎机振动荷载计算简图

1—转子一；2—转子二；O_1—转子一旋转中心；O_2—转子二旋转中心；O—破碎机振动荷载合力作用点

（2）转子回转部件质量m的选取

转子主要包括主轴、锤盘、锤头、板锤、飞轮、轴承、联轴器、轴承座等，转子回转部件主要包括主轴、锤头、板锤、飞轮、轴承、联轴器等。

一般设备制造厂家都会提供转子质量，但对转子质量的取值范围并没有统一规定，部分厂家提供的转子质量可能会包括轴承座的质量，因为轴承座在工作的时候保持静止，质量约占转子总质量的7%左右，占比较大，所以在选取转子回转部件的质量时，一定要注意不能包括轴承座的质量。

（3）当量偏心距e值的选取

影响锤式、反击式破碎机当量偏心距e值的取值因素主要有两点，一是制造和安装方面的误差；二是锤头、板锤、锤盘等部件在使用过程中不均匀磨损引起的误差。

1）制造和安装误差引起的偏心距

设备厂家对制造和安装方面误差控制比较严格，出厂前对转子做平衡试验，如偏差过大会进行校正。按照相关标准，破碎机出厂时对转子的平衡等级应控制在G16级，通过换算，出厂时转子的当量偏心距 e 的值约为0.4mm，这个值很小，可以忽略。

2）使用过程中引起的偏心距

转子部件在使用过程中受到物料的撞击，会产生不均匀磨损，不均匀磨损程度与被处理物料的硬度、设备的使用维护情况、锤头和板锤的更新频率关系极大。一般来说，在正常的使用和维护情况下，被破碎处理的物料硬度愈高，破碎机转子的不均匀磨损现象越严重，破碎机转子的当量偏心距值越大。

在以前的文献资料中，锤式破碎机与反击式破碎机的当量偏心距 e 的取值如下：

锤式破碎机：$e=1.0$mm；

反击式破碎机：$e=1.5\sim2.0$mm（用于碎煤），$e=2.0\sim3.0$mm（用于碎石）。

由于锤式破碎机和反击式破碎机的结构形式、破碎原理、适用物料、工况条件都相近，所以当量偏心距的取值应该接近或相同更合理。

综上所述，当量偏心距 e 值的选取，主要考虑转子是使用过程中不均匀磨损引起的偏心距，考虑到设备的正常运转，可取锤式和反击式破碎机的当量偏心距 $e=1.0\times10^{-3}\sim3.0\times10^{-3}$m，当破碎煤等较软物料时取小值，破碎石灰石等较硬物料时取大值。

（4）部分机型振动荷载，可参考表7.1.4、表7.1.5。

部分锤式破碎机动力参数和振动荷载参考表　　表7.1.4

型号规格	转子转速（r/min）	转子质量（kg）	振动荷载（N）	型号规格	转子转速（r/min）	转子质量（kg）	振动荷载（N）
ϕ800×600	800	910	12700	ϕ1800×1800	345	21500	56100
ϕ1000×1000	750	2100	25900	ϕ2000×1800	311	30200	64000
ϕ1250×1250	560	4200	28900	ϕ2000×2200	311	35700	75700
ϕ1400×1200	492	7800	41400	2-ϕ1800×1800	345	21500	56100
ϕ1400×1400	492	8300	44000		345	21500	56100
ϕ1600×1600	387	12500	41000				

注：表中振动荷载值所采用的偏心距 e 为2mm。

部分反击式破碎机动力参数和振动荷载参考表　　表7.1.5

型号规格	转子转速（r/min）	转子质量（kg）	振动荷载（N）	型号规格	转子转速（r/min）	转子质量（kg）	振动荷载（N）
ϕ750×700	980	640	13550	ϕ1250×1000	505	3610	20170
ϕ1000×700	680	1120	11350	2-ϕ1250×1250	730	8140	95040
ϕ1100×850	980	1380	29000		980	7780	163710
ϕ1100×1200	980	1970	41450				

注：表中振动荷载值所采用的偏心距 e 为2mm。

五、其他破碎机振动荷载计算

在实际工业应用中，环锤式破碎机、立轴式破碎机、辊式破碎机和剪切式破碎机等机型因其独特的性能，在某些领域也得到了广泛的应用。这些破碎机的主要运转形式都为回转运动，环锤式破碎机和立轴式破碎机的振动荷载计算可参照锤式和反击式破碎机的计算方法确定，只是立轴式破碎机的旋转轴为竖直方向，所以其振动荷载的方向和作用点与锤式破碎机不同。辊式破碎机和剪切式破碎机由于转速较低，振动荷载可以忽略不计。

第二节 振 动 筛

振动筛属于中频类动力设备，如果坐落在楼面上，工作时将直接引起楼面的垂直振动，所以应该结合工艺使用要求，通过合理布置振动筛位置以及梁柱位置，以减小楼面振动、满足正常使用要求。

所谓扰力标准值，应理解为在符合设备使用技术要求的正常状态下，设备所引起的惯性力的参照值，应该用设备制造厂家实验数据的平均值作为标准扰力值，所以该值应该采用设备制造厂家提供的数据。

考虑到设备实际工作时的参数与其标准值的偏离，以及在使用过程中工作状态的改变，如轴承间隙加大、零件磨损、有杂物等，这些状况能使标准扰力发生明显变化。在公称均匀的设备中，会出现偏差很大的扰力，特别是旋转质量很大，偏心率引起的标准扰力的改变。这时应采用动力超载系数 K_d 加以修正，用扰力计算值按标准扰力值乘以设备动力超载系数 K_d 的积来确定。即：

$$F_v = K_d F_k \tag{7.2.1}$$

式中：F_v——设备的扰力计算值（N）；

F_k——设备的扰力标准值（N）；

K_d——设备动力超载系数。

设备动力超载系数 K_d，宜按下列规定取值：

1. 激发周期荷载的振动筛构造不均匀时，宜取 1.3；
2. 激发周期荷载的振动筛构造均匀时，宜取 4.0；
3. 当有实际经验时，允许采用实测的动力超载系数。

当设备厂家无法提供标准扰力值时，可参照冶金、有色行业标准《机器动荷载作用下建筑物承重结构的振动计算和隔振设计规程（试行）》YSJ 009—1990，通过结构计算得出振动荷载标准值。具体算法如下：

对于竖向设置单层或双层减振弹簧的振动筛（图 7.2.1），作用在支撑结构上的振动荷载标准值，宜按下列公式计算：

1. 对于单层弹簧：

$$F_{vk} = uK \tag{7.2.2}$$

2. 对于双层弹簧：

$$F_{vk} = u_b K_b \tag{7.2.3}$$

式中：F_{vk}——支撑结构上的标准振动荷载（N）；

u——振动筛稳态工作时，筛箱的振幅（m）；

u_b——振动筛下部刚架在稳态工作时的振幅（m）；

K——筛箱下部弹簧的总刚度（N/m）；

K_b——刚架下部弹簧的竖向或水平总刚度（N/m）。

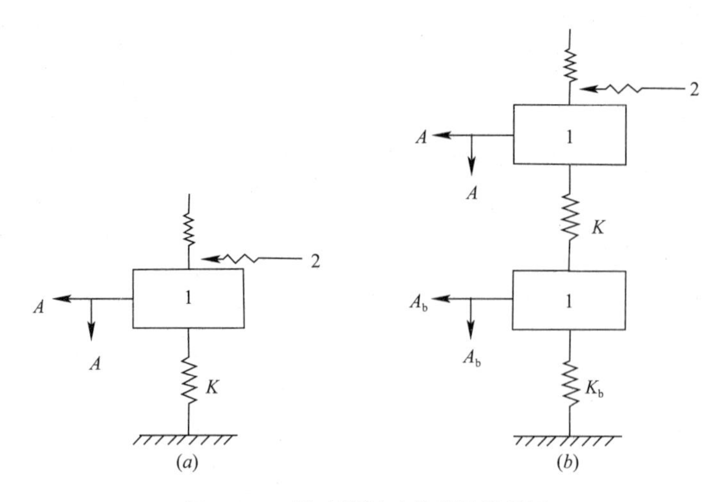

图 7.2.1　振动筛振动荷载计算简图

(*a*) 单层弹簧振动筛；(*b*) 双层弹簧振动筛

1—筛箱；2—激振力；*A*—振动筛稳态工作时筛箱的振幅；

A_b—振动筛下部刚架在稳态工作时的振幅；*K*—筛箱下部弹簧的总刚度；K_b—刚架下部弹簧的垂直或水平总刚度

当梁的第一频率密集区内最低自振频率计算值大于设备的扰力频率时，可不进行动内力的计算，但应按动力系数法对结构进行静力计算。这样做是为了使构件避开共振和接近共振的状态，就是在启动和停车时也不会出现通过构件共振区的情况，在动力荷载作用下，结构不会产生过大的动内力，所以可以不做动内力计算，按静力法计算即可：

$$F_{vz} = \gamma(G_n + G_L) \tag{7.2.4}$$

式中：F_{vz}——振动筛竖向等效静力荷载（N）；

G_n——设备重力荷载（N）；

G_L——物料重量（N）；

γ——动力系数，可参照表 7.2.1 采用。

动力系数 γ　　　　**表 7.2.1**

设备类别	振动筛	回转筛	悬挂筛
γ	4.0	1.5	2.0

当梁与柱的最大振动位移扣除支座位移后，不超过自身长度的 1/40000 时，也可不进行结构的动力计算。这样的位移振动条件，综合反映了动力计算实践和工业厂房振动研究的多年经验，当结构按基本频率振动时，满足足够的可靠性准则。

第三节　磨　　机

磨机属于低频类振动设备。

以往在设计磨机基础时，一般都采用动力系数法计算，即按照设备图上所给出的静负荷再乘以动荷载系数。在近代，随着磨机设计改进，很多国家已采用三项负荷法设计磨机基础，除了考虑垂直荷载外，还应考虑水平负荷和瞬时负荷，三项负荷包括：垂直负荷、水平负荷、瞬时负荷。

现阶段两种算法并存，在此分别陈述，以方便广大工程设计人员选用。一般情况是：设计进口磨机基础时采用三项负荷法计算荷载；设计国产磨机基础时，应根据设备厂家的要求任选其一，或者是三项负荷法，或者是动力系数法。

一、动力系数法计算垂直荷载

在设计基础时，首先要知道磨机支点的静负荷，包括磨机支点的最大反力和磨机支承装置的重力，这两者之和即为磨机的静负荷具体数据，由设备厂家提供。

$$W_o = W_{o1} + W_{o2} \tag{7.3.1}$$

式中：W_o——磨机主轴承作用点（支点）的总负荷（kN）；

W_{o1}——磨机支点的最大反力（kN）；

W_{o2}——磨机支撑装置的重力（kN）。

上述荷载为磨机的静荷载，还要考虑磨机由于振动和运转等原因而产生的动负荷，即：

$$W = K_d W_o \tag{7.3.2}$$

式中：K_d——动荷系数，当磨机支点荷载 $W_o \geqslant 400$kN 时，$K_d = 2.5$；当磨机支点荷载 $W_o < 400$kN 时，$K_d = 2.0$。

二、三项负荷法计算垂直荷载

球磨机、棒磨机、管磨机、自磨机、半自磨机等一个支点的竖向等效静力荷载和瞬时等效静力荷载，可按下列规定计算：

1. 垂直等效静力荷载，宜按下式计算：

$$F_{vz} = N_{01} + N_{02} \tag{7.3.3}$$

式中：F_{vz}——球磨机、棒磨机、管磨机等一个支点的竖向等效静力荷载（N）；

N_{01}——磨机支点的最大反力（N）；

N_{02}——磨机支撑装置的重力（N）。

垂直负荷经厂家圆整后不需要再乘动荷系数。

2. 瞬时等效静力荷载，宜按下式计算：

$$F_v = N_{01} \cdot \frac{L_K}{L_1} \tag{7.3.4}$$

式中：F_v——球磨机、棒磨机、管磨机等的瞬时等效静力荷载，可取顶磨基础的竖向负荷，只在检修等短时间内出现的静态荷载（N）；

L_K——磨机的跨距（m）；

L_1——顶磨基础中心至远离侧主轴承中心的水平距离（m）。

瞬时负荷不常出现，只是在检修时短时间内出现的负荷，如顶磨或者有较重机件置于基础之上时，按本公式计算。

三、作用在磨机两端中心线处的水平等效静力荷载

作用在磨机两端中心线处的水平等效静力荷载，可按下式计算：

$$F_{vx} = 0.15mg \tag{7.3.5}$$

式中：F_{vx}——磨机两端中心线处的水平等效静力荷载（N）；

m——磨机内碾磨体及物料的总质量（kg）;

g——重力加速度（m/s^2）。

第四节　脱　水　机

矿山常用的脱水机械根据工作原理不同可分为离心脱水机和过滤机两大类。

一、离心脱水机

离心脱水机是指利用机械旋转产生的离心力将液-固、液-液、液-液-固等非均质混合物分离成固体和液体组分，或轻相和重相组分的一种机械设备。离心脱水机的脱水性能与其分离因数、分离时间、滤网孔径和空隙率、颗粒黏度、颗粒表面张力等有关。

矿山常用的离心脱水机分为过滤型和沉降型两大类。目前主要用于选煤过程中煤的脱水，以及工业废水处理中的污泥脱水。

过滤型离心脱水机是利用过滤介质-滤网，在离心力的作用下（分离因数 F_r 为 1000～2000），使固体颗粒截留在滤网上，而液体透过滤网从而达到固液分离的作用。该种设备具有能耗低、滤饼可洗涤、固体颗粒脱水率高等特点，适用于固相含量高（进料液的含固率质量分数在 30%～60%）、颗粒较粗（粒径＞0.5mm）的物料进行脱水作业。

沉降型离心脱水机则是利用固液两相密度差，在离心力场（分离因数 $F_r \leqslant 3500$）作用下，固相物料因密度大而沉降在离心机转鼓内壁上，通过转鼓内螺旋输送器排出机外，密度较小的液相将趋于转鼓中心并从机器溢流口流出，从而达到液固分离的目的。该种设备适用于固相含量少（进料液的含固率质量分数在 1%～40%）、颗粒较细（粒径＞5μm）的物料进行脱水作业。

在进行离心脱水机的振动荷载计算时，一般直接采用设备制造厂家提供的动荷载值或是动载系数进行计算。如设备制造厂家不能提供时，按照《建筑振动荷载标准》中离心机振动荷载的相关规定进行计算。

二、过滤机

过滤机一般是在压差作用下，利用固相颗粒与液相通过多孔介质（滤布、滤板）的差异性来实现固液分离的机械设备。

金属及非金属矿山产品常用的脱水设备包括筒型真空过滤机、盘式真空过滤机、带式真空过滤机、板框压滤机、自动压滤机。其中，筒型真空过滤机、盘式真空过滤机以及折带式真空过滤机的旋转部件转动缓慢（转速 0.1～2r/min）；水平带式真空过滤机（移动室和固定室）、板框压滤机、自动压滤机是真空室沿框架作直线往复运动，运动速度也比较缓慢，例如昆山机械生产的 DI 系列带式真空过滤机，滤带速度为 0.4～6m/min。

而另一类特殊的磁力脱水槽（电磁和永磁）是一种靠重力、磁力和上升水流综合作用的弱磁场磁选设备，兼有脱水作用。例如 CS 型永磁脱水槽，其特点是内部无运动部件。

因此，金属与非金属矿山常用的过滤设备运动速度都比较缓慢，结构设计时一般按静力进行分析计算。

第八章　轻纺机械

第一节　纸机和复卷机

一、纸机和复卷机包含的主要装置

纸机是长条形组合机械装置，横向由纸幅宽度决定，大都在 10～15m，纵向为纸页运行方向，通常由成型部、压榨部、烘干部、施胶机、压光机、卷纸机等多个分部组成，整个纸机的总长由不同纸种的生产工艺决定，一般 50～150m。纸机中纸页沿纵向运行的速度称为纸机车速，一般为 500～2000m/min，大体等于辊、缸、纸卷等旋转部件外边缘的线速度。

图 8.1.1 为某纸机烘干部其中一个分段单元的侧立面示意图。

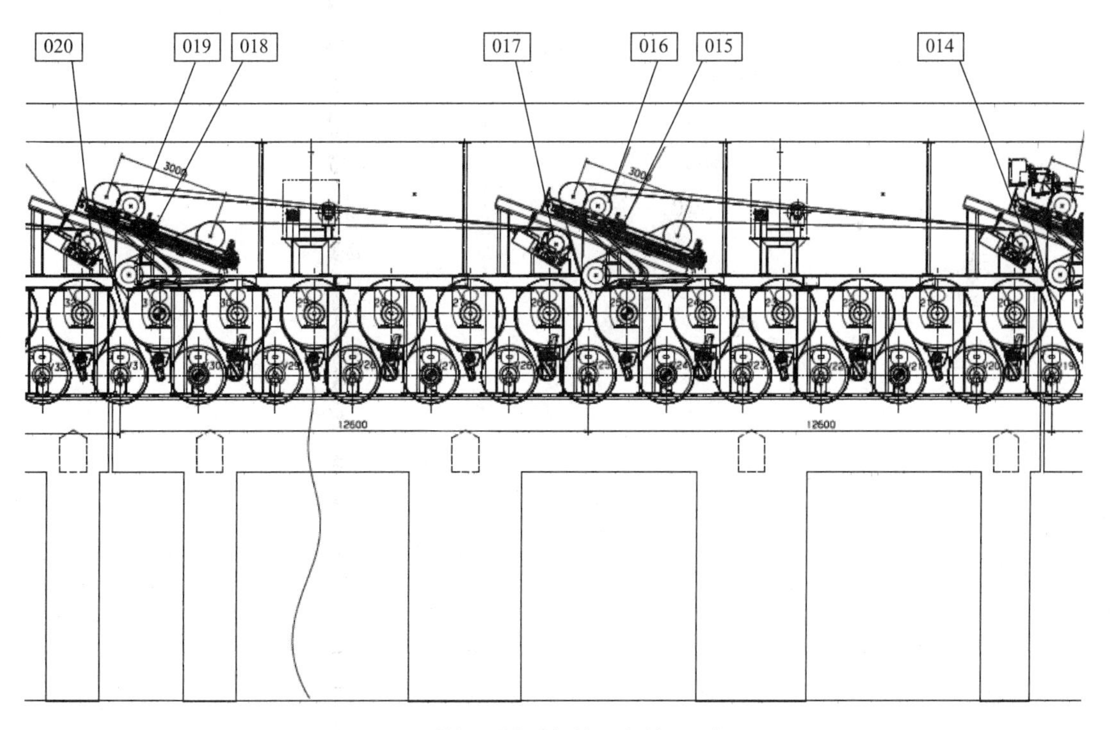

图 8.1.1　某纸机烘干部的一个单元（侧立面）

图 8.1.2 为某纸机的压光机分部的侧立面示意图。

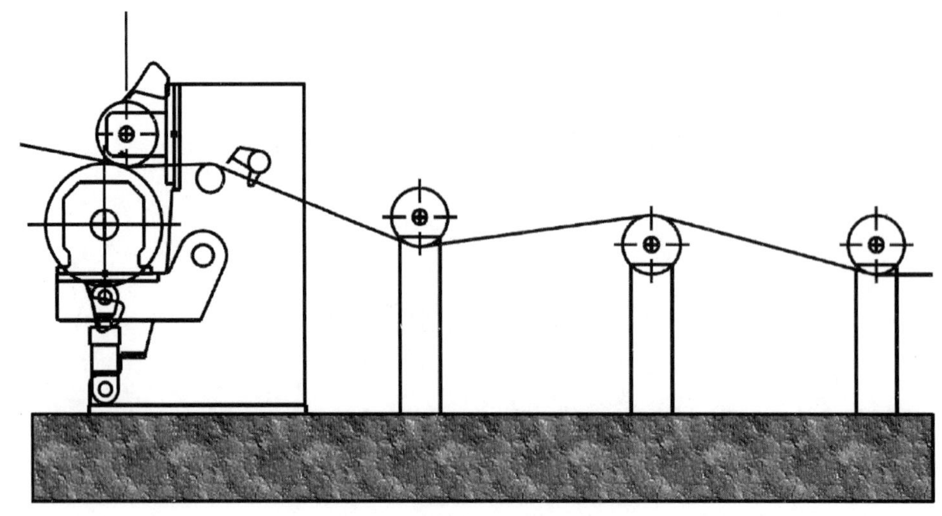

图 8.1.2　某纸机的压光机（侧立面）

复卷机是为了使纸页张紧度更加均匀，而对纸机生产线上已形成的纸卷进行重新绕卷的机器，可以沿纸机延长线布置，也可以另外选择区域布置。复卷机的车速通常都比纸机大，一般都在 2000m/min 以上，有的可达 3000m/min，图 8.1.3 是某复卷机的侧立面示意图。

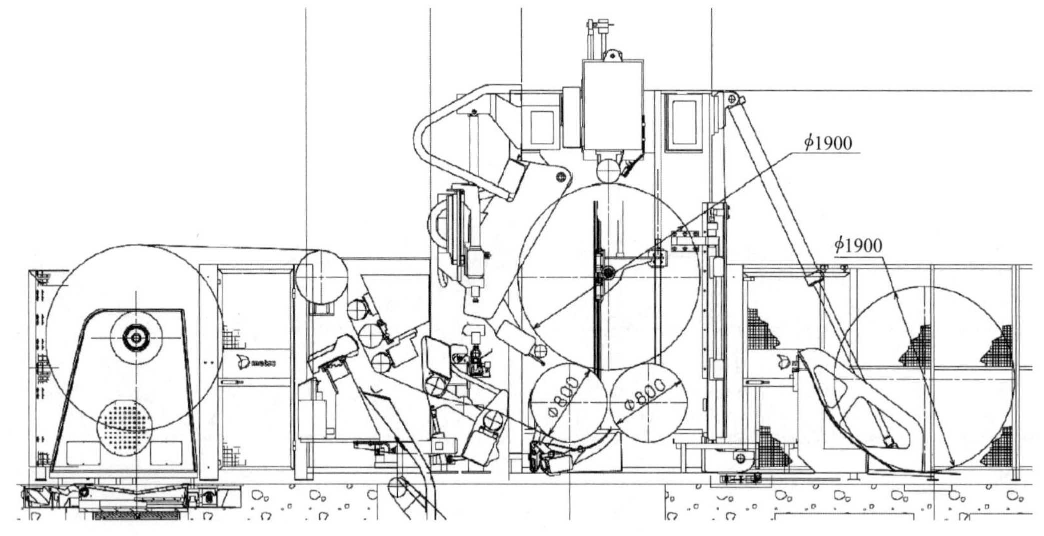

图 8.1.3　某复卷机（侧立面）

纸机和复卷机中包含有众多的旋转部件，如压榨辊、成型辊、导辊等各类辊，以及各种类型的烘缸和纸卷。在纸机以恒定车速运行时，各旋转部件的转速实际上取决于其自身直径。旋转部件的直径一般为 500～2000mm，有些特殊纸机的直径还会更大。在线绕卷的纸卷是一个特殊的旋转部件，其直径会随着纸页的卷入或退出连续改变，因此其转速也就会相应地连续改变，纸卷卷满时其旋转速度变慢但直径往往很大，有的会超过 3m。

纸机的驱动装置（行业内称为传动系统）是各类电机，一般独立于纸机本体布置在厂房的楼盖上，以避免相互之间的振动干扰。因此对纸机及其基础系统进行振动分析时，通常不需要考虑传动系统的影响，传动系统的振动荷载可以参照标准第 4 章旋转式机器中的相关规定和要求确定。

二、纸机复卷机及其基座的结构形式和振动分析要求

纸机各组成部分均由上部机架和下部钢筋混凝土框架式基座组成。在沿纸页运行方向的两侧布置有两榀钢框架，作为纸机机器单元的主构架，各旋转部件都是支承在这两榀主构架上，构架的高度一般为 6～15m，支承在 6～7m 高的钢筋混凝土框架式基座上。各分部通常均为独立的结构单元，仅有纸页相连，以避免各单元之间的相互振动干扰，并减小温度作用影响。因此，可以将每个组成分部分别作为一个独立的、由设备机架与钢筋混凝土框架式基座组成的体系。

体系的振动荷载是各旋转部件质量偏心所产生的离心力，对应于某一恒定的纸机车速，这些振动荷载均为简谐作用。

在对结构支承体系进行承载能力和正常使用极限状态的计算时，振动荷载的影响通常可以采用动荷载系数的方式来加以考虑，动荷载系数作为结构设计的技术条件，由设备供应商或工艺专业提供。

但当纸机车速较大时，体系中过大的振动响应可能导致机器部件的磨损加剧、某些仪器仪表不能正常工作，甚至影响产品质量不能达标，因此需要进行振动分析计算，确保其动力响应不超过规定的限值，并控制体系的自振频率避开主要振动荷载的频率范围，以避免体系在纸机设计车速的区间范围内产生共振。

工艺设计通常会对振动分析提出以下控制要求：体系竖向自振频率必须避开规定范围，以避免体系在纸机正常运行车速区间的竖向共振；干燥部横向自振频率必须避开规定范围，以避免该体系在纸机正常运行车速区间的横向共振；钢筋混凝土框架式基座顶面，或工艺要求的其他特殊部位，其振动响应（通常控制位移和速度）不得超过规定的限值。

现行的《制浆造纸厂设计规范》GB 51092—2015 中规定，对于车速大于 1000m/min 的纸机，应该进行振动分析计算。

三、国内对纸机复卷机进行振动分析的历史发展和现状

由于高速纸机通常都是从国外引进，该项振动分析过去一般由国外的设备供应商负责，并按其分析结果给出框架式基座的设计要求，如框架梁柱的布置和截面尺寸等。

中国轻工业长沙工程有限公司在 2002 年承接了第一项高速纸机系统的、完整的振动分析，参照《动力机器基础设计规范》中的基本理论基础，建立由钢筋混凝土框架基座（包括基座柱的筏板）和设备机架组成的有限元结构模型，并采用弹簧阻尼器模拟地基影响，其中机架模型和机器的振动荷载由设备制造厂提供。

所进行的振动分析包括模态分析和振动响应分析。

模态分析旨在满足系统对自振频率的限制要求，以避免体系发生超过预期的共振。按照模态分析的结果，对支承纸机的钢筋混凝土基座中某些构件的设置做了修改和调整，以满足对体系自振频率的限制要求。

振动响应分析则是为了控制体系中规定部位的动力响应不超过工艺要求。当时实际的分析结果反映体系某些部位的振动响应超过、甚至大大超过了工艺专业所提出的限值，并且通过反复试算，证明单靠钢筋混凝土基座的调整已不能解决这样的超常振动。为此与设备制造厂进行了沟通磋商，由制造厂对设备机架进行了适当的修改，在某些关键部位增设

了减振阻尼。项目建成后，系统的动力反应很好地满足了工艺生产的要求。

随后中国轻工业长沙工程有限公司相继完成了 20 余项纸机和复卷机的振动分析，通过模态分析控制体系的自振频率，通过振动响应分析控制体系的动力响应满足工艺生产要求，必要时会同设备制造厂调整基座或支架的结构布置，或采取适当的减振措施。

如此可见，对于中高速纸机进行振动分析是十分重要的，尤其是随着我国制造水平的提高，中高速纸机正在逐步走向国产化，规范纸机系统的动力分析过程，就其模型建立、分析方法和振动荷载的确定，提出相应的规定和要求，十分必要。

本标准结合这种振动分析的基本要求，就振动荷载的计算和取值做出了相应规定。

图 8.1.4～图 8.1.6 为某纸机压榨部的振动分析模型示意图。

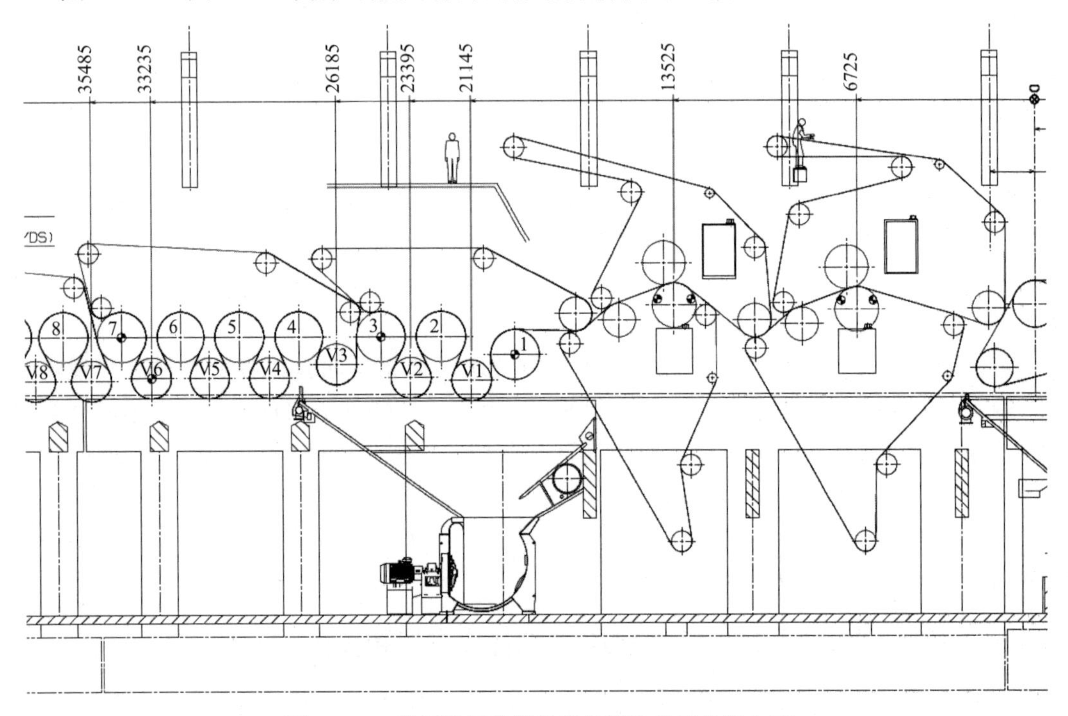

图 8.1.4　某纸机压榨部机器机架和基座的侧立面

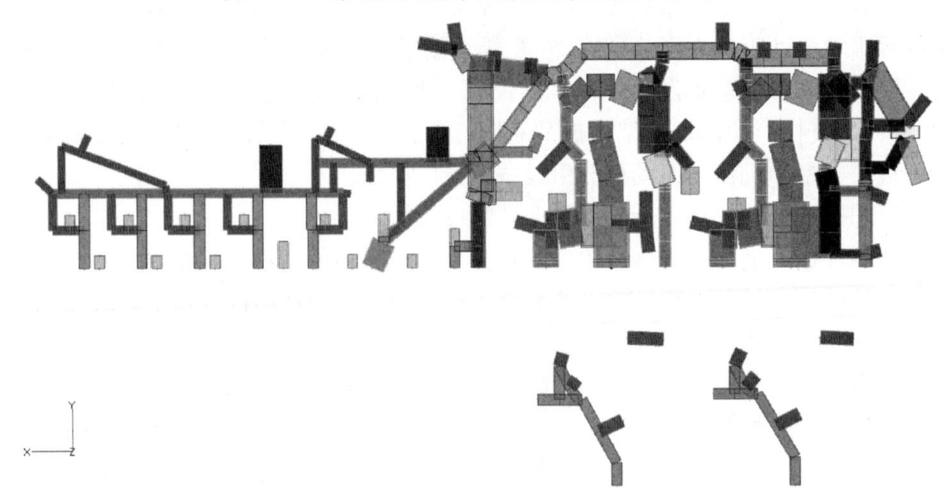

图 8.1.5　某纸机压榨部的机架模型

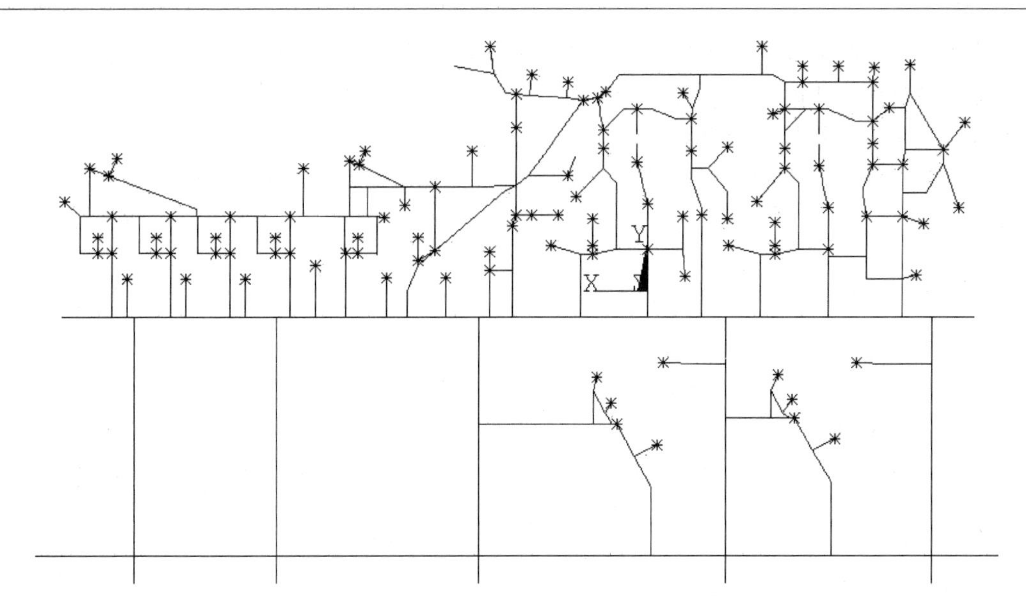

图 8.1.6　某纸机压榨部的振动分析整体模型

四、纸机复卷机的振动荷载计算

纸机和复卷机的振动荷载，是各类辊、缸和纸卷在线旋转时其质量偏心引起的离心力，该离心力作用于旋转部件的轴承中心。在标准中给出了单个旋转部件所产生振动荷载的计算公式：

$$F_{\mathrm{v}} = 0.5me\omega_{\mathrm{k}}{}^{2}\left(\frac{\omega_{\mathrm{n}}}{\omega_{\mathrm{k}}}\right)^{2} \tag{8.1.1}$$

由于振动荷载均由纸机或复卷机的两侧机架分担，因此计算时应取旋转部件质量 m 的一半。

计算所需要的偏心距 e，应由设备制造厂根据其辊、缸等机械部件的加工精度或动平衡等级确定，纸卷的偏心距决定于卷纸机、复卷机的卷纸质量，同样也应由设备制造厂根据其机器所能达到的性能目标确定。

标准中还给出了部分旋转部件的质量偏心距，详见表 8.1.1。这些数据来源于对欧洲一些纸机制造厂所提供设计资料的梳理和综合，基于机械的加工制造精度满足欧洲相关标准，其中复卷前的纸卷其纸页张紧度的均匀性比较离散，还可根据实际情况适当加大，建议可按照 4mm 采用。用于国内企业提供的设备时，应就其所能达到的制造加工精度或偏心距控制值作必要的沟通和确认。

旋转部件的质量偏心距　　**表 8.1.1**

旋转部件	偏心距（m）
背辊、胸辊	0.025×10^{-3}
卷纸辊、舒展辊、导辊	0.040×10^{-3}
带软包的挠度补偿辊	0.080×10^{-3}
复卷前的纸卷	2.000×10^{-3}
复卷后的纸卷	1.000×10^{-3}

体系的振动响应除了与纸机运行车速有关外，还与其自身的动力特性密切相关，因此在进行振动响应分析时，需要考察纸机从启动至达到设计车速的整个过程，通常可以采用对纸机车速按适当步长逐级计算系统振动响应的方式。

各旋转部件其外边缘的线速度大体等于纸机车速，其旋转角速度 ω_k 和 ω_n 均可按此原则计算确定。标准公式中采用加乘计算因子 $\left(\frac{\omega_n}{\omega_k}\right)^2$ 换算的形式，是考虑到一些制造厂可能会直接提供某些旋转部件对应于设计车速的偏心力 $me\omega_k{}^2$，采用这种方式表达能更好地反应计算关系、方便使用。

此外，计算某级车速下由纸卷产生的振动荷载时，还需要考察纸卷直径从最小到最大持续改变的整个过程，也就是说对应于某一级纸机车速，还需要对纸卷直径按照一定步长持续改变逐级分别计算体系的振动响应。

五、纸机复卷机多个旋转部件其振动响应的叠加

纸机每个组成分部和复卷机中，可能包含有多个直径各不相同的旋转部件，因此计算该分部的振动响应时，应按计算车速分别计算单个旋转部件的振动荷载，再叠加其振动响应，叠加计算时一般采用 SRSS 方法。

多个旋转部件振动响应的叠加，也可以采用时程曲线直接叠加的方法。由于各旋转部件在启动时其质量偏心的方向是随机的，这种随机偏心反映在振动分析中是其初始相位角的不确定，因此采用时程曲线直接叠加时，应以适当组合的方式考虑各旋转部件初始相位角的影响。

标准就单个旋转部件的竖向和水平向振动荷载给出的计算式为：

$$F_{vz} = F_v \cdot \sin(\omega t + \theta) \tag{8.1.2}$$

$$F_{vx} = F_v \cdot \cos(\omega t + \theta) \tag{8.1.3}$$

式中加入了初始相位角 θ，计算时一般可以按照 90°的级差进行适当组合。

第二节　磨　浆　机

一、磨浆机包含的主要装置和振动分析要求

磨浆机包括电机、齿轮箱和磨浆部，固定在钢筋混凝土制作的隔振惯性块上，惯性块下放置隔振垫，通过适当设定惯性块的尺寸、质量和动力特性，以及适当布置和设定隔振垫的相关参数，可以实现基本隔离电机、齿轮箱和磨浆部的振动作用，隔振垫以下的支承结构只需要进行相应的静力计算。

图 8.2.1 是某磨浆机、惯性块、隔振垫及基座的组成示意。

隔振垫以上的振动体系，仍然必须控制其动力响应不超过规定的限值，否则将可能导致电机、齿轮箱和磨浆部不能正常工作，或者产生不能接受的磨损甚至损坏。因此，通常需要对隔振垫及其以上部分组成的体系进行振动分析，以控制体系的自振频率不在规定的范围内，并且控制某些部位的振动响应（通常控制位移和速度）不超过规定的限值。

最终按照计算结果确定惯性块的尺寸、质量、动力特性以及隔振垫的布置和相关参数。

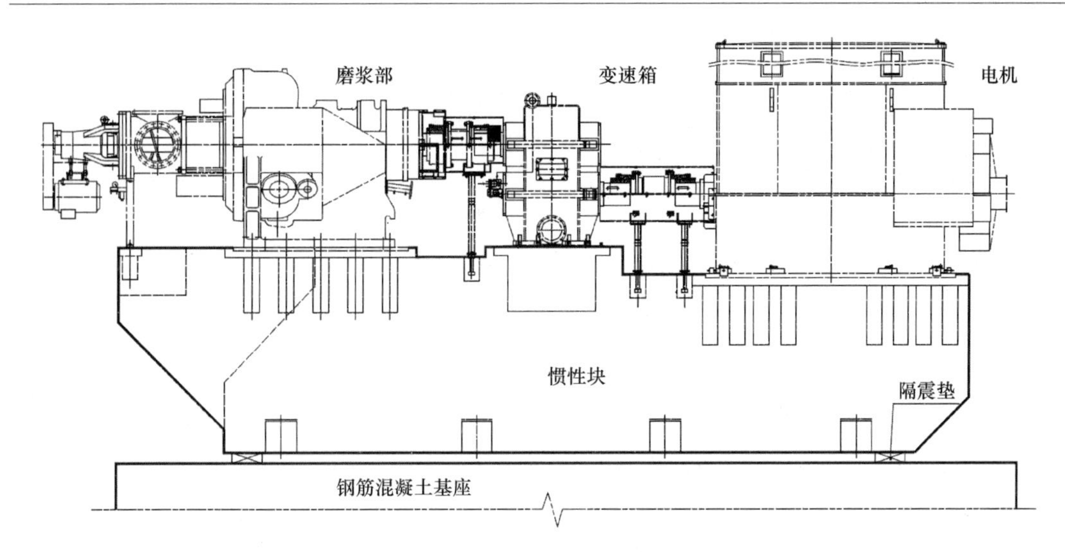

图 8.2.1 磨浆机及其基座

二、磨浆机的振动荷载计算

磨浆机的振动荷载，是电机、齿轮箱、磨浆部等在线旋转时因其质量偏心引起的离心力，作用于各旋转部件的质心位置。在标准中给出了各旋转部件所产生振动荷载的计算公式：

$$F_v = 0.5me\omega_k^2\left(\frac{\omega_n}{\omega_k}\right)^2 \tag{8.2.1}$$

$$e = \frac{G}{\omega_k} \tag{8.2.2}$$

偏心距 e 应由设备制造厂根据其机械部件的加工精度或动平衡等级确定。

按照相关行业的机械加工制造精度要求，这些旋转部件的动平衡精度等级 G 一般可以按照 2.5mm/s 采用，相应地根据旋转部件的转速可以计算得到偏心距 e。根据磨浆机生产运行的特点和安全性要求，振动分析时的计算范围宜取 1.1 倍磨浆机最大设计转速。

各旋转部件在启动时其质量偏心的方向是随机的，这种随机偏心反映在振动分析中是其初始相位角不确定，因此在对电机、齿轮箱、磨浆部引起的振动响应进行叠加时，应以适当组合的方式考虑其初始相位角的影响。

标准就单个旋转部件的竖向和水平向振动荷载给出的计算式为：

$$F_{vz} = F_v \cdot \sin(\omega t + \theta) \tag{8.2.3}$$

$$F_{vx} = F_v \cdot \cos(\omega t + \theta) \tag{8.2.4}$$

式中加入了初始相位角 θ，计算时一般可以按照 90°的级差进行适当组合。

三、磨浆机因意外断电和磨片脱落引起的瞬态振动荷载

磨浆机因意外断电和磨片脱落会产生很大的瞬态振动荷载，该类荷载应由设备制造厂直接提供。

第三节　纺织机械

纺织机械就是把纤维（天然纤维、化学纤维）加工成为纺织品所需要的各种机械设备。纺织机械按生产过程分类可分为纺纱机械、织造机械、染整机械、化纤机械和无纺布机械，其中，织造机械振动较大，本节以织造机械为研究对象。

织造机械（织机）又可以进行分类，按织物纤维分类可分为棉纺织机、毛纺织机、麻袋织机、丝绸织机等；按织造的引纬方法分类可分为有梭织机和无梭织机两大类。

一、梭织工作原理

在织机上经纱从织轴上退出，绕过后梁，穿过经停片、综眼和筘而到达织口，与纬纱交织形成织物。织物绕过胸梁，在卷取辊的带动下，经导辊后卷绕到卷布辊上。经纱与纬纱交织时，综框分别作上下运动，使穿入综眼中的经纱分成两层，形成梭口，以便把纬纱引入梭口。当纬纱引过经纱层后，由筘座上的筘把它推向织口。为了使交织连续进行，已制成的织物要引离工作区，而织轴上的经纱要进入工作区。要完成经、纬纱的交织，织机上必须有开口、引纬、打纬、卷取和送经五个基本动作，各由相应的机构来完成。

二、有梭织机

有梭织机是采用传统的梭子（木梭或塑料梭）引纬的织机，纬丝呈握持状态，这种引纬方式受原料品种、状态（并合数、加捻度）和梭口形状的影响较小，但梭子的体积大、分量重，被往来反复投射，机器振动大、噪声高、车速慢、效率低。有梭织机的通用性较差，分别以棉织机、毛织机、丝织机和麻织机加工不同纤维的织物。为适应所加工织物的特殊性，又有毛巾织机、纱罗织机、长毛绒织机、水龙带织机、麻袋织机、金属筛网织机等。

三、无梭织机

无梭织机的引纬方式是多种多样的，有剑杆、喷射（喷气、喷水）、片梭、多梭口（多相）和编织等方式。无梭织机中的剑杆织机和片梭织机，依靠剑杆头和片梭完成引纬，纬丝呈半握持状态，这种引纬方式受原料品种、状态和梭口形状的影响也较小。无梭织机中的喷气织机和喷水织机，依靠气流束和水流束引纬，纬丝飞行呈自由状态，这种引纬方式受原料品种、状态和梭口形状的影响较大。

无梭织机共同的基本特点是将纬纱卷装从梭子中分离出来，或是仅携带少量的纬纱以小而轻的引纬器代替大而重的梭子，为高速引纬提供了有利的条件。在纬纱的供给上，又直接采用筒子卷装，通过储纬装置进入引纬机构，使织机摆脱了频繁的补纬动作。采用无梭织机进行织造，可以增加织物品种、调整织物结构、减少织物疵点、提高织物质量、降低噪声和改善劳动条件。无梭织机车速高，通常比有梭织机效率高4～8倍，可以大幅度提高劳动生产率。

1. 剑杆织机

剑杆织机工作时，用剑头夹住纬纱，将纬纱引入、引出梭口，引纬运动是约束性的，纬纱始终处于剑头的控制之下。剑杆织机的引纬方式有刚性、柔性及可伸缩式。剑杆织机除了适宜织造平纹和纹路织物外，其特点是换色方便，适宜多色纬织物，适用于色织、双层绒类织物、毛圈织物和装饰织物的生产。刚性剑杆织机引纬系统的最大优点是积极将纬纱传递到织口中心而不需要任何引导装置，刚性剑杆织机占地面积小，但筘幅宽度有一定的限度。柔性剑杆织机引纬系统的适应性强，应用范围广，引纬率显著增加，筘幅宽可达460cm。随着现代控制技术的发展以及引纬和打纬机构的不断改进，并且结合高速电子臂、电子提花开口机构，使得剑杆织机的车速不断提高（可达750r/min），可称为“万能织机”。

2. 喷气织机

喷气织机工作时，用喷射出的压缩气流对纬纱进行牵引，将纬纱带过梭口。其工作原理是利用空气作为引纬介质，以喷射出的压缩气流对纬纱产生摩擦牵引力进行牵引，将纬纱带过梭口，通过喷气产生的射流来达到引纬的目的。这种引纬方式能使织机实现高速高产。在几种无梭织机中，喷气织机是车速最高的一种，由于引纬方式合理，入纬率较高，运转操作简便安全，具有品种适应性较广、机物料消耗少、效率高、车速高（可达1000r/min）、噪声低等优点，其筘幅宽可达230cm，适用于平纹和纹路织物、细特高密织物和批量大的织物的生产。由于喷气织机采用气流引纬方式，最大的缺点是能量消耗较高，因此，采取措施降低能耗是其发展方向。

3. 喷水织机

喷水织机工作时，用水作为引纬介质，以喷射水流对纬纱产生摩擦牵引力，使固定筒子上的纬纱引入梭口。喷水织机具有车速高（可达1000r/min）、单位产量高、能耗低、设备投资小等特点，其筘幅宽可达360cm。为了适应高速运转的要求，喷水织机的发展方向是采用高刚性机架结构、短动程的连杆打纬机构、打纬平衡设计，这样可以减少振动。喷水织机对长纤维的引纬状态比喷气织机好，但水流束造成梭口近区的经丝和织物湿润，只有疏水性纤维才能适应。在疏水性织物织造领域，喷水织机应用范围非常广泛，织物品种更丰富，主要适用于表面光滑的疏水性长丝化纤织物的生产，如衬里布、服装面料、装饰织物、羽绒布、遮光布、金属丝织物等。

4. 片梭织机

片梭织机工作时，用带夹子的小型片状梭子（片状夹纬器，或称片梭）夹持纬纱，投射引纬。片梭织机的引纬速度高，对织物品种的适应性强，可织制阔幅织物，机器噪声较低，工作宽度可达545cm，具有引纬稳定、织物质量优、纬回丝少等优点，适用于多色纬织物、细密、厚密织物以及宽幅织物的生产，如棉、毛、化学纤维等纯纺和混纺织物。片梭织机与一般有梭织机的不同处在引纬、打纬与织边三个部分。片梭织机一直以现代电子技术与精密制造技术的完美结合而享誉世界，在相当长的一段时间内，片梭织机的综合性能一直优于其他机种，但剑杆、喷气技术的快速发展，对片梭的冲击很大。

5. 多梭口（多相）织机

多梭口织机是同时形成多个梭口、用多只引纬器引入多根纬纱的织机。因相邻两梭口存在同样的相位差，多梭口织机也称多相织机。由于多梭口织机能同时引入多根纬纱，在织制中使引纬成为连续过程，克服了有梭织机和无梭织机每次引入一根纬纱间歇引纬的缺点。因此，多梭口织机是新一代的低速高产织机，但补纬动作频繁，要求机械动作精确可靠，对纱线质量的要求也高。多梭口织机的每根纬纱的飞行速度很低，但因多相同时引纬，最大引纬率可达5400m/min，因此产量比单相喷气织机高出3～4倍。多梭口织机只有经纱定位杆进行微小的往复运动，其余都是回转运动，机器运转非常平稳。

四、织机振动荷载

尽管无梭织机是纺织业发展的大趋势，但我国目前仍有一定数量的有梭织机，因此，标准仍列出了有梭织机的振动荷载，这些荷载值是根据实测值来综合确定的。有梭织机的投梭和打纬部分发出的噪声是影响人们身体健康的有害声源，也是机器产生振动的根源。在有梭织机的打击和冲击件上添加衬垫缓冲材料，可以起到衬垫和缓冲作用，将这些简易降低声噪措施应用于有梭织机上，可有效降低有梭织机的噪声和机器振动，这些措施简单易行，但效果较好。

无梭织造技术自 19 世纪起就着手研究，自 20 世纪 50 年代起逐步推向国际市场。自 20 世纪 70 年代以来，许多新型的无梭织机陆续投入市场。由于无梭织机的结构日臻完善，选用材料范围广泛，加工精度越来越高，加上世界科技发展，电子技术、微电子控制技术逐步取代机械技术，无梭织机的制造是冶金、机械、电子、化工和流体动力等多学科相结合，集电子技术、计算机技术、精密机械技术和纺织技术于一体的高新技术产品，因此，无梭织机在世界各国被广泛采用，出现了以无梭织机更新替代有梭织机的大趋势，而且，机电一体化（指机械、微电子和信息技术的有机融合）、连续引纬（相比断续引纬，连续引纬可以实现低速高产）是无梭织机发展的必然趋势。由于无梭织机发展很快，而且品种繁多，因此，在没有取得各类无梭织机品牌的实测资料之前，标准除仅给出部分剑杆织机的振动荷载外，其他各类无梭织机品牌均暂未给出其对应的振动荷载，其振动荷载值应根据各自产品说明书提供的数据确定。

影响织机的振动有很多因素，如织机的使用时间、织机的车速、生产工艺（纬密、织物的线密度和半经验的织物结构指数）等。对经常连续维修的织机，经纱向的振动一般与使用时间无关，纬纱向的振动一般随使用时间的延长而有所降低。织机的振动一般随车速的提高而加大，因此，标准给出了车速变化时其对应振动荷载的换算公式，这一公式也是国内外普遍采用的换算公式，通过实测同一型号织机在不同车速下的振动荷载值，其比值关系与该公式的计算结果是基本一致的。织物结构对织机的振动也有影响，织物纬密的变化会影响经纱向的振动，织物线密度的变化会改变纬纱向的振动。标准给出的织机振动荷载值是在实测值的基础上，考虑了上述各种因素对织机振动的影响，并参考国外有关实测资料及实际工程设计经验，综合归纳而得出的，其值一般稍大于实测值，以适应其通用性。

织机振动荷载的作用点位置，应取织机车脚的几何中心。实际上，织机的振动荷载是作用在织机的四个车脚上的，就单台织机而言，实际工程设计中，可将织机四个车脚在三个方向上的振动荷载等效为三个方向上的合力，作用在织机四个车脚的几何中心处。标准给出的振动荷载就是织机在纬纱方向、经纱方向和竖向这三个方向上各车脚振动荷载的等效合力。工程设计时如有需要，也可将标准给出的竖向振动荷载分配到织机的各车脚上，分配原则是：

1. 织机前面（布辊侧）二个车脚的竖向振动荷载分量值均为表列数值的一半；
2. 织机后面（织轴侧）二个车脚的竖向振动荷载分量值均为表列数值的一半；
3. 织机前二车脚竖向振动荷载分量的作用方向与织机后二车脚竖向振动荷载分量的作用方向正好相反。

第九章　金属切削机床

第一节　机床的分类

机床品种规格繁多，并有多种分类方法。

按加工方法和所用刀具主要分为：车床、铣床、钻床、刨床、磨床、镗床、齿轮加工机床、螺纹加工机床、拉床、锯床和其他机床等。在每一类机床中，又按工艺范围、布局形式和结构性能分为若干组，每一组又分为若干个系列。

按重量和尺寸分为：仪表机床、一般机床、大型机床（重量大于 10t）、重型机床（重量在 30t 以上）和超重型机床（重量在 100t 以上）。

按机床的万能性程度分为：通用机床（万能机床）、专门化机床和专用机床。通用机床（万能机床）可以加工多种零件的不同工序，加工范围较广，通用性较大，但结构比较复杂，主要适用于单件小批量生产。如卧式车床、万能升降台铣床、万能外圆磨床等。专门化机床的工艺范围较窄，只能用于加工不同尺寸的一类或几类零件的一种（或几种）特定工序。如曲轴车床、凸轮轴车床等。专用机床的工艺范围最窄，通常只能完成某一特定零件的特定工序。如加工机床主轴箱体孔的专用镗床，加工机床导轨的专用导轨磨床等。它是根据特定的工艺要求专门设计、制造的，生产率和自动化程度较高，适用于大批量生产。

按机床的工作精度分为：普通精度机床、精密机床和高精度机床。

按机床主要工作部件的数目分为：单轴机床、多轴机床、单刀机床或多刀机床等。

按自动化程度不同，可分为：普通机床、半自动机床和自动机床。

按加工过程的控制方式分为：普通机床、数控机床、加工中心和柔性制造单元等。

加工中心是由机械设备与数控系统组成的用于加工复杂形状工件的高效率自动化机床。加工中心分数控机床和刀具自动交换装置两大部分。加工中心按加工工序分为镗铣和车铣；按控制轴数分为三轴加工中心、四轴加工中心、五轴加工中心；按主轴与工作台相对位置分为卧式加工中心、立式加工中心、万能加工中心（又称多轴联动型加工中心）（图 9.1.1）。

金属切削机床种类虽然很多，但最基本的是按机床的主要加工方法，所用刀具及其用途分为车床、铣床、钻床、刨床、磨床五种，其他各种机床都是由这五种机床演变而成。

车床是机械制造中使用最广的一类机床，主要用车刀对旋转的工件进行车削加工。包括仪表车床、自动车床、立式车床、仿形车床、卧式车床、马鞍车床及数控车床等几种类型（图 9.1.2）。

铣床是用铣刀进行切削加工的机床，可加工平面、沟槽、多齿零件上的齿槽、螺旋形表面及各种曲面，用途广泛。由于铣削是多刃连续切削，生产率较高。铣床包括滑枕铣床、龙门铣床、平面铣床、仿形铣床、圆工作台铣床、升降台铣床、回转头铣床、悬臂铣床、摇臂铣床、床身铣床、数控铣床等（图 9.1.3）。

钻床是用钻头在工件上加工孔的机床，通常用于加工尺寸较小、精度要求不太高的孔，可完成钻孔、扩孔、铰孔以及攻螺纹等工作。钻床包括深孔钻床、摇臂钻床、台式钻床、立式钻床、卧式钻床、铣钻床、多轴钻床、数控钻床等几种类型（图 9.1.4）。

图 9.1.1　卧式加工中心

图 9.1.2　立式车床

图 9.1.3　铣床在加工齿槽

图 9.1.4　摇臂钻床

刨床是用刨刀对工件的表面、沟槽或成形表面进行刨削的机床。在刨床上可以刨削水平面、垂直面、斜面、曲面、台阶面、燕尾形工件、T 形槽、V 形槽，也可以刨削孔、齿轮和齿条等。使用刨床加工，刀具简单，但生产率较低，主要用于单件、小批量生产，在大批量生产中往往被铣床所代替。刨床包括龙门刨床和牛头刨床两种类型（图 9.1.5）。

磨床是利用磨料磨具对工件表面进行磨销加工的机床。大多数磨床是使用高速旋转的砂轮进行磨销加工。磨床广泛应用于零件的精加工，尤其是淬硬零件、高硬度特殊材料及非金属材料的加工。磨床的种类很多，主要有外圆磨床、内圆磨床、平面磨床、端面磨床、工具磨床、刀具刃磨床及各种专门化磨床（图 9.1.6）。

图 9.1.5　龙门刨床

图 9.1.6　平面磨床

第二节　机床加工过程中的振动问题

一、机床振动的形式

金属切削过程中，工件和刀具之间常常发生振动，这是一种破坏正常切削过程的有害现象。当切削振动发生时，工件表面质量恶化，粗糙度增大，产生明显的表面振痕。振动严重时，使加工过程无法进行下去。同时，振动将加速刀具和机床的磨损，从而缩短刀具和机床的使用寿命。此外，机床振动产生的噪声刺激操作工人，引起疲劳，使其工作效率下降；严重者还会危害工人的健康。因此，应分析研究机床的振动规律，并采取措施，尽可能地加以限制。

机床振动和其他机械振动一样，按其产生的原因可分为自由振动、受迫振动和自激振动三大类。

1. 自由振动

自由振动是在系统受到一个外界干扰力后，靠系统本身的弹性恢复力维持的振动。自由振动通常是通过地基传来的冲击引起的，或是由于往复运动的部件快速反向所引起。

机床是一多自由度系统，机床自由振动是包含多个频率成分的复杂振动，一般可迅速衰减，对加工过程影响较小。

2. 受迫振动

机床受迫振动是传动机构中的不平衡力，断续切削的冲击力，工件材质不均匀造成的动态切削力等多种形式的干扰力对机床结构持续作用的结果，机床受迫振动的频率即是干扰力的激振频率，与系统的固有频率无关。

3. 自激振动

自激振动是由机床-刀具-工件系统本身所产生，一般是由切削过程的动态不稳定、导轨上运动质量的动态不稳定或液压伺服机构的动态不稳定等原因造成的。自激振动可根据其振幅突然增长的特点来加以识别。在产生这种类型的振动时，工件通常会报废。

自激振动与受迫振动相同，是一种不衰减的振动。自激振动的频率等于或接近于系统的固有频率，是由振动系统本身的参数所决定。自激振动能否产生以及振幅大小，决定于每一振动周期内系统所获得的能量与所消耗的能量对比情况，只要停止切削过程，即使机床仍继续空运转，自激振动也停止了。所以，可以通过切削实验来研究工艺系统的自激振动。同时，也可以通过改变对切削过程有影响的工艺参数来控制切削过程，从而限制自激振动的产生。

二、机床振动产生的原因

1. 机床受迫振动产生的原因

机床的受迫振动是在外激振力扰动下所激发的振动，机床工作时虽在很多情况下会遇到受迫振动，但一般来说，受迫振动只有对精加工的机床，特别是磨床、精密镗床和精密车床等影响较大。至于其他机床，只有当外激振力的频率接近于机床系统或其某一主要部件的固有频率，即有可能发生谐振时，才是较危险的。产生受迫振动的原因分工艺系统内部和外部两方面。

内部振源：各个电动机的振动，包括电动机转子旋转不平衡引起的振动；机床回转零件的不平衡，例如砂轮、皮带轮或旋转轴的不平衡引起的振动；运动传递过程中引起的振动，如齿轮啮合时的冲击，皮带轮圆度误差及皮带厚薄不均引起的张力变化，滚动轴承的套圈和滚子尺寸及形状误差，使运动在传递过程中产生了振动；往复部件的冲击；液压传动系统的压力脉动；切削时的冲击振动，切削负荷不均引起切削力的变化而导致的振动。

外部振源：其他机床、锻锤、火车、卡车等通过机床地基传给机床的振动。

（1）由地基振动引起的机床振动

地基振动程度的大小取决于两个因素：一是由临近设备和通道运输所引起的振动的强度；二是土壤、楼板和建筑物承载结构的谐振特性。通常可近似地认为地基振动属于周期性扰动，是一种频率范围很宽的振动。

（2）高速回转的机床不平衡部件和工件所引起的振动

当机床的回转运动传动装置工作时，最强烈的受迫振动振源就是不平衡元件高速回转时所产生的激振力。

在磨床上，除了砂轮和电动机转子不平衡会引起振动外，还有由于电动机定子和转子间空气间隙不均匀以及定子绕组不对称形成电磁力不规律性所引起的振动。

（3）机床传动机构的缺陷所引起的振动

制造不精确或安装不良的齿轮所产生周期性的力而传到机床的回转或移动部件上，并在一定条件下可能成为受迫振动的振源。

皮带传动中平皮带的接头、三角皮带制造上的缺陷、轴承滚动体的不均匀、液压传动中由于油泵工作所造成的油压脉动，都会引起受迫振动。

（4）切削过程的间歇特性所引起的振动

在许多情况下，加工方法本身导致切削力的周期性变化，这种变化是由于刀齿间歇地依次工作而引起的，属于这种振动的有铣刀和拉刀的工作，以及周边磨钝不匀的砂轮的工作等。

在铣削加工时，一个周期性变化的切削力作用在铣刀上，在间断切削时这个力的峰值是很高的，从而使铣床主轴系统承受更大的负荷。

此外，加工断续的工件表面常会发生冲击。若被加工部件与间断部分有节奏地交替时，就可能产生周期性的力，从而引起受迫振动。

（5）往复运动的机床部件的惯性力所引起的振动

具有往复运动部件的机床中，最强烈的振源就是部件改变运动方向时所产生的惯性力。

磨床工作台变向时加速度的变化情况表明：随着工作台运动速度、系统中的摩擦和液压系统调整情况的变化，加速度脉冲的形状也在相当大的范围内变化着。形状不同的脉冲的各种频率成分，甚至当它的大小和持续时间相同时，仍然使支撑件系统有不同的振动强度。

2. 金属切削时产生自激振动的原因

自激振动有许多类型，产生的机理很复杂，加之机床又有很多类型，其用途及结构的差异又很大，切削条件又各不相同。但各类机床的自激振动，都遵循着自激振动和金属切削原理的基本规律，即切削自激振动是由切削过程本身调节能量的转换，维持振动的进行。例如车削时，由于切削深度或切削截面的变化，引起切削力的变化，改变了切削的稳定状况，使机床振动系统获得能量时产生振动，振动的结果又改变了刀具和工件之间的相对位移，反过来又影响切削过程，如此循环振动不止，系统不断地从电机获得能量，维持自激振动的进行。

第三节　金属切削机床的振动荷载

一、机床的振动特征

各种类型的金属切削机床，由于各自的工作运动不同，因而在机床整体结构和部件组成方面有很大的差别，这就使它们的静态性能，特别是动态性能大为不同。

1. 车床类

车床的主要振动是切削时的自激振动即颤振。在加工细长轴类工件，用卡盘夹持加工工件，以及加工大直径工件时，车床多半发生颤振。

车床加工中最容易引起颤振的情况是：

（1）车削宽而薄的切屑，尤其是用宽刀或成形刀切入。因为切除这种切屑时，即使刀具与工件的相对振幅不大，也会造成切削截面的较大变化，从而产生激振力而引起颤振。

（2）所有切槽工序，尤其是切断工序。因为这些工序中刀具悬伸距较大，且有一个主刀刃和两个副刀刃同时进行切削，故切削时刀面上的摩擦力也比车外圆等工序大。

（3）切削截面很大的车削工序。例如在多刀车床上，由于同时有较多刀具参与切削，故切削截面积总和较大，机床常处于满载，机床的动态变形接近于极限状况，易于过渡到不稳定状态，故常会发生颤振。

受迫振动只有在高速切削车床和重型车床发生谐振的情况下，才会影响到加工质量。在大多数中等速度的车床上，受迫振动常常是离谐振频率范围较远的非高频振动，这种振动并不引起处于不同方位的结合面中的间隙的改变，故不影响车床的工作性能。

2. 铣床类

铣床的振动主要与切削过程有关，它包括由于铣刀齿间断切削和切削截面积变化所引起的受迫振动，以及由于切削力的变化所激发的颤振。

受迫振动的振幅取决于铣削宽度。卧铣时当铣削宽度与铣刀齿螺旋线齿距之比为整数时，则振幅最小。端铣时如接触弧长与齿距比为整数时，振幅也最小。

受迫振动的危险情况在发生谐振时。但铣床有时虽有谐振现象，但也不很明显。

颤振的频率通常与铣削用量无关，在切削速度相当宽的范围内保持常值，但当系统刚度和质量改变时则有明显变化。颤振的振幅大小不仅取决于铣削用量，而且还与其他工作条件有关。

3. 钻床类

当把工件安装在立式钻床的底座上进行钻孔工序时，机床立柱常发生肉眼也可看到的低频振动。在横臂钻床上钻孔时，在某一转速范围会发生颤振。

4. 刨床类

刨床振动主要因切削过程所引起，龙门刨床往往由于刀架和横梁导轨的刚度不够，以及横梁本身的刚度不够，而容易发生颤振。由于龙门刨床上常加工尺寸较大的工件，故加工表面相对于立柱和工作台的部位对发生颤振的边界条件也有显著的影响。

牛头刨床常因工作台导轨刚度不足，以及滑枕的压板与楔铁调整不好而引起振动。

5. 磨床类

磨床的主要振动是受迫振动，这种振动甚至在离谐振区域很远的速度下，也影响到表面光洁度。引起受迫振动的原因主要是由于电动机质量不好、砂轮不平衡和机床主轴轴承间隙较大等。

磨削时的颤振是磨削过程本身引起的，其原因在于：不合理地延长砂轮两次修整间的磨削时间；砂轮上有油污；砂轮选择不当等。在颤振条件下，振幅随着磨削时间的加长和砂轮磨粒的不断钝化而增大，并且随着磨削用量的不同而变化，一般来说，磨床颤振的振幅较小，其危害性不如受迫振动。

从影响加工精度和表面光洁度的观点来看，最不利的是砂轮主轴相对于砂轮架的振动、砂轮架相对于床身的振动以及工件相对于床身的振动。

二、机床振动荷载的特点

机床是一种旋转运动或往复运动型的机械设备，属于随机性振源，振源受概率支配。其振动过程则假设为平稳随机过程。其振动荷载对支承机床的楼盖结构来说，主要就是传给楼盖本身的竖向动荷载，它实质上是一种激振力。

机床在运转过程中产生的振动荷载是很复杂的，并且在整个加工过程中产生的振动荷载具有随机性。不同类型的机床，由于传动机构和工作原理的不同，产生振动荷载的因素也各不相同，并由各部件所处的不同方式的运动状态而定。正是由于机床振动的特点，其振动荷载要用理论计算是不切实际的，只能对各类机床进行实测，积累大量测试数据，经统计分析来确定各类机床的振动荷载值。目前，国内机床振动荷载所采用的试验测定法主要有直接测定法、撞击法、弹性支撑法、外激对比法、激振模拟法、偏心质量法等。试验测定法能较好地反映运转过程中各传动部件之间对扰力引起的综合影响。

三、机床振动荷载的测试分析

1. 机床振动荷载的剖析性试验

由于组成机床的各个部件在运转过程中均会产生振动荷载，而作用到支撑结构上的总振动荷载则是各部件振动荷载的合成。表 9.3.1、表 9.3.2 所列数据是对车床 CW6140 和磨床 M131W 进行各部件运转时产生振动荷载剖析性试验测得的数据。

CW6140 车床分部振动荷载试验　　　　**表 9.3.1**

部件 \ 测定	频率（Hz）	扰力（N）
电动机单开	—	36
电动机＋皮带	15	50
电动机＋皮带＋齿轮开动	15	97
电动机＋皮带＋齿轮＋起开动	15	97
同上＋冷却泵	15	81
全部开动并加工	15	129
全部开动加工时冲击	—	170

M131W 磨床分部振动荷载试验　　表 9.3.2

部件＼测定	频率（Hz）	扰力（N）
油泵单开	—	很小
油泵＋砂轮开动	25	76
油泵＋砂轮＋磨头	27	90
油泵＋砂轮＋磨头＋头架开动	27	93
同上＋工作台开动	27	99
同上＋冷却泵	27	103
全部开动并加工	25	113

由表 9.3.1 可知，CW6140 各部件运转时产生的振动荷载，分别占振动荷载的百分率为：电动机单开 28.5%，带传动 10%，齿轮开动 36.4%，走刀（空走）对振动荷载未发生多少影响，以上四项基本振动荷载占 75%左右，加工时所引起的振动荷载占 25%左右，当加工时发生某种冲击，此时振动荷载比正常加工要增大约 30%。从而可判断电动机、齿轮和加工是引起振动荷载的主要成分，而齿轮的不平衡所引起的振动荷载占据首位。

由表 9.3.2 可知，M131W 各部件运转时产生的振动荷载，分别占总振动荷载的百分率为：砂轮 67%，磨头 12.4%，工作台 5.3%，加工 8.8%，其他占 6%左右，加工引起的振动荷载小于 10%，主要是砂轮引起的振动荷载，这是由于砂轮在加工过程中不均匀的磨损，造成质量偏心距的不断增加所致。

2. 机床振动荷载的测试分析

由于采用试验方法确定机床的振动荷载较为可靠，因此，国内早在 20 世纪 60 年代就采用偏心质量法对机床的空转、加工和加设已知夹具质量与偏心距的对比测定，确定了某些机床的振动荷载，20 世纪 70 年代末，采用激振模拟法和对称偏心质量法，做了一定数量的试验测定，曾较系统地确定了各类机床中一些有代表性设备振动荷载的幅值。

试验表明，机床的振动一般在加工时大于空转时，冲击时大于加工时。对分析所得出的加工与空转振动荷载之比称为加工系数，机床在切削过程中出现的瞬时撞击或短暂脉冲振动，通过少量典型机床的剖析性试验，测得撞击时的最大振动荷载与正常加工的振动荷载之比称为冲击系数。振动荷载试验结果见表 9.3.3。

机床振动荷载试验结果　　表 9.3.3

型号	工作状态	主轴转速	扰力（N）		频率（Hz）
			激振模拟法	对称偏心质量法	
C616	空转 加工	690	—	176 244	—
	空转 加工	990	—	135 146	—
C620	空转 加工	600	113 115	—	—
CW6140	空转 加工 冲击	710	81 129 170	—	15

续表

型号	工作状态	主轴转速	扰力（N）		频率（Hz）
			激振模拟法	对称偏心质量法	
CW6140	空转 加工	570	38 74	—	10
	空转 加工	900	124 129	—	15
	空转 加工	560	—	82 86	—
C630-1	空转 加工	190 475	75 78	—	25
	空转 加工	380	55 104	—	25
M7120	空转 加工	1500	32 45	—	25
M7130	空转 加工	1440	85 90	—	—
M120W	空转 加工	2500	69 88	—	42
M131W	空转 加工 冲击	1440	90 — 282	—	24
M131W	空转 加工 冲击	1440	103 113 410	—	25
X53K	空转 加工 冲击	480	96 199	—	—
X52K	空转 加工	1180	40 85	—	20
	空转 加工	600	126 279	—	20
	空转 加工	1180	74 138	—	20
	空转 加工 冲击	600	72 119 242	—	16
X60W	空转 加工	420	100 103	—	—
X62W	空转 加工 冲击	600	51 124 148	—	25
X634W	空转 加工	1500	29 36	—	—

续表

型号	工作状态	主轴转速	扰力（N）		频率（Hz）
			激振模拟法	对称偏心质量法	
XB126	空转 加工	600	—	54 58	—
B6050	空转 加工	51	159 360	—	30
	空转 加工	64	186 444	—	30
	空转 加工 冲击	80	223 534 1010	—	30
B665	空转 加工	36.5	234 249	—	19.5
	加工	36	—	207	19.5

3. 机床振动荷载的设计取值

根据对收集到的各类机床振动荷载的试验数据进行统计分析，并考虑机床的完好程度、加工工件大小、形状、加工材料强度的高低、切削速度的快慢等，并考虑加工过程中的冲击影响，对同类分组进行数理统计分析，得到机床振动荷载具有 95%以上保证率的各类机床的振动荷载如表 9.3.4～表 9.3.7 所示。

车床振动荷载 **表 9.3.4**

车床型号	CG6125 CM6125	CW6140A C616 C620	C336K C630
振动荷载（kN）	0.130～0.260	0.260～0.325	0.325～0.390

铣床振动荷载 **表 9.3.5**

铣床型号	X60 X8126	X61 X6100 X62W	X63W X64W X51K	X52K X53K
振动荷载（kN）	0.18～0.36	0.36～0.45	0.45～0.54	0.54～0.63

刨床振动荷载 **表 9.3.6**

刨床型号	B5032 B635	B650 B6050	B690
振动荷载（kN）	0.60～1.00	1.00～1.40	1.40～2.00

磨床振动荷载 **表 9.3.7**

磨床型号	M1010 MGB1420	M7120A M7130 M2110 M2120	M1040 M1080	M120W M130W M131W
振动荷载（kN）	0.16～0.32	0.32～0.40	0.40～0.48	0.48～0.56

钻床的振动荷载，可根据钻床的完好程度、钻件的厚度、钻进速度的快慢等因素，取0.10～0.20kN。对于加工中心，其振动荷载可按相同加工功能的同类机床取值；多种加工功能振动荷载不相同时，可取较大值。

第四节　机床振动的防止和消减

一、机床的允许振动

由上节机床的振动荷载可知，机床运转时，传给楼面的垂直振动荷载与机床的结构特点、零件加工的工艺参数、楼面的动态性能和楼盖刚度有关。对于中小型机床，虽然运转加工时的振动能量较小，但由于楼盖的垂直刚度比水平刚度和地面刚度要小得多，因此，其所引起的楼盖垂直振动将影响到精密加工设备和精密仪器仪表的正常使用。当布置在楼层上时，振动可能影响到周围的精密设备。测试表明，振动对楼层上的精密车床、磨床、镗床、铣床等设备的加工精度可能降低1～2级，甚至达不到合格要求，严重时还会使精密设备降低使用寿命，甚至损坏。因此，许多工厂在生产过程中，常将精密加工设备、精密仪器、仪表的使用时间与有影响的振源设备交替错开，改在夜间使用，造成使用上的不便。

为保证生产的顺利进行，金属切削机床的竖向振动不应超过表9.4.1中数值。

金属切削机床基础在频域范围内1/3倍频程的竖向允许振动值　　表9.4.1

金属切削机床精度等级	竖向允许振动速度均方根值（mm/s）	对应频率（Hz）
Ⅰ	0.07	3～100
Ⅱ	0.10	
Ⅲ	0.20	
Ⅳ	0.30	
Ⅴ	0.50	
Ⅵ	1.00	

注：金属切削机床的精度等级应按现行国家标准《金属切削机床精度分级》GB/T 25372的规定确定。

二、防止和消除机床振动的方法

机床加工中出现振动影响加工质量时，要根据振动产生的原因、运动规律和特性来寻求控制的途径。首先要判断振动的类型，振动频率与干扰作用频率相同，并随干扰作用频率的改变而改变，随干扰作用的去除而消失的为受迫振动；振动频率与系统固有频率相等或相近，机床转速改变时振动频率不变或稍变，随切削过程停止而消失的是自激振动。

对于受迫振动，由于是由外界周期性干扰力引起的，因此，为了消除受迫振动，应先找出振源，然后采取适应的措施加以控制。消除和抑制受迫振动的措施主要有：（1）对于附近机械传来的振动，可通过改进机床传动机构，进行消振与隔振；（2）对于机床内部的干扰振源，可通过消除回转零件的不平衡来消除；（3）提高传动件的制造精度；（4）提高系统刚度；增加阻尼提高机床、工件、刀具和夹具的刚度都会增加系统的抗振性，增加阻尼是一种减小振动的有效办法；（5）调整工艺系统的固有频率，避开共振区；根据受迫振动的特性，一方面是改变激振力的频率，使它避开系统的固有频率，另一方面是在结构设计时，使工艺系统各部件的固有频率远离共振区。

自激振动与切削过程本身有关，也和工艺系统的结构性能有关。控制自激振动具体可采取以下措施：(1) 合理选择切削用量；在切削过程中，切削速度在较低和较高的范围内切削稳定性都较好，当切削过程发生振颤时，不一定非要降低切削用量，在条件许可的情况下，可以增大切削速度或增大走刀量，这样既避免了振颤，又提高了生产率；(2) 合理选择刀具的几何参数；(3) 提高机床、工件、刀具自身的抗振性。

当采用上述措施仍然达不到消振的目的时，可考虑采用减振装置消除振动。减振装置可吸收或消耗振动时的能量，达到减振的目的。它对抑制强迫振动和颤振同样有效，是提高工艺系统抗振性的一个重要途径，具体可参考有关手册的内容。

第十章 振 动 台

第一节 概 述

振动试验台主要应用于航天、航空、兵器、电子、船舶、汽车和建筑等领域。液压振动台、电动振动台和机械振动台是常用的三种振动试验台。随着技术的发展，液压振动台和电动振动台应用较多，而机械振动台最近几年的使用在减少，为了全面反应振动台振动荷载条件，本标准将机械振动台的技术指标也列入其中。

振动台是一种振动环境试验的专用力学环境试验设备。振动试验台在振动环境模拟试验或产品耐久性试验时，会产生较大振动作用于地基基础上。振动台的振动过大不仅会影响试验精度和效果，也可能对周边环境的舒适性造成不良影响，严重的还会影响振动台的基础工程或周边建筑的安全。因此，在进行振动台基础工程设计时，需要了解振动荷载条件。

常用的振动台包括液压振动台、电动振动台以及机械振动台等类型。参照有关产品技术标准有：《液压振动台》GB/T 21116，《电动振动台》GB/T 13310，《机械振动台　技术条件》GB/T 13309 等。

振动台的工作原理包括液压式、电动式、机械式（偏心轮式、曲柄连杆式和旋转离心式）等，振动荷载可以是周期振动、随机振动、扫频激励以及冲击振动等。振动台荷载形式几乎可以涵盖大多数振动机械的效果。三种振动试验台的适用范围示意如图 10.1.1 所示。

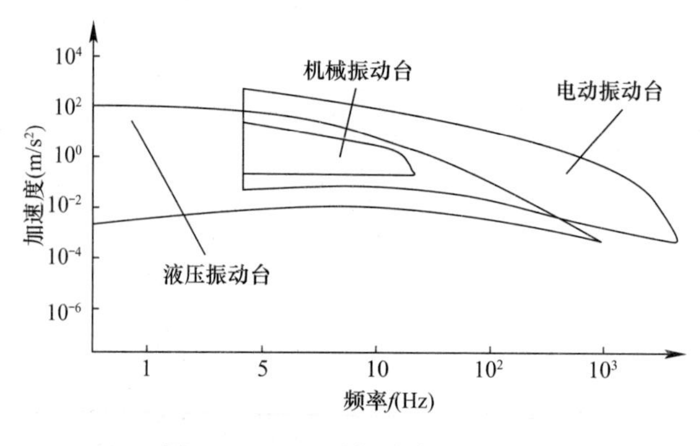

图 10.1.1　三种振动台工作区域

振动台主要的振动作用包括激振力和运动物理量两类。

振动台主要的振动作用可以用激振力来描述。振动台的振动荷载是指振动设备作用于基础上的振动作用力。

运动物理量是指振动台的振动位移、振动速度和加速度。三个运动物理量之间具有密切关系，也是振动台的重要技术性能指标。对于正弦信号，这三个运动物理量的关系如表 10.1.1 所示。

三个振动物理量的关系　　表 10.1.1

名称	一般表达式	位移基准	速度基准	加速度基准
振动位移	$d=D\sin(\omega t)$	D	V/ω	A/ω^2
振动速度	$v=V\sin(\omega t)$	ωD	V	A/ω
振动加速度	$a=A\sin(\omega t)$	$\omega^2 D$	ωV	A

为了与结构静力设计规范协调，例如关于《建筑结构荷载规范》的荷载组合要求，在结构设计时，提供拟静力设计的荷载条件，亦即振动荷载的动力系数，可按表 10.1.2 选择。

大型振动试验台动力系数表　　表 10.1.2

激振力（kN）	振动台基础	建筑物基础	上部结构
<100	1.20（1.10）	1.10（1.00）	1.05（1.00）
≥100	1.25（1.10）	1.15（1.00）	1.05（1.00）

注：括号内数值为用于振动台隔振基础设计的动力系数。

第二节　液压振动台

一、适用范围

液压振动台是为了满足激振力大、高精度环境模拟，以及多种激振波形振动试验要求的试验设备。其试验的频率范围在 0～1000Hz 之间，液压振动台额定正弦激振力一般不超过 1000kN。

液压振动台基础工程设计时，需要了解的振动荷载条件包括激振力的大小、作用方向，以及作动器的布置形式（图 10.2.1、图 10.2.2）。

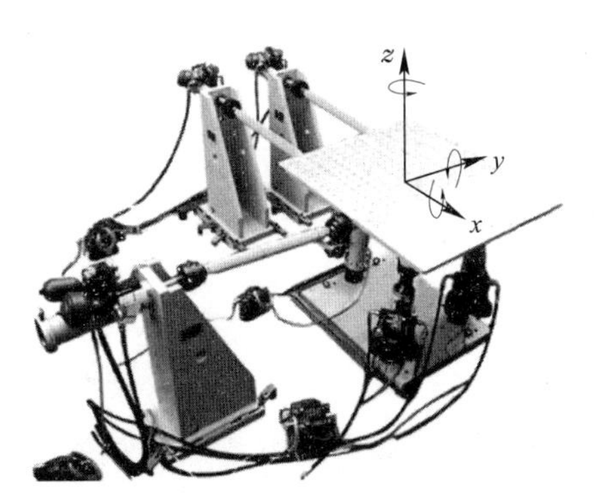

图 10.2.1　多自由度振动台

图 10.2.2　道路模拟试验机

二、试验台参数

液压振动台的主要动态参数包括振动台的激振力、额定负载、振动位移、振动速度、振动加速度等。受到作动器行程的限制，振动位移主要控制振动信号的低频段（通常为5Hz以下），受到油缸中液压油流量的限制，振动速度控制振动信号的中频段（通常为5～20Hz），在激振力条件的限制下，振动加速度控制信号的高频段（通常为20Hz以上）。

振动台的技术指标包括激振力、振动位移、振动速度和振动加速度等。三参数控制线如图10.2.3所示。

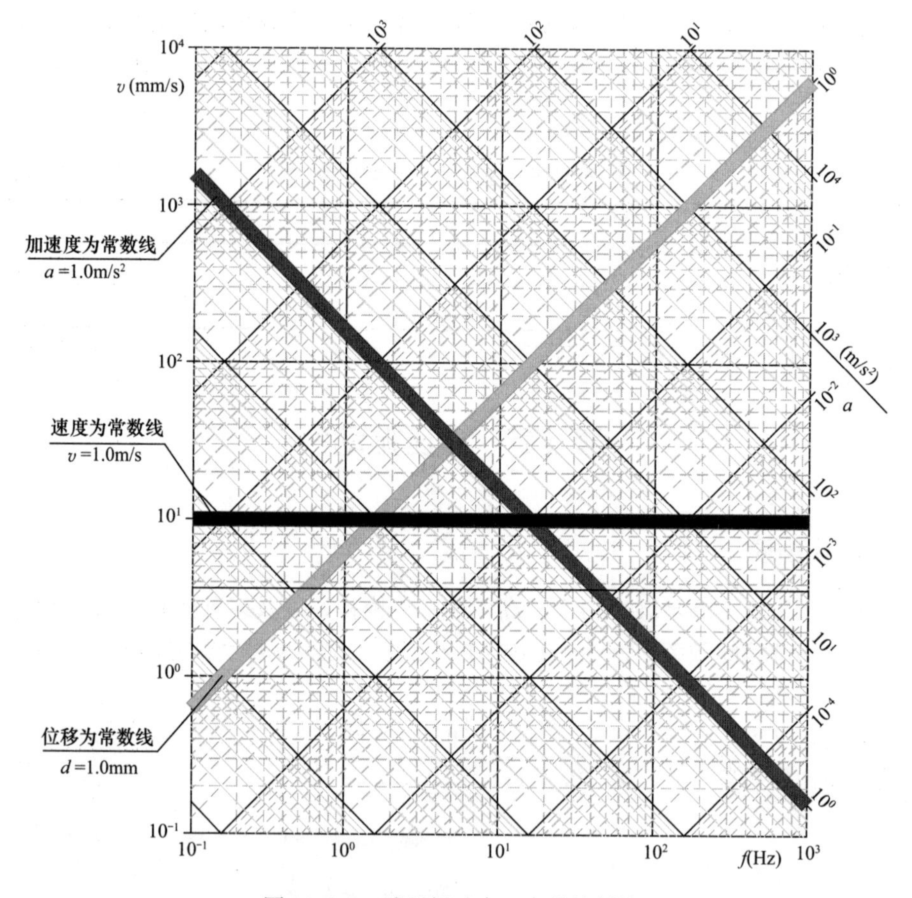

图10.2.3　液压振动台三参数控制线

液压振动台可分为三个荷载区间（图10.2.3）：

低频部分的位移控制区段，$a_1 = D_{max}\omega^2$

中频部分的速度控制区段，$a_2 = V_{max}\omega$

高频部分的加速度控制区段，$a_3 = A_{max}$

在国家标准《液压振动台》GB/T 21116中，提供振动台的参数系列，如表10.2.1～表10.2.3所示。

液压振动台参数系列 **表 10.2.1**

序号	基本特征	单位	参数
1	额定负载	kg	20、100、200、500、1000、1500、2500、5000
2	正弦激振力	kN	2、5、10、50、80、100、200、300、500、800、1000
3	位移峰峰值	mm	10、20、25、50、60、100、160、200、300、400
4	速度幅值	m/s	0.1、0.2、0.3、0.5、1.0、1.5、2.0
5	频率范围	Hz	0.1～10、20、50、100、150、200、350、500、1000

单自由度激励液压振动台工程资料 **表 10.2.2**

序号	厂商	型号	动力	位移	速度	加速度	频率
			P(kN)	D(mm)	V(m/s)	A(m/s^2)	F(Hz)
1	MTS	248.04	35	±125	3.7	185	0.1～50
2	鹭宫	ABV2923Rr	100	±125	0.8	50	0.01～100
3	鹭宫	ABV2923Rr	100	±125	3.5	500	0.01～100
4	鹭宫	ABV2923Fr	60	±125	1.2	80	0.01～100
5	鹭宫	ABV2923Fr	60	±125	3.5	500	0.01～100
6	IST		100	±150	4.8	650	0.1～100
7	IST		40	±125	4.8	650	0.1～100
8	IST	YT02-前桥	200	±150	2.4	250	0.1～50
9	IST	YT02-后桥	200	±150	2.4	200	0.1～50
10	IST	YT02-三桥	200	±150	2.4	250	0.1～50

六自由度激励液压振动台工程资料 **表 10.2.3**

序号	厂商	型号	动力	位移	速度	加速度	频率
			P(kN)	D(mm)	V(m/s)	A(m/s^2)	F(Hz)
1	MTS	332.04-Z	68	±125	1.95	100	0.1～60
2	MTS	332.04-X	45	±75	1.57	65	0.1～60
3	MTS	332.04-Y	30	±75	1.20	43	0.1～60
4	IST	YT03-Z		±125	1.80	80	
5	IST	YT03-X		±125	1.40	60	
6	IST	YT03-Y		±125	1.40	60	

三、荷载分析

通常情况下，液压振动试验台激振时，振动荷载与试验台的振动加速度呈线性关系。在知道液压振动台的加速度特性以及试验对象的质量后，就可以根据牛顿第二定律确定液压振动台对基础的作用力：

$$F_e(t) = m_e A_{max} \sin(\omega t) \tag{10.2.1}$$

由此可见，为了得到振动荷载可以根据振动台加速度特性来计算。液压振动台的加速度特性曲线可以如图 10.2.4 所示，分为三个部分：位移控制段，速度控制段和加速度控制段。

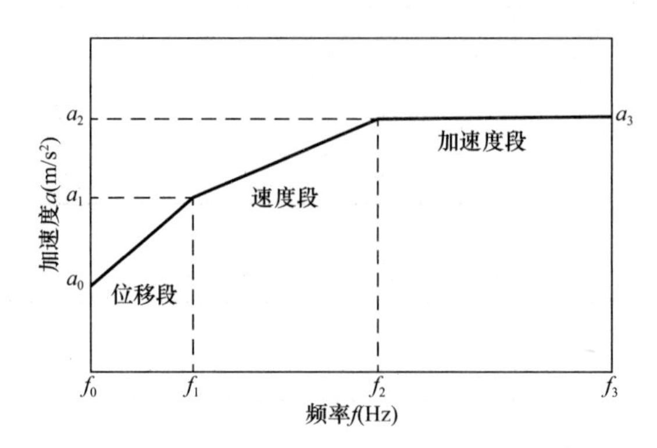

图 10.2.4　加速度曲线

该曲线的计算公式如下：

$$y_i = k_i x_i + c_i \tag{10.2.2}$$

$$y_i = \lg a_i, \tag{10.2.3}$$

$$x_i = \lg f_i, \tag{10.2.4}$$

$$c_i = \lg a_i - k_i \lg f_i \tag{10.2.5}$$

$$k_i = \frac{\lg a_i - \lg a_{i-1}}{\lg f_i - \lg f_{i-1}} \tag{10.2.6}$$

$$i = 0,1,2,3$$

于是，

$$\lg a_i = k_i \lg f_i + c_i \tag{10.2.7}$$

$$a_i = 10^{(k_i \lg f_i + c_i)} = 10^{c_i} f_i^{k_i} \tag{10.2.8}$$

$$f_1 = \frac{v_{\max}}{2\pi \cdot d_{\max}} \tag{10.2.9}$$

$$f_2 = \frac{a_{\max}}{2\pi \cdot v_{\max}} \tag{10.2.10}$$

$$a_1 = 2\pi f_1 \cdot v_{\max} = (2\pi f_1)^2 \cdot d_{\max} \tag{10.2.11}$$

$$d_1 = d_{\max} \tag{10.2.12}$$

$$d_2 = \frac{a_{\max}}{(2\pi f_2)^2} \tag{10.2.13}$$

加速度控制段为平直段，因此有，

$$a_2 = a_3 = a_{\max} \tag{10.2.14}$$

$$c_3 = \lg a_{\max} \tag{10.2.15}$$

$$k_3 = 0 \tag{10.2.16}$$

根据加速度特性曲线做归一化处理后，即可以推断激振力的特性曲线（图 10.2.5、图 10.2.6）。

$$F(f) = \frac{a(f)}{a_{\max}} F_{\max} \tag{10.2.17}$$

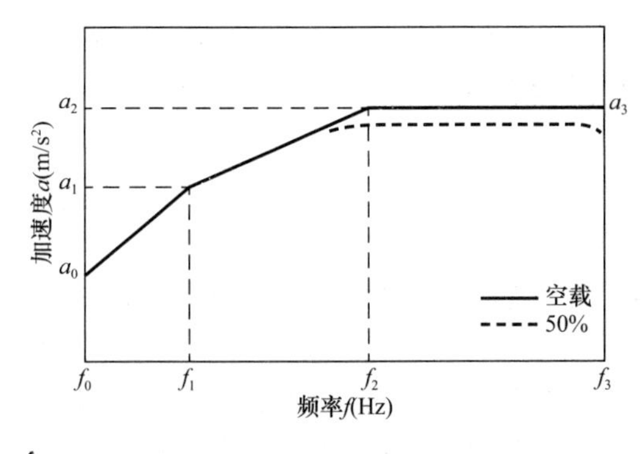

图 10.2.5　负载变化的加速度特性

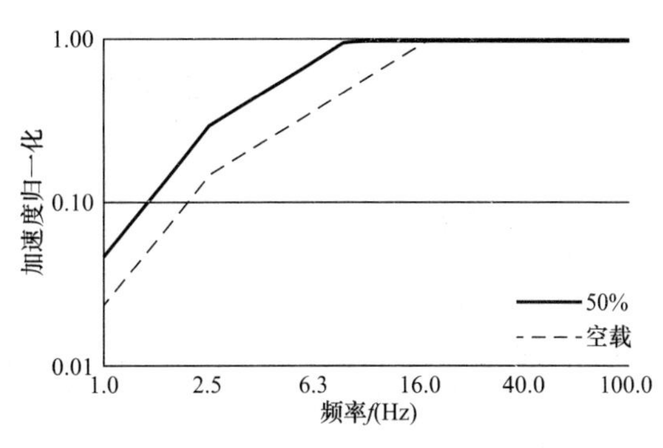

图 10.2.6　振动台归一化荷载特性

四、荷载取值

根据上述分析，本规范提出的液压振动台振动荷载考虑了振动荷载的包络特性，具有80%的保证概率。对于特殊的液压振动台需要根据设备资料要求进行专项设计。

对于单个激振器额定激振力不大于1000kN、频率范围为0～1000Hz的液压振动台，液压振动台单个激振器作用于基础上的振动荷载，宜按表10.2.4确定。

液压振动台的振动荷载（kN）　　表10.2.4

1/3倍频程频率 f(Hz)	液压振动台额定激振力（kN）					
	10	50	100	200	500	1000
0.00	0.00	0.00	0.00	0.00	0.00	0.00
1.00	1.00	5.00	10.00	20.00	50.00	100.00
1.25	1.25	6.25	12.50	25.00	62.50	125.00
1.60	1.60	8.00	16.00	32.00	80.00	160.00
2.00	2.00	10.00	20.00	40.00	100.00	200.00
2.50	2.50	12.50	25.00	50.00	125.00	250.00
3.15	3.15	15.75	31.50	63.00	157.50	315.00
4.00	4.00	20.00	40.00	80.00	200.00	400.00
5.00	5.00	25.00	50.00	100.00	250.00	500.00
6.30	6.30	31.50	63.00	126.00	315.00	630.00
8.00	8.00	40.00	80.00	160.00	400.00	800.00
10.00～1000	10.00	50.00	100.00	200.00	500.00	1000.00

五、动力系数

如果被测试件是一个具有弹性的动力系统，需要考虑试验对象的振动特性、可能出现的共振现象，振动荷载应根据被试件的动力特性乘以动力放大系数。

当振动台上试件在试验频段内具有共振特性时，表10.2.4中数值应乘以荷载放大系数，荷载放大系数可取1.10～1.30，试件共振频率低时宜取大值，共振频率高时宜取小值；车辆振动试验轮胎耦合时，可取1.25。

第三节　电动振动台

一、适用范围

电动振动台频率范围较宽，常用电动振动台的频率范围一般在5～5000Hz之间。本标准适用于额定正弦激振力不大于200kN的电动振动台。

电动振动台主要包括振动台体、功率放大器、控制装置和辅助设施等（图10.3.1）。电动振动台多为一个激振器单独使用，振动台荷载需要考虑激振力作用的大小和方向。

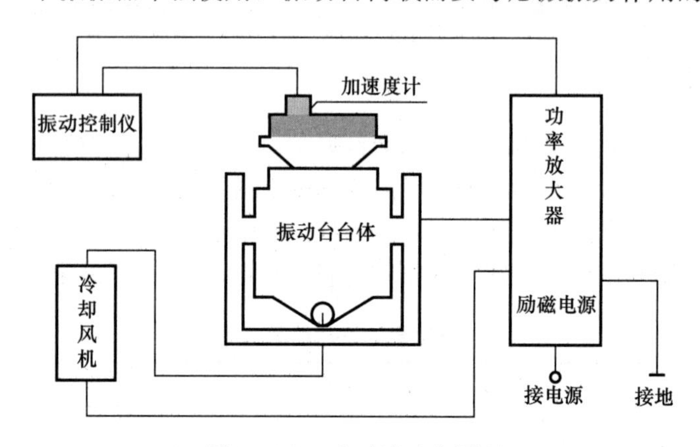

图10.3.1　电动试验台原理

为了与《建筑结构荷载规范》的荷载组合协调，本标准提出了振动试验台振动荷载的动力系数。

二、振动台参数

电动振动台的振动荷载与振动台的特性密切相关。与液压振动台类似，电动振动台的关键技术参数依然是激振力和运动物理量。主要特性也是振动位移、振动速度和振动加速度。只是在频率范围和振动幅值方面有所不同。

电动振动台基本参数如下：

额定正弦激振力（P_e）

振动台频率范围（f）

最大振动位移（D_{max}）

最大振动速度（V_{max}）

最大振动加速度（A_{max}）

额定负载（m_t）

设备运动部件质量（m_0）

电动振动台荷载可分为三个区间：

低频部分的位移控制区段，$a_1=D_{max}\omega^2$

中频部分的速度控制区段，$a_2=V_{max}\omega$

高频部分的加速度控制区段，$a_3=A_{max}$

在国家标准《电动振动台》GB/T 13310—2007中，提供振动台的参数系列如表10.3.1所示。

电动振动台参数系列　　表10.3.1

序号	基本特征	单位	参数
1	正弦激振力	kN	1、2、3、6、10、15、20、30、40、50、65、80、100、120、160、200
2	位移峰峰值	mm	25、40、50、60、80、100
3	速度幅值	m/s	1.0、1.5、2.0、2.5、3.0
4	加速度幅值	m/s^2	250、500、600、800、1000、1200、1600
5	频率范围	Hz	2或5～1500、2000、2500、3000、3500、4000、4500、5000

部分设备厂家的振动试验台资料列于表10.3.2中。

电动振动台资料　　表10.3.2

序号	厂商	项目	动力	位移	速度	加速度	频率
			(*P*)kN	(*D*)mm	(*V*)m/s	*A*(m/s^2)	*F*(Hz)
1		宇通	3.0				
2	希尔	一拖	6.0				
3	希尔	一拖	20	20	1.43	1000	5～3000Hz
4	希尔	一拖	180	51	1.80	1000	2～2200Hz
5		金杯	20				
6	希尔	金杯	30	51	2.0	1000	5～2500Hz

三、振动荷载分析

电动振动试验台激振力加载特性与运动部分负载质量以及加速度特性有关，振动荷载按照下式计算：

$$F_e(t)=(m_0+m_t)A_{max}\sin(\omega t) \tag{10.3.1}$$

式中：m_0——振动台运动部分质量；

m_t——振动台试件质量。

不同的负载质量，振动台激振力特性也不同。振动台最不利条件为满负荷试验，因此激振力曲线应按满负荷考虑。

在国家标准《电动振动台》GB/T 13310—2007中，对电动振动台的技术要求有具体规定。电动振动台形式和原理如图10.3.2、图10.3.3所示。

图10.3.2　电动试验台外形

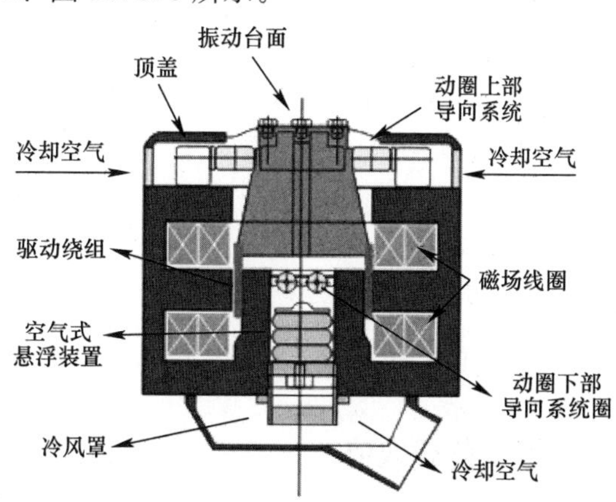

图10.3.3　电动试验台结构图

电动振动台与液压振动台在振动三折线特性曲线的确定方法是相同的（图 10.3.4）。然而，在电动振动台订货时，厂商提供的测试往往有五条线：

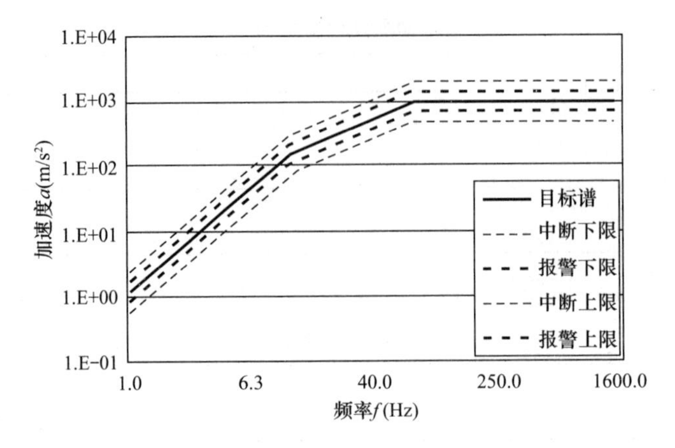

图 10.3.4　电动振动台加速度特性曲线

中间实线为目标谱线

上侧点线为中断上限（+6dB，亦即乘以 100.30=2.0 倍）

上侧虚线为报警上限（+3dB，亦即乘以 100.15=1.41 倍）

下侧点线为中断下限（−6dB，亦即除以 100.30=2.0 倍）

下侧虚线为报警下限（−3dB，亦即除以 100.15=1.41 倍）

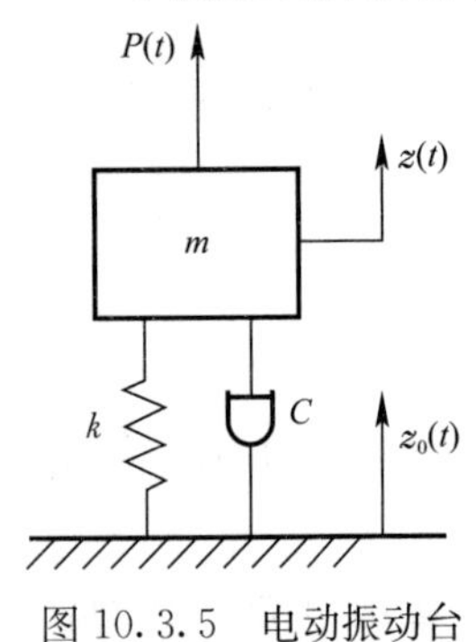

图 10.3.5　电动振动台隔振模型

通常电动振动试验台厂商提供技术参数是按照空载条件测试的结果，装上试件后，其特性曲线会略有不同，而且不同质量的试件，特性曲线也不同。经验表明，按照空载特性设计是偏于安全的，也是出于简化分析的考虑。

为了考虑电动振动试验台最不利的状况，按照振动台中断上限要求，极端情况下，可以是激振力上限乘以 2，亦即

$$P_c(f) = 2.0\frac{a(f)}{a_{\max}}P_{\max} \tag{10.3.2}$$

多数电动振动台都带有隔振装置，隔振频率约为 3Hz。简化模型如图 10.3.5 所示。

基本运动微分方程为：

$$m \cdot z''(t) + c \cdot z'(t) + k \cdot z(t) = c \cdot z_0{}'(t) + k \cdot z_0 + P(t) \tag{10.3.3}$$

力输入-位移输出的传递函数

$$|H(f)|_{P\text{-}d} = \frac{1/k_z}{\sqrt{[1-(f/f_n)^2]^2+(2\zeta_z f/f_n)^2}} \tag{10.3.4}$$

振动位移可按下式计算：

$$d(f) = P(f)\,|H(f)|_{P\text{-}d} = \frac{P(f)/k_z}{\sqrt{[1-(f/f_n)^2]^2+(2\zeta_z f/f_n)^2}} \tag{10.3.5}$$

四、振动荷载取值

对于额定正弦激振力不大于 200kN，频率范围为 5～5000Hz 的电动振动台，其作用

于基础上的振动荷载，根据设备的隔振装置设置情况，宜按表 10.3.3 和表 10.3.4 采用。

电动振动台未带隔振装置的振动荷载（kN）　　表 10.3.3

1/3 倍频程频率 f（Hz）	电动振动台额定激振力（kN）					
	5	10	20	50	100	200
5.00	0.65	1.25	2.50	6.25	12.50	25.00
6.30	0.80	1.60	3.15	7.90	15.75	31.50
8.00	1.00	2.00	4.00	10.00	20.00	40.00
10.00	1.25	2.50	5.00	12.50	25.00	50.00
12.50	1.55	3.15	6.25	15.65	31.25	62.50
16.00	2.00	4.00	8.00	20.00	40.00	80.00
20.00	2.50	5.00	10.00	25.00	50.00	100.00
25.00	3.15	6.25	12.50	31.25	62.50	125.00
31.50	3.95	7.90	15.75	39.40	78.75	157.50
40.00	5.00	10.00	20.00	50.00	100.00	200.00
50.00	6.25	12.50	25.00	62.50	125.00	250.00
63.00	7.90	15.75	31.50	78.75	157.50	315.00
80.00	10.00	20.00	40.00	100.00	200.00	400.00
100～5000	10.00	20.00	40.00	100.00	200.00	400.00

电动振动台带隔振装置的振动荷载（kN）　　表 10.3.4

1/3 倍频程频率 f（Hz）	电动振动台额定激振力（kN）					
	5	10	20	50	100	200
5.00	0.35	0.70	1.40	3.50	7.00	14.00
6.30	0.25	0.45	0.90	2.30	4.60	9.25
8.00	0.15	0.35	0.65	1.65	3.25	6.55
10.00	0.10	0.25	0.50	1.25	2.45	4.95
12.50	≤0.10	0.20	0.40	0.95	1.90	3.80
16.00	≤0.10	0.15	0.30	0.75	1.45	2.90
20.00	≤0.10	0.10	0.25	0.60	1.15	2.30
25.00	≤0.10	≤0.10	0.20	0.45	0.90	1.85
31.50	≤0.10	≤0.10	0.15	0.35	0.70	1.45
40.00		≤0.10	0.10	0.30	0.57	1.15
50.00		≤0.10	≤0.10	0.25	0.45	0.90
63.00			≤0.10	0.20	0.35	0.70
80.00			≤0.10	0.15	0.30	0.55
100～5000				≤0.10	0.20	0.35

五、动力系数

为了与其他结构荷载规范协调，作为向结构设计提供拟静力设计的荷载条件，亦即振动荷载的动力系数，可按表 10.3.5 选择。

电动振动台动力系数表 **表 10.3.5**

激振力（kN）	振动台基础	建筑物基础	上部结构
<10	1.10（1.05）	1.00（1.00）	1.00（1.00）
≥10	1.20（1.10）	1.10（1.00）	1.00（1.00）

注：括号内数值为用于振动台隔振基础设计的动力系数。

第四节 机械振动台

一、适用范围

机械振动台的类型包括偏心式、离心式、凸轮式以及偏心-弹簧式等。机械振动台类型较多，其特性参数也不一样。本标准以较为典型的偏心式和离心式机械振动台为准，提出相应的振动荷载。参照国家标准《机械振动台 技术条件》GB/T 13309—2007，机械振动台的振动频率一般在 1.0～100Hz 范围内，其激振力通常不大于 10kN。

本节适用于额定激振力不大于 10kN 的偏心式和离心式机械振动台，频率范围在 1.0～100Hz 之内。

二、偏心式振动台

偏心式机械振动台是以轴偏心或者偏心杆转动来驱动振动台运动。工作原理如图 10.4.1 所示。

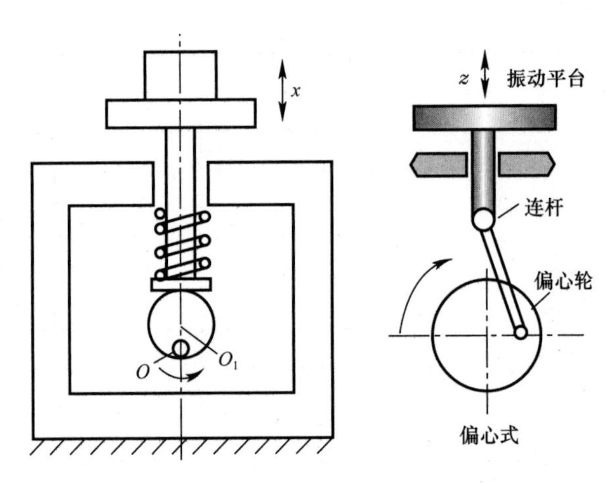

图 10.4.1 偏心式振动台

图中偏心距 $r=O_1O$。

偏心式机械振动台的动态技术指标为：

r——驱动装置的偏心距（mm），振动位移（$d=r$）是一个常量；

m_r——运动部分质量（kg），一般运动部分质量不超过 500kg；

f——振动台激振频率（Hz）；

$\omega=2\pi f$——圆频率；

$a_{rmax}=r\omega^2$——振动台对应频率的最大加速度（m/s²）。

偏心式机械振动台激振力为：

$$P_r(t)=m_r r\omega^2\sin(\omega t)\quad(10.4.1)$$

最大激振力为：

$$P_{rmax}=m_r r\omega^2=m_r a_{rmax}\quad(10.4.2)$$

偏心式机械振动台的振动加速度与圆频率呈平方关系，如图 10.4.2 所示。

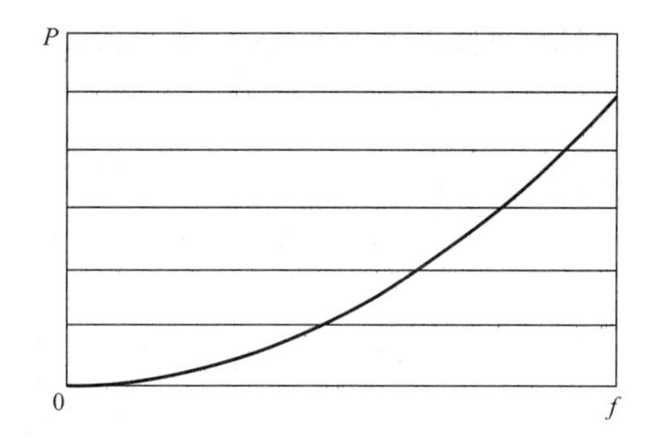

图 10.4.2　偏心式机械振动台加速度特性

三、离心式振动台

离心式机械振动台的主要动态参数包括（图 10.4.3）：

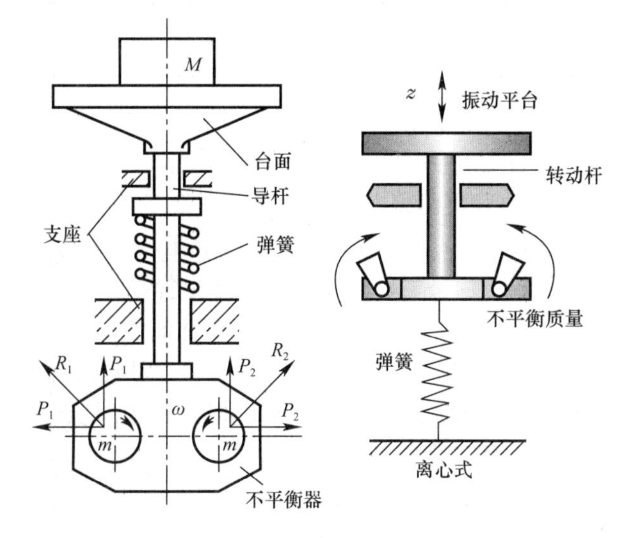

图 10.4.3　离心式振动台

e——偏心质量的偏心距（mm）；

m_e——偏心质量（kg），偏心质量不超过 100kg；

f——振动台激振频率（Hz）；

$\omega=2\pi f$——圆频率；

$a_{emax}=e\omega^2$——振动台对应频率的最大加速度（m/s^2）。

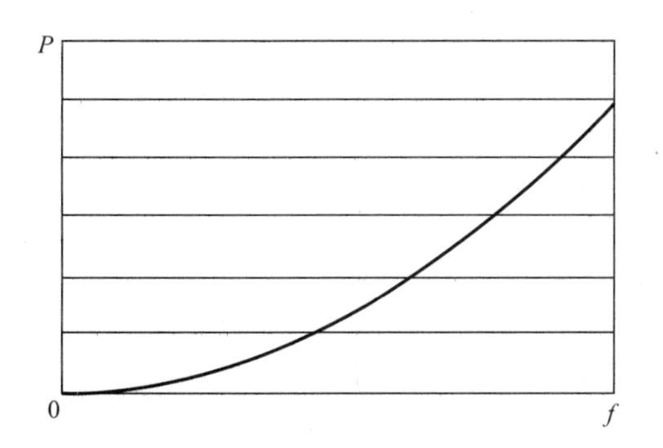

图 10.4.4　离心式机械振动台加速度特性

离心式机械振动台激振力为：

$$P_e(t)=m_e e\omega^2\sin(\omega t)\quad(10.4.3)$$

最大激振力为：

$$P_{emax}=m_e e\omega^2=m_e a_{emax}\quad(10.4.4)$$

离心式机械振动台振动加速度与偏心式振动台具有相似特性，振动加速度亦为圆频率的平方关系，如图 10.4.4 所示。

四、振动荷载

额定激振力不大于 10kN、其频率范围在 1～

50Hz 之间的偏心式和离心式机械振动台。机械振动台的振动荷载，宜按下式计算：

$$F_{v}=\frac{m_{t}}{100}F_{v100} \tag{10.4.5}$$

式中：F_{v}——机械振动台振动荷载（N）；

F_{v100}——当运动部件和被试试件质量为 100kg 时，机械振动台的振动荷载（N），宜按表 10.4.1 采用；

m_{t}——偏心式振动台运动部件和被试试件质量或离心式振动台旋转部分质量（kg）。

机械振动台的振动荷载（N） **表 10.4.1**

1/3 倍频程频率 f(Hz)	机械振动台偏心距 e(mm)					
	1	2	5	10	20	50
100	—	—	—	—	—	200
125	—	—	—	—	125	300
160	—	—	—	100	200	500
200	—	—	—	160	315	800
250	—	—	125	250	500	1250
315	—	—	200	400	800	2000
400	—	125	315	630	1250	3150
500	100	200	500	1000	2000	5000
630	160	315	800	1600	3150	8000
800	250	500	1250	2500	5000	12500
1000	400	800	2000	4000	8000	—
1250	630	1250	3150	6300	12500	—
1600	1000	2000	5000	10000	—	—
2000	1600	3150	8000	—	—	—
2500	2500	5000	12500	—	—	—
3150	4000	8000	—	—	—	—
4000	6300	12500	—	—	—	—
5000	10000	—	—	—	—	—

第十一章　人行振动

第一节　公共场所人群密集楼盖

一、概述

近年来，随着人们生活水平提高，跳舞、健身操、瑜伽、流行音乐会和大型聚会等正逐渐成为人们日常生活的一部分，公共建筑的飞速发展也促使室内活动的种类越来越多。同时，新的结构分析和设计技术的进步、施工技术的发展，高强轻质材料的应用及大空间网架结构在办公、商场、体育馆、车站、展览馆等公共场所（见图 11.1.1）的应用，导致现代楼盖结构更轻、更柔，跨度更大，整体结构在外界各种作用例如机械振动或人行走激励、人群有节奏的运动等动荷载作用下，容易产生较为显著的动力响应，这些动力响应绝大多数情况下对建筑结构并不会造成安全问题，但随着人们对生产、生活环境质量要求的提高，楼盖振动引起的舒适度问题正逐步表现出来，对人们的工作、休息乃至身体健康产生巨大的影响，极大地影响了建筑的使用功能。近年来，越来越多的工程由于楼板振动影响人的舒适性屡见报端，个别建筑物因此进行了加固或改造。

图 11.1.1　公共场所的密集楼盖

目前在各国结构设计及可靠度分析中，结构的极限状态一般分为两类，即承载力极限状态和正常使用极限状态，现阶段对于承载力极限状态设计的研究已相当深入，但是在结构正常使用极限状态的分析中，对于结构振动带来的舒适度问题，结构设计中普遍考虑不足，建筑结构楼盖振动引起的舒适度问题，我国广大设计人员也缺少足够的重视，相关的规范体系还不完善。

二、人行走引起的楼板结构舒适度设计

传统上，国内外处理结构振动舒适度问题都是采用限制构件变形的方式解决。通常通过下面两个途径来保证结构的舒适度和振动控制满足使用要求：①规定楼板在荷载标准值下的挠度和跨度的比值；②规定受弯构件截面的最小高跨比。然而，如果仔细分析梁的挠度与其截面的最小高跨比的关系，可以发现它们之间是相互关联的。以美国标准为例，美国钢结构协会（AISC）规定活荷载作用下主梁或次梁最大挠度是跨度的1/360，由这个变形条件可得出梁的跨高比应不大于24。中国结构规范根据国内研究成果和国外规范的有关规定也给出了相应的挠度容许值，一些规范的规定如表11.1.1所示。

中国结构规范关于受弯构件竖向挠度的一些规定　　表11.1.1

序号	规范名称	受弯构件竖向挠度容许值		
		类别	v_T	v_Q
1	钢结构设计规范（GB 50017—2003）	主梁或桁架	$L/400$	$L/500$
		次梁、楼梯梁	$L/250$	$L/300$
2	城市人行天桥与人行地道技术规范（CJJ 69—95）	梁板式结构	—	$L/600$

注：v_T——永久和可变荷载标准值作用下的挠度容许值；
v_Q——可变荷载标准值作用下的挠度容许值；
L——梁跨度。

表11.1.1中v_T反映结构的观感，当v_T大于$L/250$时就会影响观瞻；v_Q则主要反映使用条件，如设备的正常运行、装饰物与非结构构件不受损坏以及人的舒适感等。由于影响变形容许值的因素很多，有些很难定量，国内外各规范、规程对同类构件变形容许值的规定也不尽相同。

正是由于控制挠度容许值的局限性，以及由社会科技进步发展所带来的这些新问题，从而导致使用挠度限值控制结构振动的效果并不十分理想。由此，人们开始对建筑结构的振动问题展开了一系列理论、试验和实测研究，试图从荷载与建筑结构的动力特性上着手，重新建立起结构振动的评价体系。

大量实验研究发现，由于楼板自振频率较低，人对楼板振动的感受常用振动加速度来表征，但是不同的人从事不同的活动，其对振动的忍耐力是不一样的。实测结果表明，医院手术室中的医生和其他类似的敏感度较高的职业人群，对振动加速度要求较严格；当人们在办公室或居民楼里时对振动也较敏感；在餐厅就餐的人，由于环境嘈杂，对振动舒适度要求较低；人们进行有节奏运动时，例如在舞厅跳舞、在体育馆内为运动员呐喊助威、在健身房内进行有氧操活动等，对振动敏感度明显降低；在健身房

里，大开间被划分为有氧活动区和器械健身区，进行器械健身的人对振动敏感度相比于有氧活动的人要高一些。

近年来，国内外研究人员一直致力于探讨如何通过振动控制来进行楼板结构的舒适度设计，可从振动源、传播途径、受振体三方面考虑，见图 11.1.2，并使设计方法变得简单且具有现实可操作性，其基本思路如下：

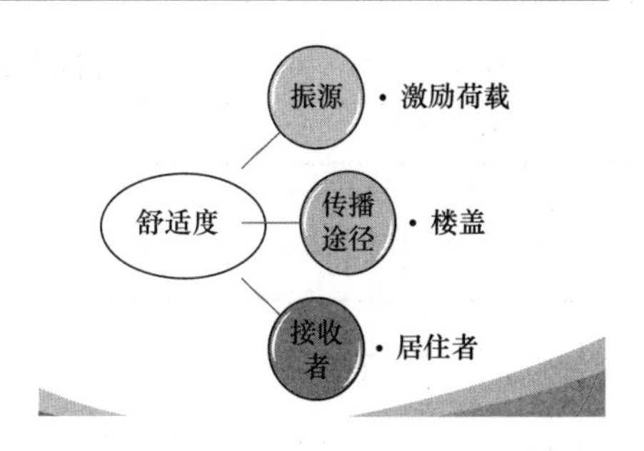

图 11.1.2　楼板结构舒适度

由于作用在建筑结构上的动荷载，其能量主要集中在动荷载的前几阶频率上，频率越高则能量越少，所以首先需对楼板结构进行振动特性分析，计算得到楼板结构的竖向自振频率；其次，根据不同的振源，例如人行走激励或有节奏运动，采用不同的荷载模型，计算得到相应的竖向振动加速度响应；最后，依照不同的使用功能，将楼板结构的自振频率和振动响应与舒适度标准进行对比，评价楼板振动是否满足正常使用要求。

当然，在上述设计步骤、思路和方法中，最重要的是要给出楼板振动舒适度控制设计的标准和设计计算方法，以及与楼板振动的相关参数如何计算与取值等。

目前国内在人行走引起的楼板结构舒适度设计方面，采用的方法归纳起来大致有三种，即限制频率法、烦恼率法和限制加速度法。其中限制频率法的依据最早的是《高层民用建筑钢结构技术规程》JGJ 99—98，由于频率限值较严，实际采用此方法的较少，2010 年版的《高层建筑混凝土结构技术规程》JGJ 3、《组合楼板设计与施工规范》CECS 273 和《混凝土结构设计规范》GB 50010 对楼盖结构的竖向自振频率提出了要求，由于该部分属于新增内容，目前实际使用仍较少；烦恼率法是通过建立烦恼率模型，采用频率计权法进行振动舒适度的可靠度分析，该方法涉及概率论和信号处理等，实际设计中很难采用；限制加速度法主要参照美国和加拿大的做法，评价标准分为峰值加速度评价法、1/3 倍频带均方根加速度评价法和总体频率加权值法等。采用以上方法时，由于在自振频率计算方法、荷载取值以及人行激励的荷载工况的问题上国内尚没有统一的标准和分析方法，上述不同的方法计算结果往往差别很大。

从工程设计的实用角度出发，人行走引起的楼板结构舒适度设计可采用简化计算法或有限元分析法，根据建筑结构的使用功能，评价标准可采用楼板结构自振频率和加速度限值的双控指标。

三、舒适度设计标准

大量实验表明，对于混凝土楼板和钢-混凝土组合楼板，当自振频率低于 3Hz 时，较少的人的跳跃运动就容易使其发生共振，因此，当楼板自振频率低于 3Hz 时，一般情况下考虑改变使用用途以避免发生共振，若不改变使用用途，需对楼板振动舒适度做专门研究。根据楼板不同的使用功能，人对振动舒适度的需求是不同的，对于人行走引起的楼板振动，楼板结构的竖向自振频率应不小于表 11.1.2 的数值，峰值加速度不超过表 11.1.2 的要求。

人行走引起的楼板结构舒适度限值　　表 11.1.2

使用功能	自振频率（≥Hz）	加速度限值 a_0
手术室	3	0.0025g
办公室、居民楼、教堂		0.005g
商场、餐厅		0.015g

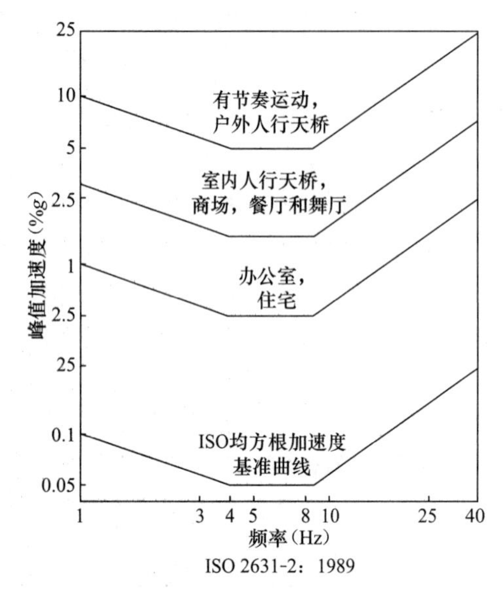

图 11.1.3　ATC 人体舒适度可接受的楼板振动峰值加速度

引起人们产生不舒适感的主要原因是由于楼板的振动加速度偏大，并超出人们所能容忍的范围，人对楼板振动的反应与楼盖振动的大小和持续时间、人所处的环境、人自身的活动状态，以及人的心理反应都有关系。有关楼板竖向振动对人们生活工作舒适度的影响，美国、英国、日本等国家都做了一些研究，而国内很少，国外对楼板竖向振动加速度的限值建议如下：

1. 美国 ATC（Applied Technology Council）于 1999 年发布《减小楼板振动》设计指南中对不同环境、不同振动频率下人体舒适度可接受的楼盖振动峰值加速度如图 11.1.3 所示，建议：医院手术室、住宅及办公室、商场、室外人行天桥等不同环境下的楼盖竖向振动峰值加速度限值分别为 0.025m/s^2、0.05 m/s^2、0.15 m/s^2 和 0.5 m/s^2。

2. ISO 2631-2：1989《人体承受建筑物内的振动和冲击（1～80Hz）的评价》中给出了几组振动感觉基准曲线（Base Curves），不同环境、不同振动频率下人体舒适度可接受的相对于基本加速度如表 11.1.3 所示，基本加速度曲线如图 11.1.4 所示，认为当振动强度低于基准曲线的强度时，一般不会感到反感和烦恼。此处有一点需要注意，ISO 2631-2：1989 版已被 ISO 2631-2：2003 版所代替，表 11.1.3、表 11.1.4 在 ISO 2631-2：2003 新版本中没有相关的楼盖振动峰值加速度曲线。

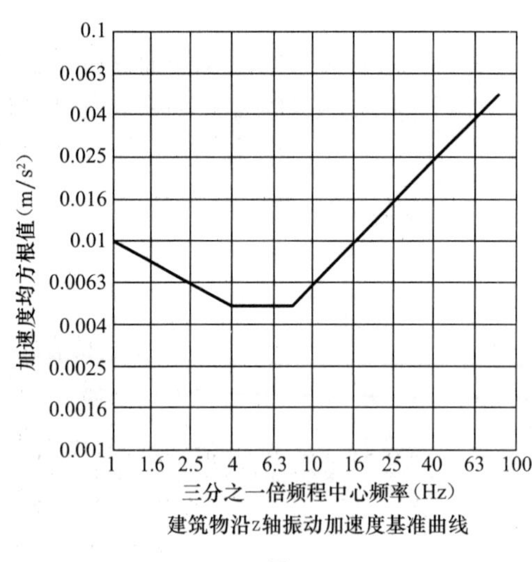

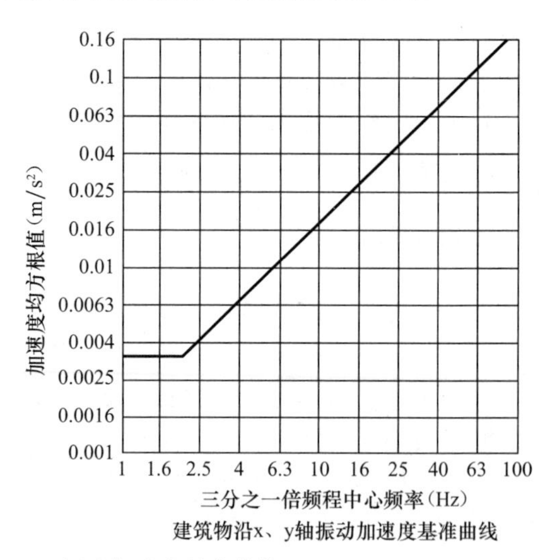

图 11.1.4　ISO 2631-2：1989 振动加速度基本曲线

ISO 2631-2：1989 在建筑内人体能承受的容许振动的修正系数　　表 11.1.3

地点	时间	连续、间歇和重复性冲击	每天只发生数次的冲击振动
医院手术室和振动要求严格的工作区	昼间	1	1
	夜间		
住宅区	昼间	2～4	30～90
	夜间	1.4	1.4～20
办公室	昼间	4	60～128
	夜间		
车间办公区	昼间	8	90～128
	夜间		

ISO 2631-2：1989 在建筑内人体能承受的容许振动的限值　　表 11.1.4

地点	时间	振动级（dB）			
		连续、间歇和重复性冲击		每天只发生数次的冲击振动	
		x(y) 轴	z 轴	x(y) 轴	z 轴
医院手术室和振动要求严格的工作区	昼间	71	74	71	74
	夜间				
住宅区	昼间	77～83	80～86	107～110	110～113
	夜间	74	77	74～97	77～100
办公室	昼间	83	86	113	116
	夜间				
车间办公区	昼间	89	92	113	116
	夜间				

3. Steel Design Guide Series 中一般民用建筑物设计时采用的楼板振动加速度限值如表 11.1.5 所示。

Steel Design Guide Series 一般民用建筑设计时的楼盖振动加速度限值　　表 11.1.5

人所处环境	办公、住宅、教堂	商场	室内天桥	室外天桥	仅有节奏性运动
楼盖振动加速度限值（m/s^2）	0.05	0.15	0.15	0.50	0.40～0.70

4. 日本建筑学会指南建议：办公室环境下的楼盖竖向振动加速度峰值一般应控制在 $0.05m/s^2$ 以下，居室环境下可适当加严。

5. 日本小掘等人所著的《桥梁振动的人体工学的评价》的结论：在 $0.10m/s^2$ 时“略有感觉”，在 $0.09m/s^2$ 以下，对振动无明显感觉。

四、人行走的荷载模型

1. 脚步动荷载的主要参数

脚步动荷载的主要参数采用如下符号表示：

W——人体重量，单位（N）；

α——动荷载幅值与人体重力的比值，称为动荷载系数；

f_p——行人步行频率，计算竖向荷载时，f_p 为每秒钟内的总步数，计算横向和纵向荷载时，每两步为一个周期，因此横向 f_p 为竖向值的二分之一；

ω_p——行人步行圆频率，$\omega_p=2\pi f_p$；

ϕ——将行走过程近似处理为周期过程时的初相位，即使一群人同频率行走，初相位也有一定差别，如将单人动荷载作为傅里叶级数展开，高次谐波与一次谐波之间也存在相位差；

l_p——行人每步步长（m）。

2. 行人的步频和冲击力

在生物学领域中已经进行了许多关于步行力的研究。研究表明，随着步频的增加，步长和峰值力的大小也随之增大，动力效应随着步频的变化而改变。同样，在研究楼盖振动时，确定行人步频和冲击力也是很重要的。有研究指出行人步频在 1.6～2.5 步/s 之间，平均值为 1.99 步/s，呈正态分布，标准差为 0.178 步/s，离散性较小。因此，在竖向自振频率接近 2Hz 的桥上，由于自振频率与行人步频接近，容易发生共振。日本学者统计得到的行人步频见表 11.1.6。行人动力荷载大小与步频的相关性很高，日本学者的统计表明，步频在 2 步/s 时，动力荷载为人体重量的 30%～40%；步频在 3～5 步/s 时，动力荷载为人体重量的 150%～200%。英国规范 BS 5400 给出了单个行人动力荷载的计算公式：行人速度为 $0.9f$(m/s)，当 f 小于 4Hz 时，动力荷载最大值按人的体重 700N×0.257 计；当 f 在 4～5Hz 之间时，按$[1-0.3\times(f-4)]\times700\text{N}\times0.257$ 计。多数行人的步频并不相同，虽然楼板的振幅一般是随行人数的增加而增加，但并不与行人数成正比。

日本学者对步频的测定结果　　　　**表 11.1.6**

调查对象	人数	步频（步/s）	
		平均值	标准差
成人	530	2.00	0.171
成人	515	2.06	0.186
成人	505	1.99	0.178
成人	750	1.99	0.175
成人	708	1.94	0.186
中学生	278	2.09	0.187
小学生（高学年）	166	2.12	0.212
小学生（低学年）	199	2.24	0.266

Wheeler 对步频进行了更为详细的研究，系统地研究了散步、快速行走直至跑步等不同模式下步行荷载的测试结果，如图 11.1.5 所示，并给出了步行参数如步长、步行速度、峰值力以及接触时间（步行期间一只脚与地面接触的时间）等与步频之间的关系，如图 11.1.6 所示，从图中可以看出，这些参数是因人而异的，但仍然可以得出一些一般性的结论，例如，随着步频的增加，步幅长度、步行速度和步行力峰值增加，而与地面的接触时间减少。

3. 步行荷载的模型

步行荷载是行进中的人产生一个动态的时程力，它因行人移动时加速变化而产生，包含三个方向的分量，即沿重力方向的竖向力，与行走方向垂直的水平侧向力和沿行走方向的水平纵向力，如图 11.1.7 所示。

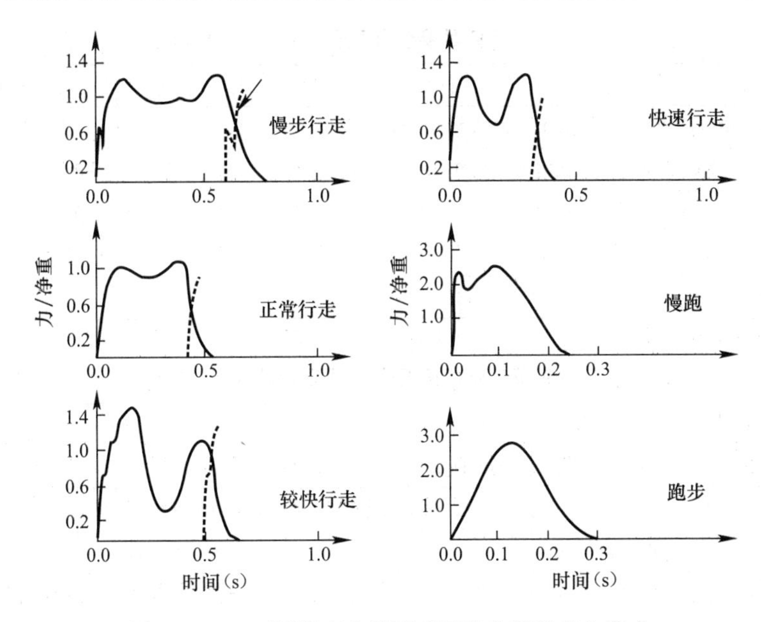

图 11.1.5　不同类型人类活动下的典型垂直力模式

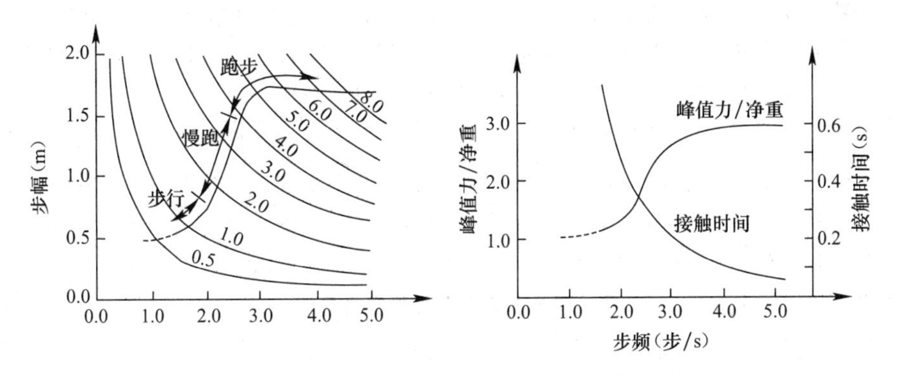

图 11.1.6　不同步长、速度、峰值力和接触时间与步频之间的关系

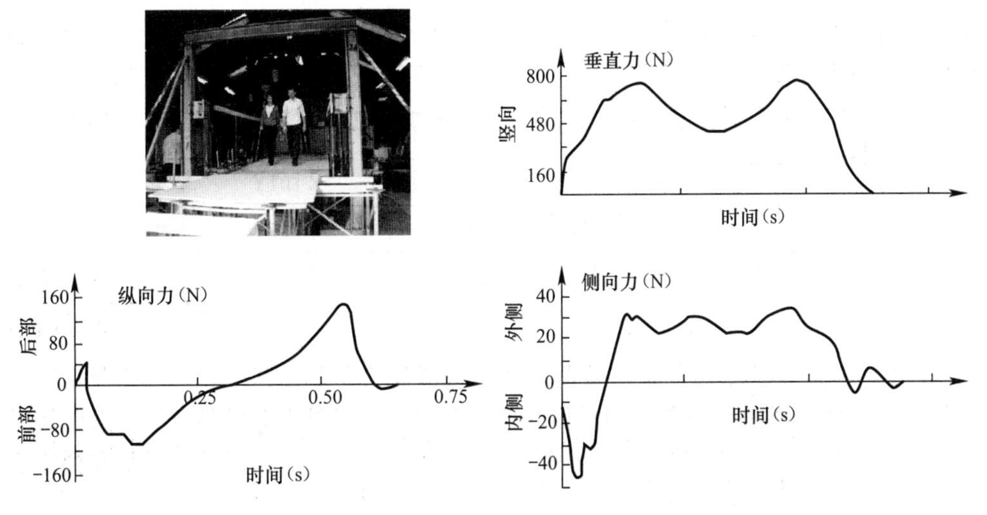

图 11.1.7　步行力在竖向、侧向和纵向方向的时程

Galbraith 和 Barton 在铝板上测量了从慢走到跑步的单步竖向力的大小，研究发现跑步力的包络线不同于步行力，仅存在一个峰值，如图 11.1.7 所示。受试者的体重和步频被认为是导致峰值力幅值增大的重要参数。另一方面，该力与受试者所穿鞋的种类和行走表面的类型无关。通过将假定为相同的单步力进行组合，可以人为地得到连续的步行或跑动的竖向力。在行走过程中，有一小部分时间内人的双脚均能接触到地面，这一现象体现为左右腿在时间历程中的重合。相反，在跑步过程中存在双脚均离开地面的时刻，在这一时刻竖向力为零。

跳跃力的时间历程类似于跑步力，不同的是，跳跃所产生的力并不在结构上移动。在一个跳跃周期内，接触时间为与跳跃表面接触的时间，其余为跳跃者在空中滞留并未与跳跃表面接触的时间。

正常行走和非正常行走（跑步、跳跃、左右摇摆等）具有不同的荷载特征。所有这些荷载构成单人动荷载。由于非正常行走荷载可以通过制定桥上通行规则来尽量避免，所以重点是研究正常行走的振动荷载。

为了在设计阶段评估人行桥在使用状态下的动力性能和评估既有人行桥采取减振措施后的效果，必须建立合理的行人脚步荷载的数学模型，首先是单人脚步荷载模型。荷载模型的建立不仅要以实验观测数据为基础，而且也要考虑模型的使用性能和目的，因此需要在尽量接近真实和合理简化之间取得平衡。基于这样的考虑，目前建立的各种各样的单人脚步荷载时域数学模型可分为两类：确定性模型和随机模型。

确定性模型假定行走活动具有稳定的周期性，即假定左右脚的每一步荷载都相同，步频也保持不变。在这样的假定下，脚步力荷载是一个周期函数，可以用傅里叶三角级数来近似表达。三角级数各项的系数来自于实验观测数据的统计平均值。随机性模型认识到行人双腿交叉行进过程是一个窄带随机过程，不仅不同的人的行走特性不同，同一个人在行进中的每一步其实也有细微的区别，因此行人脚步力荷载时程曲线并不是严格的周期函数。基于这一认识，随机性荷载将脚步力的每一个参数都看作随机变量，在研究每个随机变量的统计特性的基础上构建出可以既反映出人与人的差别，又能反映单人行进过程中的差别的脚步力荷载模型。

尽管随机性模型较确定性模型更为精细，但随机性模型很难用于工程设计。确定性荷载相对简单，使用方便，国外已有的人行桥动力设计指南普遍采用确定性荷载预测评估人行桥动力使用性能。众多研究者建立的各种脚步力荷载的确定性模型，都可以用傅里叶级数表达为静荷载与几个简谐动荷载之和：

$$F_p(t) = W + W\sum_{i=1}^{n}\alpha_i \sin(2\pi i f_p t - \varphi_i) \tag{11.1.1}$$

式中：f_p——行人的步频（Hz），计算竖向荷载时，f_p 是每秒钟内总的步数；计算横向力和纵向力时，由于左右脚各一步才有一个变化周期，因此 f_p 是竖向值的一半；

W——平均行人重量（N）；

α_i——第 i 阶简谐动荷载系数，简称 DLF，乘积 $W\alpha_i$ 则是第 i 阶动荷载的幅值；

φ_i——第 i 阶动荷载的初位相，通常取 $\varphi_1=0$，于是，$i=2,3,\cdots$，也就是第 i 阶动荷载相对第 1 阶动荷载的相位差。

在 1982 年，Kajikawa 建立了行走和跑步与步频关系的协调系数（比如 DLFs），与人速度的见图 11.1.8。Rainer 等在 19 世纪 80 年代末取得了重要进展，测试了单人连续行走、跑步、跳跃下的力，表明 DLFs 是与人活动的频率有重要关系，行走、跑步、跳跃的前 4 阶 DLFs 如图 11.1.9（a 行走、b 跑步、c 跳跃）所示，该实验的缺点是仅仅测试了 3 个样本缺少统计可靠性。后来，在 Kerr 的博士论文中，进行了 40 个样本大约 1000 个力被记录分析，步频从慢的 1Hz 到非常快的 3Hz，Kerr 得出了 DLF 值有很大的离散型，但是第 1 阶有随着步频的增大有明显的增大的趋势，这一结论在 Rainer 等一致。

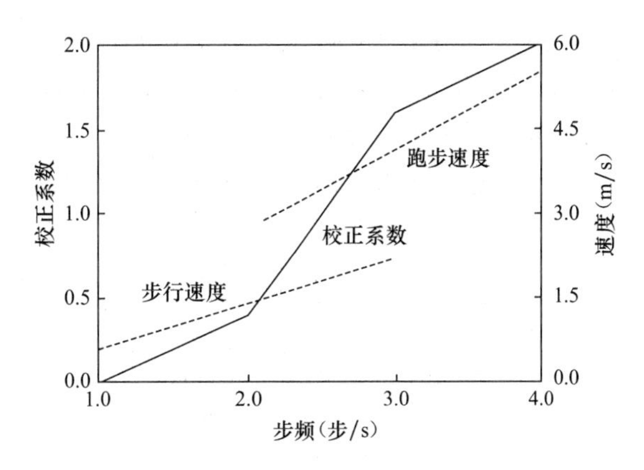

图 11.1.8　竖向力一阶动载因子与步频的关系

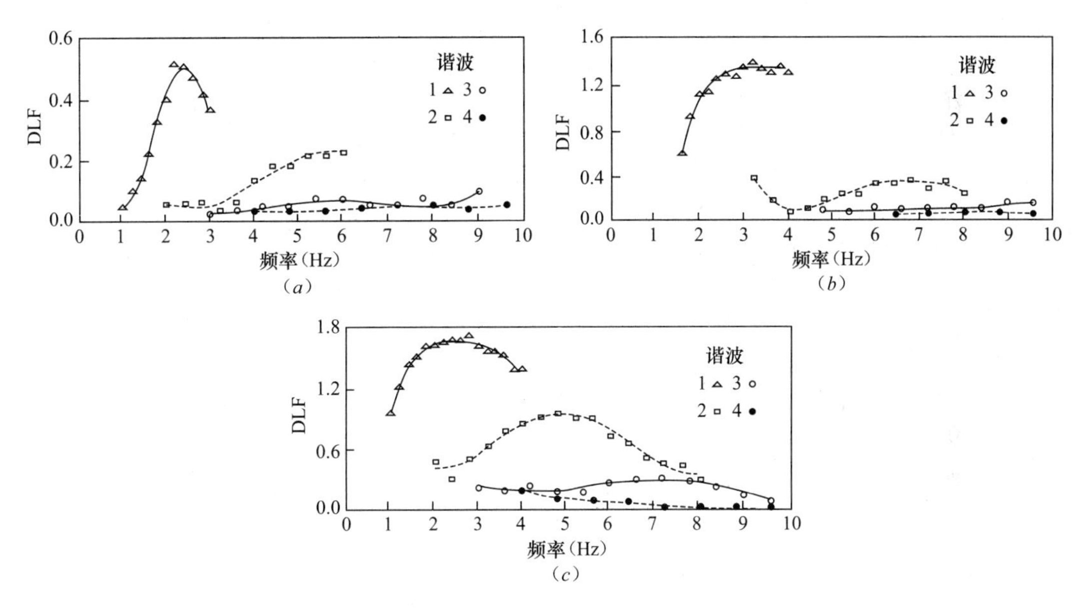

图 11.1.9　行走、跑步、跳跃的前 4 阶 DLFs

(a) 行走；(b) 跑步；(c) 跳跃

傅里叶级数阶数 n 的取值则与所要求的近似程度有关。最早考虑步行力荷载的 BS5400 规范只考虑了一阶竖向荷载。目前最精细的模型也只取到 5 阶，即 $n=5$。一般认为，竖向荷载考虑前 3 阶，纵向荷载前 2 阶，横向荷载第 1 阶已有足够的精度，满足工程设计需要。

大量研究表明，动荷载系数是步频 f_p 的递增函数。依据多人的研究成果，Young 提出了前 4 阶谐波的竖向动荷载系数 α_i（是有 75%保证率的设计值）与步频 f_p 的关系式：

$$
\begin{aligned}
\alpha_1 &= 0.41f_p - 0.39 \leqslant 0.56 & f_p &= 1 \sim 2.80\text{Hz} \\
\alpha_2 &= 0.069 + 0.0056f_p & f_p &= 2 \sim 5.60\text{Hz} \\
\alpha_3 &= 0.033 + 0.0064f_p & f_p &= 3 \sim 8.40\text{Hz} \\
\alpha_4 &= 0.013 + 0.0065f_p & f_p &= 4 \sim 11.2\text{Hz}
\end{aligned}
\tag{11.1.2}
$$

在上述的研究中，是通过在刚性表面直接或间接测量力而得到的 DLF 值。Young 的观点也被众多研究者接受，因此动荷载系数被广泛表示为频率的函数，但是各个研究者所取的函数形式存在一定差别。

表 11.1.7 列出了不同研究者提出的动荷载系数值，其中也包括跑步、弹跳等非正常步行荷载下的动力系数。

不同研究者对单人力模型的 DLF 取值　　表 11.1.7

作者	活动形式及方向	考虑谐波的 DLF	注释
Blanchard et al.	步行—垂直向	$\alpha_1=0.257$	DLF 从 4Hz 到 5Hz 应作折减
Bachmann and Ammann Schulze (after Bachmann and Ammann)		$\alpha_1=0.4\sim0.5$	
	步行—垂直向	$\alpha_1=0.4\sim0.5$	2.0Hz 和 2.4Hz 之间
	步行—垂直向	$\alpha_2=\alpha_3=0.1$	接近 2.0Hz
	步行—垂直向	$\alpha_1=0.37$，$\alpha_2=0.10$ $\alpha_3=0.12$，$\alpha_4=0.04$， $\alpha_5=0.015$	2.0Hz
	步行—侧向	$\alpha_1=0.039$，$\alpha_2=0.01$ $\alpha_3=0.043$，$\alpha_4=0.012$， $\alpha_5=0.015$	2.0Hz
	步行—侧向	$\alpha_{1/2}=0.039$，$\alpha_1=0.0204$ $\alpha_{3/2}=0.026$，$\alpha_2=0.083$， $\alpha_{5/2}=0.024$	2.0Hz
Rainer et al.	步行，跑动，起跳—垂直向	α_1，α_2，α_3，α_4	DLFs 与频率的关系用图表示
Bachmann et al.	步行—垂直向	$\alpha_1=0.4/0.5$，$\alpha_2=\alpha_3=0.1$	2.0/2.4Hz
	步行—侧向	$\alpha_2=\alpha_3=0.1$	2.0Hz
	步行—纵向	$\alpha_{1/2}=0.1$，$\alpha_1=0.2$， $\alpha_2=0.1$	2.0Hz
	跑动—垂直向	$\alpha_1=1.6$，$\alpha_2=0.7$， $\alpha_3=0.2$	2.0～3.0Hz
Young	步行—垂直向	$\alpha_1=0.37(f=0.95)\leqslant0.5$ $\alpha_2=0.054+0.0044f$ $\alpha_3=0.026+0.0050f$ $\alpha_4=0.010+0.0051f$	拟合平均值
Bachmann et al.	起跳—垂直向	$\alpha_1=1.8/1.7$，$\alpha_2=1.3/1.1$， $\alpha_3=0.7/0.5$	正常起跳频率 2.0/3.0Hz
	起跳—垂直向	$\alpha_1=1.9/1.8$，$\alpha_2=1.6/1.3$， $\alpha_3=1.1/0.8$	跳高时频率 2.0/3.0Hz
	弹跳—垂直向	$\alpha_1=0.17/0.38$，$\alpha_2=0.10/0.12$， $\alpha_3=0.04/0.02$	1.6/2.4Hz
	站着身体摇动—侧向	$\alpha_1=0.5$	0.6Hz
Yao et al.	弹跳—垂直向	$\alpha_1=0.7$，$\alpha_2=0.25$	弹性地面上自由弹跳，频率为 2.0Hz

如前所述，行人不可能以同样的步伐（即保持步行参数不变，如瞬时步长、步频、初始相位角等）重复着每走过的一步，因此，有些学者研究了人群的荷载效应。Ellis B R.

针对两个混凝土楼板在最多由 32 人组成的人群自由行走激励作用下的试验结果表明，随着人群总人数的增大，楼板的竖向振动加速度增大，但楼板的竖向振动加速度增大并非线性的，在 32 人组成的人群自由行走激励作用下，楼板的竖向振动加速度不超过单人自由行走激励作用下的楼板竖向振动加速度的 2 倍。对于人群荷载，ISO 10137：2007 提出采用协调系数考虑人群荷载动力效应。

4. 典型的人行荷载标准

（1）英国 BS5400

英国 BS5400 最早提出在人行桥设计中考虑竖向行人荷载。BS5400 规定，当桥梁竖向基频 f_0 位于 1.5～5Hz 之间时，要验算行人产生的振动加速度，最大加速度不能超过 $0.5\sqrt{f_0}$。单人验算动力荷载为：

$$F = 180\sin(2\pi f_0 t) \quad (N)$$
$$v_t = 0.9f_0 \quad (m/s) \tag{11.1.3}$$

这里，v_t 是单人荷载在桥上的移动速度，相当于每步步长为 0.9m。由上式可看出，BS5400 只考虑脚步力的一阶动荷载。若设行人重力为 700N，则有一阶动荷载系数 $\alpha_1=\frac{180}{700}=0.257$，式中频率取为桥梁竖向基频 f_0，相当于假定人行步频 f_p 与桥梁基频 f_0 相等，从而导致最大的共振响应。

（2）ISO 10137：2007 *Bases for design of structures-Serviceability of buildings and walkways against vibrations*

1）单人自由行走时的竖向人行激励荷载可采用下式：

$$F(t) = \sum_{n=1}^{k} \alpha_n Q\sin(2\pi nft + \phi_n) \tag{11.1.4}$$

式中：$F(t)$——单人自由行走的竖向人行激励荷载（N）；

α_n——第 n 阶人行激励荷载频率的动力因子，按表 11.1.8 取值；

Q——人的重量，一般取 700N；

f——人行振动荷载频率，按表 11.1.8 取值；

t——时间（s）；

ϕ_n——第 n 阶人行激励荷载频率的相位角，按表 11.1.8 取值；

k——所考虑的人行激励荷载频率阶数。

人群自由行走的竖向振动荷载频率、动力因子和相位角　　**表 11.1.8**

荷载频率阶数 n	荷载频率 f(Hz)	动力因子 α_n	相位角 ϕ_n
1	1.25～2.30	$0.37(f-1.0)$	0
2	2.50～4.60	0.10	$\pi/2$
3	3.75～6.90	0.06	$\pi/2$
4	5.00～9.20	0.06	$\pi/2$
5	6.25～11.50	0.06	$\pi/2$

ISO 10137：2007 中给出了由于单人重复有节奏的运动产生的动态力与单人重量比值随时间的关系见图 11.1.10～图 11.1.12。

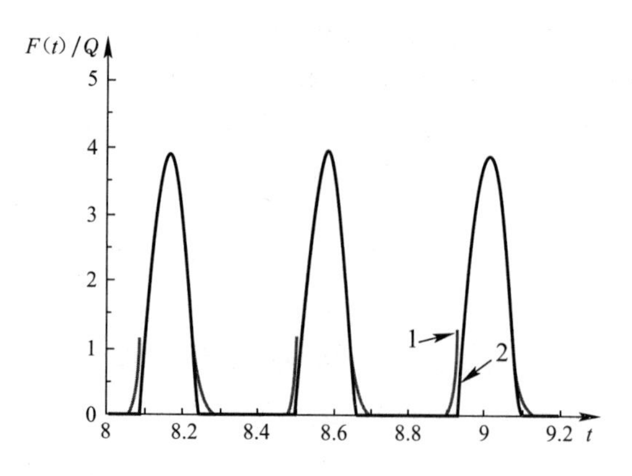

图 11.1.10　单人连续跳跃的竖向垂直反力

1—实测；2—半正弦拟合

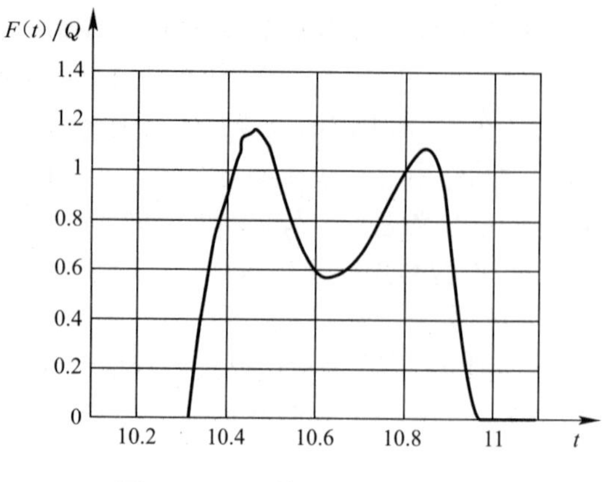

图 11.1.11　单人行走竖向反力

ISO 10137：2007 未给出人的重量取值，美国 AISC/CISC Steel Design Guide Series 11（1997）规定单人荷载可取 700N，本标准沿用 700N。

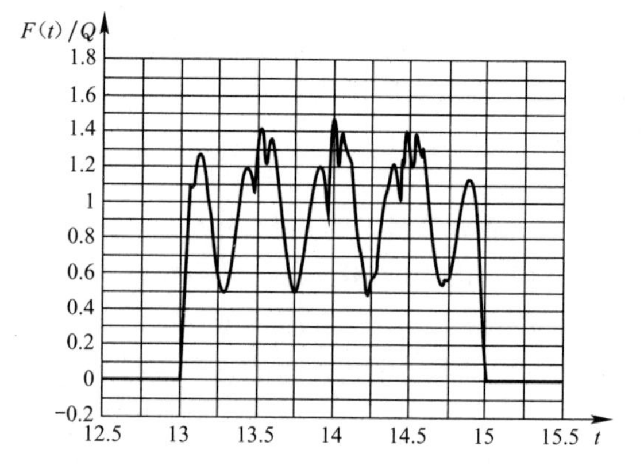

图 11.1.12　单人走过 3m 长的检测平台产生的竖向振动力

2）人群自由行走时的竖向人行激励荷载可采用下式：

$$F(t)=\sqrt{N}\sum_{n=1}^{k}\alpha_n Q\sin(2\pi ft+\phi_n) \tag{11.1.5}$$

式中：$F(t)$——人群自由行走的竖向人行激励荷载（N）；

α_n——第 n 阶人行激励荷载频率的动力因子，按表 11.1.8 取值；

Q——人的重量，一般取 700N；

f——人行振动荷载频率，按表 11.1.8 取值；

t——时间（s）；

ϕ_n——第 n 阶人行激励荷载频率的相位角，按表 11.1.8 取值；

k——所考虑的人行激励荷载频率阶数。

ISO 10137：2007 规定竖向人群激励荷载应乘以协调系数进行折减，即：

$$F(t)_N=N\cdot F(t)\cdot C(N) \tag{11.1.6}$$

式中：$F(t)_N$——人群行走的竖向人行激励荷载（N）；

$F(t)$——单人自由行走的竖向人行激励荷载（N）；

N——人群的总人数；

$C(N)$——人群运动的协调系数。

对于无节奏自由行走人群，协调系数可取：

$$C(N)=\sqrt{N}/N \tag{11.1.7}$$

相应地可以计算得到竖向人群激励荷载公式。

ISO 10137：2007 指出人群的总人数取决于单位面积的人数和人群所占据的面积，对于有节奏的跳跃（如在无固定座位区域的跳舞、有氧运动），ISO 10137：2007 规定一般情况下为 0.8 人/m^2，最大值为 6 人/m^2。应用中可根据实际情况确定人群的总人数。

五、有节奏的运动荷载模型

1. 有节奏的运动荷载的主要参数

在健身房、体育馆内进行的有氧健身操、健美操和器械健身等活动，以及舞厅的跳舞等均为有节奏运动。另外，在体育馆或体育场举行比赛或大型音乐会时，观看比赛和节目的观众进行有节奏活动来呐喊助威，这些也包含在有节奏运动的范畴内。随着国内公共建筑跨度的增大，有节奏运动对楼板振动舒适度的影响不容忽视，但是目前国内对有节奏运动引起的楼板结构舒适度设计研究较少。

参与有节奏运动的人一般较多，与人行走荷载有较大差异，不能用单个集中荷载来模拟。传统上，一般用等效均布动荷载来反映其对楼板体系振动的影响。等效均布动荷载大小取决于参与有节奏运动的人数，参照《美国道路通行能力手册》（HCM 2000），单位面积的人数对应于不同的活动状态，见表 11.1.9。

人行道服务水平标准　　　　**表 11.1.9**

服务水平	单位面积的人数（人/m^2）	活动状态描述
A 级	<0.3	可以完全自由活动，可以横向穿越与选择行走路线
B 级	0.3～0.5	准自由状态（偶有降速需要），反向与横穿行走要适当降低步行速度
C 级	0.5～0.8	个人尚舒适，部分行人活动受约束，选择步行速度与超越他人有一定的限制，反向与横穿行走常发生冲突，为免于挤擦碰撞，有时要变更步速和行走路线
D 级	0.8～2	行走不便，大部分处于受约束状态，正常步速受到限制，有时需调整步幅、速度与线路，超越、反向和横穿十分困难，有时产生阻塞或中断
E 级	>2	完全处于排队前进，“跟着走”，个人无行动自由，经常发生堵塞或中断，反向与横穿绝不可能

对于典型的有节奏运动，例如跳舞、音乐会、有氧健身操等，依照表 11.1.9 的状态描述可以得到单位面积上的人数，见表 11.1.10。

单位面积上的人数（人/m^2）　　　　**表 11.1.10**

活动类别	跳舞	音乐会或体育活动	有氧健身操	混合使用
单位面积的人数	0.8	2	0.3	0.2

注：混合使用是指一个房间里同时进行有氧健身操和其他健身活动。

由表 11.1.10，可以根据人的体重和单位面积的人数得到等效均布荷载。与行走的荷载函数类似，有节奏运动产生的力也可用一系列的简谐波来表示，荷载函数 $P(t)$ 可表示为：

$$P(t)=\omega_{\rm p}[1+\sum\alpha_i\cos(2\pi\bar{f}_i t+\phi_i)] \tag{11.1.8}$$

式中：$\omega_{\rm p}$——人的等效均布荷载；

α_i——第 i 阶荷载频率的动力因子；

$\bar{f}_i$——第 i 阶荷载频率；

ϕ_i——第 i 阶荷载频率的相位角。

通过大量的实测数据，可得到跳舞、有氧健身操和体育活动等的荷载频率和动力因子见表 11.1.11。

有节奏运动作用下的荷载频率和动力因子　　表 11.1.11

荷载频率阶数 i	跳舞		有氧健身操		音乐会或运动会	
	$\bar{f}_i$(Hz)	α_i	$\bar{f}_i$(Hz)	α_i	$\bar{f}_i$(Hz)	α_i
1	1.5～3	0.5	2.0～2.75	1.5	1.5～3.0	0.25(0.4)
2	—	—	4.0～5.5	0.6	3.0～5.0	0.05(0.15)
3	—	—	6.0～8.25	0.1	—	—

注：假定座位是固定的，对于无固定座位的情况，采用括号内数值；混合使用的动力因子与有氧健身操相同。

进行楼板结构的振动响应计算时，可以忽略式（11.1.8）中静荷载的影响，荷载函数 $P(t)$ 可简化为：

$$P(t)=\omega_{\mathrm{p}}[1+\sum\alpha_i\cos(2\pi\bar{f}_it+\phi_i)] \tag{11.1.9}$$

2. 有节奏的运动振动荷载

ISO 10137：1992 给出考虑人群有节奏运动的竖向振动荷载，宜按下式计算：

$$F_{\mathrm{V}}(t)=\sum_{i=1}^{k}\alpha_iQ\sin(2\pi ift-\phi_i)\cdot N\cdot C(N) \tag{11.1.10}$$

式中：$F_{\mathrm{V}}(t)$——人群有节奏运动的竖向振动荷载（N）；

α_i——第 i 阶振动荷载频率的动力因子，宜按表 11.1.12 取值；

f——振动荷载频率（Hz），宜按表 11.1.12 取值；

ϕ_i——第 i 阶振动荷载频率的相位角，宜按表 11.1.12 取值；

$C(N)$——人群有节奏运动的协调系数。

人群有节奏运动的竖向振动荷载频率、动力因子和相位角　　表 11.1.12

运动类别		荷载频率 f(Hz)	人群密度		荷载频率阶数 i	动力因子 α_i	相位角 ϕ_i
			常用值	最大值			
演唱会、体育比赛		1.50～3.00	1 人/座位	—	1	0.5	0
					2	0.25	$\pi/2$
					3	0.15	$\pi/2$
协调跳跃（包括跳舞、节律运动）	无固定座位	1.50～3.50	0.8 人/m²	6 人/m²	1	2.1−0.15(f)	0
					2	1.9−0.17(2f)	0
					3	1.25−0.11(3f)	0
	有固定座位	1.50～3.50	1 人/座位	—	1	2.1−0.15(f)	0
					2	1.9−0.17(2f)	0

人群有节奏运动的协调系数 $C(N)$，按下列规定取值：

1. 对于演唱会、体育比赛和有固定座位的有节奏运动人群，协调系数宜取 1.0。

2. 对于协调跳跃无固定座位的有节奏运动人群，当总人数小于等于 5 人时，协调系数宜取 1.0；当总人数不小于 50 人时，协调系数宜根据协调性按表 11.1.13 采用；当总人数为 5～50 人时，协调系数宜按线性插入取值。

协调跳跃的运动人群协调系数 $C(N)$　　　　**表 11.1.13**

运动类别	协调性	荷载频率阶数 i		
		1 阶	2 阶	3 阶
协调跳跃（包括跳舞、节律运动）无固定座位	高	0.80	0.67	0.50
	中	0.67	0.50	0.40
	低	0.50	0.40	0.30

第二节　人行天桥

一、概述

人行天桥一般建造在车流量大、行人稠密的地段，或者交叉路口、广场及铁路上面。人行天桥只允许行人通过，用于避免车流和人流平面相交时的冲突，保障人们安全地穿越，提高车速，减少交通事故。人行天桥集城市景观和功能性于一身，其独特美观的造型已逐渐成为世界各大城市的新地标。

2000 年这个世纪之交的时刻，英国伦敦泰晤士河架起了一条耀眼的"银带"——千禧桥（图 11.2.1），该桥没有任何刚性的大梁架在桥墩之间，而只有 8 根两端固定在岸上的钢索挂在两墩之间，每组四根钢索，分别托在"Y"形的两臂上。两钢索之间由多根轻金属横梁连接着，横梁上搭上金属板，便连成了一根纤细的"银带桥"，就这样构成了它简明轻巧的结构、纤细流畅的造型和鲜活飘逸的美感。比起泰晤士河上其他桥梁上那些巨大、凝重的石头、水泥或钢铁桥墩来，"银带桥"只由离两岸不远的一对"Y"形空心金属桥墩支撑着，它像一个人张开双臂在欢迎往来的游客。2000 年 6 月 10 日是大桥投入使用的第一天，慈善机构组织了一次步行募捐儿童基金的活动，那天共有 9 万多人参加了这个活动，桥上任何时候都有超过 2000 人，大桥出现了严重的横向摇晃，伦敦市民戏之为"Wobby Bridge（摇晃桥）"。此事在英国引起了轩然大波，舆论一片哗然，就这样，一座寄予厚望、造价高达 1820 万英镑的桥梁经过两天严重的摇晃后第三天就被迫关闭了。一开始，有些人自然而然想到共振问题，但是千禧桥的横向摇晃不像军队过桥步伐一致引起

图 11.2.1　英国伦敦千禧桥

的共振，而是由于当行人很多时，人们会不自觉地用同一频率行走，被称为集体同步现象。后来经过四个月的加固设计和施工，安装了减振器，这些减振器隐藏于桥体结构中，几乎难以察觉，经过现场试验测试结果表明，动力响应较以前下降了 40 倍，桥梁未有共振现象产生，千禧桥于 2002 年 2 月 22 日重新开放，并获得了一致好评。

目前我国城市交通事业突飞猛进，城市人行天桥的建设也得到了迅速的发展。随着新型结构材料、结构体系、新的施工工艺和更为复杂的结构形式不断应用到人行天桥中，人行天桥已经向着轻柔、美观、大跨度的方向发展，这使其相对于一般的桥梁而言更容易产生振动问题。人行天桥的主要职能决定了导致其振动的主要原因是由于人行激励而产生，然而人行天桥的振动反过来又会影响行人的舒适性甚至正常行走，对于大跨径轻柔人行天桥来说，结构的自振频率较低，在行人、地面汽车等外界荷载的激励下，容易引发大幅度振动，这些振动响应虽然不足以使结构出现安全性问题，但会给行人带来不适感，行人在行走过程中会出现紧张甚至恐慌的心理，由此直接导致人行天桥结构适用性能的降低。

从建筑结构的角度来看，常见的人行天桥可以分为三大类，即悬挂式结构、承托式结构和混合式结构。国外一些人行天桥见图 11.2.2。悬挂式结构的人行天桥以桥栏杆为主要承重部件，供行人通过的桥板本身并不承重，悬挂在作为承重梁的桥栏上，这种结构的人行天桥将结构性部件和实用性部件结合在了一起，可以减少建筑材料的使用，工程造价低。但是这种结构的人行天桥的栏杆异常粗大结实，行人在桥上的视线会被栏杆遮挡，而且粗壮的桥栏杆很难给人以美的感受，因而在城市景观功能方面有所欠缺。承托式结构的人行天桥将承重的桥梁直接架设在桥墩上，供行人行走的桥铺在桥梁之上，而桥栏杆仅仅起到了保护行人的作用，并不承重，这一类的过街天桥造价相对较高，但是由于桥栏杆纤细优美，作为城市景观的功能较好，目前各城市中这一类型的人行天桥数量最多。混合式结构的人行天桥是上述两种结构的杂交体，桥栏和桥梁共同作为承重结构分担桥的荷载。另外，出于景观考虑，一些城市的人行天桥采用了悬索桥、斜拉桥的结构形式，造价很高。

图 11.2.2　国内外人行天桥

近年来，由人行天桥刚度不足引发的行人恐慌事件在国内外时有发生，这也促成了对其振动舒适度研究的日益兴盛。

二、人行天桥振动的特点

1. 行人是激振源

与车辆荷载不同，人行进过程中，两下肢交替运动，带动整个身体前进。正常行走时，脚跟先着地，然后脚尖离地迈进，每步都有一个短暂的双脚同时与地面接触的过程。奔跑的特点是始终脚尖先落地，且没有双脚同时与地接触的过程。无论是步行还是跑步，每迈一步行人的重心都会高低起伏一次。重心变化产生的加速度，使每一步的竖向荷载都具有双峰的性质。步行者没有腾空过程，时程曲线是连续的；跑步的时程曲线则是一个个间断的半波。除竖向力外，行人的双腿交替运动，也导致人的重心左右摆动，因此也有横向力。由于行人重心每两步左右摆动一次，因此横向步行力的频率正好是竖向步行力的一半。为克服地面摩擦前进，行人荷载也有纵向力分量。

与主要由路面不平顺产生的车辆动荷载不同，行人荷载具有如下特征：

(1) 明显的周期性。严格来讲，即使是同一个人，每迈出一步都会和其他步有细微的区别，但总的说来，在一定近似意义上行走方式决定了人行荷载有明显的周期性。成年人正常行走的步频（即每秒钟迈的步数）为 1.5～2.4Hz。竖向力的双峰特征，使竖向力的前三阶谐波成分都可能激发桥梁振动。横向力则一般可只考虑一次谐波作用。因此，一般认为基频要高于 5Hz 的桥梁才不大可能出现人桥振动问题。

(2) 窄带随机过程。人在体重和行走速度方面的差别远不如车辆那么大，因此行人荷载的步频、步长均是在很窄的一个范围内随机分布，并较好地符合正态分布特征。不过同一桥上的人的行走的初相位，可以认为是在 $0\sim2\pi$ 之间均匀随机分布。人行荷载的窄带性意味着桥上行人多到一定数目后，就会自然产生一部分频率相位非常接近同步的人，桥梁越长越宽，这一现象就会越显著，如果这一部分人的频率正好与结构的固有频率接近，就会产生明显的桥梁振动。这好比人的生日，一个小区小村同一天生日的人不多，但一个城市一个国家同一天生日的人就会很多。这也是大的人行桥振动特点。

(3) 人桥相互作用。与车辆不同，人是感觉很灵敏的生物，可以感知 $0.01\mathrm{m/s^2}$ ($0.001g$) 的加速度。如果桥梁发生振动，行人会自动调整步频和相位，以适应桥梁的振动，改善自身行走特性。不幸的是，这一调整过程正好进一步加剧了桥梁的横向振动，直到行人因极度不舒适而停止前进或桥上的人数减少，振动才会消失。

2. 行人是受振体

人类是对振动十分敏感的生物，不过幸运的是现有研究表明，人在行进中对振动的耐受力要比坐在建筑物内高一些。设计一座行人完全感觉不到振动的桥肯定是非常不经济的，也是没有必要的。因此合理的途径是将振动控制在容许范围之内。但是，人的感觉是一个非常离散难于定量的问题，不同的人在相同振动环境下的反应不一样，同一个人对同样的振动在不同时候反应也不一样。由于这种不同人之间的差异以及单独一个人主体对振动反应的内在变异性，有关人对振动感受的问题均是通过调查大量的受试者在振动环境下的感受而定性地来划分舒适度标准。

研究表明，在振动的位移、速度和加速度这三个要素中，影响人的生理和心理感受的主要因素是加速度。例如伦敦房屋由交通引起的 10～15Hz 的环境振动，位移只有 0.025mm，但加速度达 0.023g，居民普遍感到不适。因此，各国规范的人行桥的舒适度指标普遍用桥梁最大振动加速度值来划分。

三、人行天桥舒适度设计标准

相关规范对人行天桥竖向振动舒适度指标的规定较多。大体包括人行天桥自振频率和振动响应两类。

1. 人行天桥自振频率限值

目前，我国大城市的主干道路一般为双向 6 车道～10 车道，辅路为双向 2 车道，主路路幅宽度一般在 30～50m。人行天桥结构形式多为简支单跨钢箱梁，30～50m 跨度的天桥经验截面高度为 1.2～1.7m，竖向自振频率在 2.80～1.80Hz 之间，阻尼比在 0.4%～1.6%之间。也就是说，跨度 30m 以上的人行天桥的自振频率很难达到 3Hz。

国内外对人行桥的振动问题都很关注，相关学者进行了大量研究。表 11.2.1 汇总了一些国家关于人行桥振动频率限值的规定和建议。

人行桥振动频率限值　　**表 11.2.1**

各国规范	频率限值
中国《城市人行天桥与人行地道技术规范》(CJJ 169—1995)	竖向自振频率不宜低于 3Hz
欧洲 Eurocode EN-1990	不满足竖向振动低于 5Hz 或横向或扭动低于 2.5Hz 时，应进行桥面振动响应的校验
美国 AASHTO1996	竖向自振频率不低于 3Hz
欧洲国际混凝土委员会规范 CEB 瑞士 SIA160	避免一阶竖向自振频率在 1.6～2.4Hz 范围内；避免二阶竖向自振频率在 3.5～4.5Hz 范围内
日本《立体横断设施技术基准・同解说》	避免一阶竖向自振频率在 1.5～2.3Hz 范围内
英国 BS5400	避免竖向自振频率小于 5Hz，当横向自振频率低于 1.5Hz 时需要进行详细的动力分析
加拿大 OHBDC	避免竖向自振频率小于 4Hz
俄罗斯 2.05.03-84	前两阶自振频率不应落在：1.67～2.22Hz（竖向）； 0.83～1.11Hz（水平向）

2. 人行天桥的振动响应限值

在研究人行天桥振动时，确定行人步频和冲击力是很重要的。有研究指出行人步频在 1.6～2.5 步/s 之间，平均值为 1.99 步/s，呈正态分布，标准差为 0.178 步/s，离散性较小。因此，在竖向自振频率接近 2Hz 的桥上，由于自振频率与行人步频接近，容易发生共振。

英国 BS5400（1978 年）采用了 Blanchard 在 1977 年提出的人行桥竖向振动舒适度限值曲线（$a_{\lim}=0.5\sqrt{f}$）。加拿大安大略省规范（OHBDC，1983 年）继承了 BS5400（1978

年）关于人行桥竖向舒适度限值的表达式，但规定了更为严格的振动限值，即竖向加速度峰值不大于 $0.25f^{0.75}$。澳洲公路规范（Austroads，1996 年）将振动速度作为舒适度评价指标，对站姿取为 0.073m/s，对行人取 0.024m/s。ISO10137（1992 年）采用 ISO 2631-1：1999 中规定的舒适度基本曲线乘以 60 作为人行桥舒适度限值，峰值加速度根据频率的不同介于 0.4～1.0m/s² 之间。欧洲规范 EN1990 规定人行桥面任意位置的竖向振动加速度峰值应小于 0.7 m/s²，但新的修订草案建议采用 BS5400 的竖向加速度峰值。表 11.2.2 给出了不同国家设计规范和研究者提出的人行桥竖向振动的限值。

人行桥振动响应限值　　**表 11.2.2**

各国规范及文献	竖向振动	水平向振动
欧洲 Eurocode EN-1990	$a_{max}<0.7m/s^2$	$a_{max}<0.2\sim0.4m/s^2$（均布人群荷载时）
英国 BS5400	$a_{max}<0.5f^{0.5}m/s^2$	$a_{max}<0.25m/s^2$
加拿大 OHBDC	$a_{max}<0.25f^{0.75}m/s^2$	—
瑞典 Bro2004	加速度有效值 $a_{rms}<0.5m/s^2$	—
澳洲公路规范 Austroads	速度峰值 $v_{max}<0.024m/s$	—
ISO 10137：1992	$a_{max}<0.5\sim1.0m/s^2$（根据频率不同，由竖向振动舒适度曲线乘以 60 得到）	$a_{max}<0.31m/s^2$
Bachmann	$a_{max}<0.1m/s^2$（可感界限）	$a_{max}<0.05\sim0.2\ m/s^2$
中村	—	$a_{max}<0.3m/s^2$
Leonard	$a_{max}<0.12f^{1.5}m/s^2$（荷载状态：多人步行）	
Wheeler	速度峰值 $v_{max}<2.4cm/s$（荷载状态：一个行人，2 步/s 或共振步伐）	
小掘・梶川	速度有效值 $v_{rms}<0.42cm/s$（荷载状态：一个行人，2 步/s）	
松本等	$a_{max}<0.98m/s^2$（荷载状态：2 步/s，1 人/m²）	

注：f 为人行桥的固有频率（Hz）。

图 11.2.3 同时给出了 BS5400（1978 年）、加拿大安大略省规范（OHBDC，1991 年）、Kobori 和 Kajikawa（1974 年）、ISO 10137（1992 年）中规定的人行桥竖向振动加速度限值。从结果可以看出，英国规范 BS5400 在人行天桥的主要振动频率范围内给出的峰值加速度限值最大。

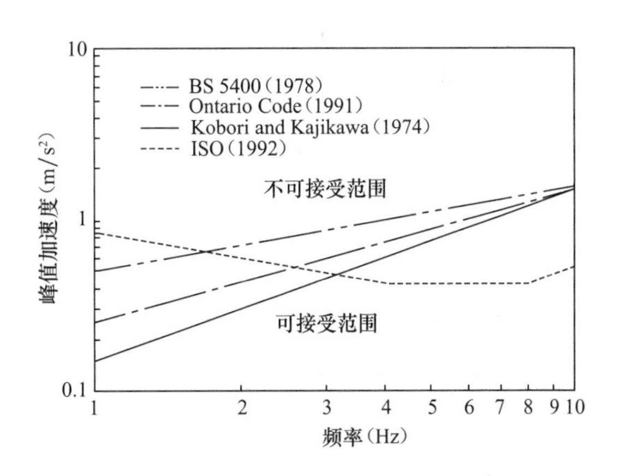

图 11.2.3　各国规范规定的人行天桥舒适度限值

ISO 10137（1992 年）是最早对人行桥侧向舒适度限值进行规定的规范，其加速度均方根值限值曲线在图 11.2.4 中给出，从图中可以看出，最敏感的频率区间为 2.0Hz 以下，峰值加速度的限值约为 0.31m/s²。BS5400（BD/01）增加了对人行桥侧向振动限值的规定，即侧向加速度最大值应小于 0.25 m/s²。EN 1990 规定，在通常使用情况下桥面侧向加速度不应超过 0.20m/s²，在行人较拥挤的使用情况下不应超过 0.40m/s²。而 EN1990 的修订草案的建议取值更为严格，认为人行桥侧向振动加速度峰值应小于 $0.14\sqrt{f}$ 和 0.15m/s²。

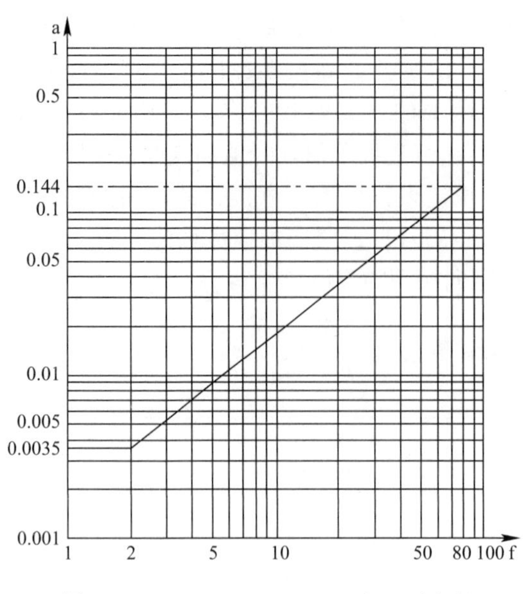

图 11.2.4 ISO 10137（1992 年）对人行桥侧向舒适度限值的规定

自英国伦敦千禧桥、法国巴黎 Solferino 桥等人行桥相继发生过量的振动后，欧洲各国加强了对人行桥振动的研究和相应的动力设计规范（指南）的修订工作。德国人行桥设计指南 EN03（2007）吸收了 2000 年以来的新的研究成果，采取桥梁自振频率与行人接受的峰值加速度限值相结合的方法规定舒适度等级。按照这一方法，动力设计应首先验算人行桥自振频率是否在竖向 1.25～2.3Hz、横向 0.5～1.2Hz 的振动敏感频率范围之内。若在这一范围之内，应根据不同行人稠密度等级确定动力荷载的行人密度，稠密度等级最高为异常密度，如通车典礼等，这时密度可超过 1.5 人/m^2。然后按相应的行人密度和指南建议的方法验算峰值振动加速度，并按照表 11.2.3 的限值来判定竖向和横向振动的行人舒适度。由于 EN03（2007 年）建议的动力响应简化分析方法是计算最大加速度，因此相应的舒适度指标也是用峰值加速度定义。EN03（2007）还特别说明，舒适度的加速度限值与人行桥出现横向动力失稳是两回事，当桥面横向加速度超过 0.1～0.15m/s^2 时，存在横向动力失稳的可能性，尽管行人对这一加速度的感觉还在中度舒适这一等级上。

EN03 中行人舒适度定义（单位：m/s^2） **表 11.2.3**

等级	名称	竖向	横向
1	很舒适	＜0.50	＜0.10
2	中度舒适	0.50～1.00	0.10～0.30
3	不舒适	1.00～2.50	0.30～0.80
4	不可忍受	＞2.50	＞0.80

四、行人步行荷载

1. 脚步荷载的研究方法

行人动荷载研究包括荷载的测量和数学建模。显然，前者是为后者服务的。单人步行力的测量基本属于生物力学研究范畴，主要是通过受试者在测力板或走步机之类仪器上行走，获取步行力动荷载的时程曲线并进而分析它的参数特征。在充分的测量数据基础上人们研究构建了步行力荷载的各种各样的数学模型，以便把这些模型引入到人行桥结构振动研究之中。单人步行力荷载的数学模型研究较多，可以分为时域模型和频域模型。时域模型又有确定性荷载模型和概率性荷载模型两大类。确定性荷载模型本质上是用统计平均值建立起来的模型，使用较方便，广泛应用于设计规范；随机性模型较接近真实，构造方法复杂，目前主要用在科学研究之中。群体模型更难建立，目前是采取一些简化的方法由单人动荷载模型扩展而成。

应该看到，步行力的数学建模是一个非常困难的问题，原因是：

（1）行人移动荷载多种多样，并且随时间和空间而变化；

（2）荷载和多个因素有关；

（3）单人荷载本质上是窄带随机过程，这一过程尚未被很好地认知，从而数学建模困难；

（4）人群之间的相互影响和人与桥之间的自发同步与协调更难在数学模型中体现；

（5）行人在桥上移动和在地面移动的感受不相同，一般而言，在桥上的耐受能力要强一些，但大量的行人动荷载的测量却是在固定地面条件下获得的，在移动平台或实桥上行人动荷载的测量研究还不够充分。

按行人数量来分有四种荷载，即：

（1）单人动荷载，这是研究的基础；

（2）一小组人结伴而行，行人移动速度接近相等（group loading）；

（3）行人低密度全桥均布荷载，每个人均可自由行走；

（4）高密度全桥均布行人且长时间维持不变的稳态行人流动荷载（crowd loading）。例如日本T梁在每次体育比赛后有两万人步行过桥，因此全桥密布2000多人，形成密度1.5人/m^2的稳定的荷载可以持续20多分钟。

2. 典型的荷载模型

德国2008年提出EN03指南吸收了自伦敦千禧桥事故以来的新的研究成果。所提出的荷载模式考虑了竖向和纵向二阶、横向一阶荷载。每种荷载都用了一个通用表达式。

$$p(t) = P \cdot \cos(2\pi f_s t) \times n'\psi \tag{11.2.1}$$

式中：n'表示与桥上自由行走的n个人的效应等效的同步行走人数。于是$P \cdot \cos(2\pi f_s t) \times n'\psi$是单人简谐动荷载，$P$是一阶荷载的幅值，由表11.2.4规定。$f_s$是桥梁的某一阶模态的频率值，它正好在行人步频范围内且假定它与行人步频相等。

荷载模型中 P 的取值 **表 11.2.4**

P(N)		
280（竖向）	140（竖向）	35（横向）

ψ是折减系数，其值按图11.2.5规定选取。由图可见，折减系数考虑了频率的影响，行人频率范围以外的折减系数为零，相当于此范围以外可以不考虑行人荷载作用。对于二

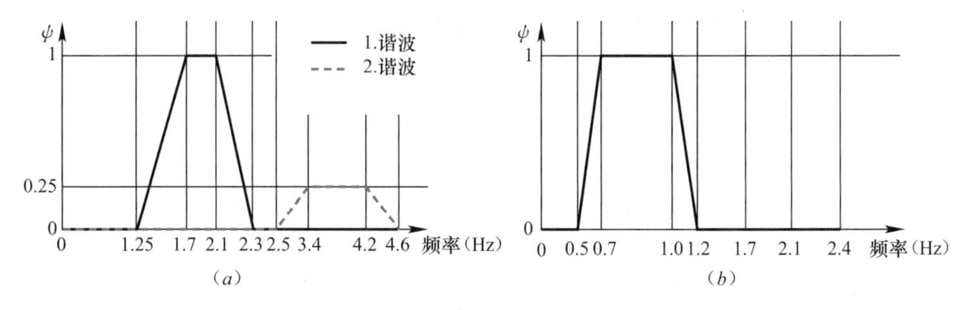

图11.2.5 荷载模型中ψ的取值

（a）竖向和纵向（b）横向

阶谐波荷载，折减系数≤0.25，相当于二阶谐波荷载系数为一阶的1/4。EN03指南要求逐个振型加载，一、二阶荷载是分开加载到不同振型上，因此没有二阶荷载相对一阶荷载的相位差问题。

五、德国人行桥设计指南EN03

人行桥规范最常引用的是德国人行桥设计指南，该指南是根据煤钢协会（RFCS）研究计划RFS-CR-03019行人同步激励荷载的改进模型和钢人行桥的优化设计规范的研究成果，《人行桥设计规范》还包括报告《人行桥设计规范背景资料》。该规范中人行桥的设计方法与流程见图11.2.6，主要步骤为：

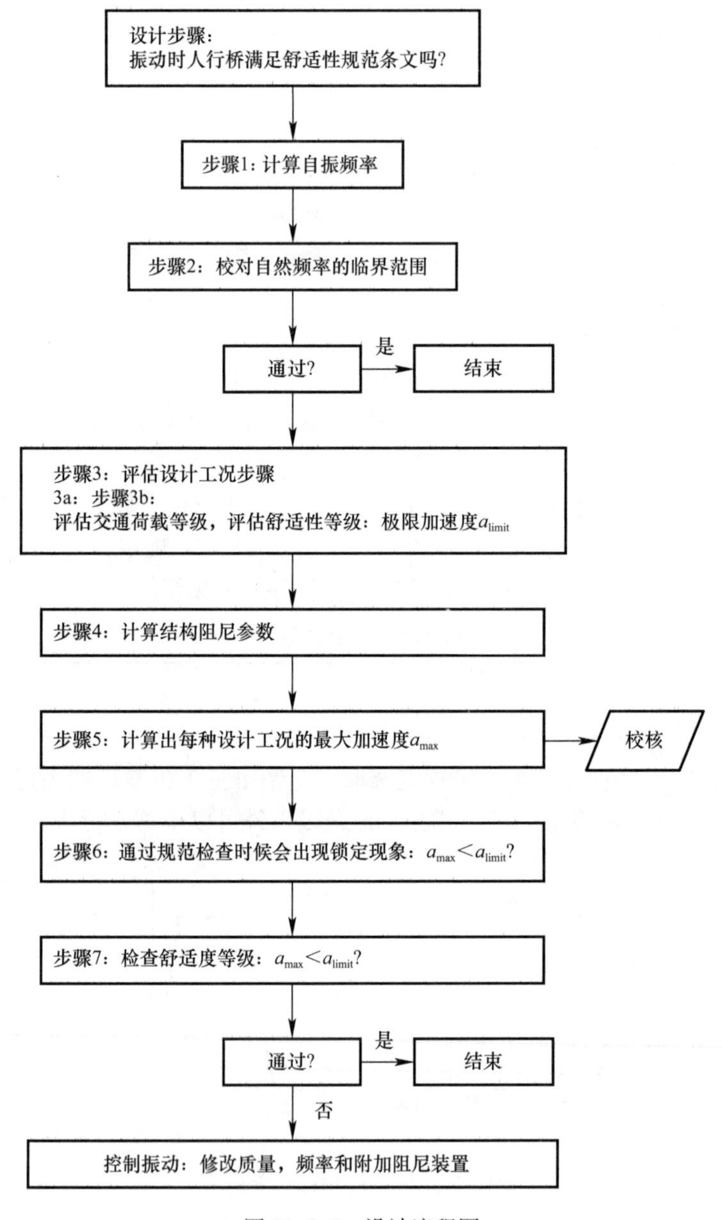

图11.2.6　设计流程图

1. 计算人行桥固有频率

设计阶段有几种方法计算人行桥的固有频率，尤其是为初步检验人行桥的振动问题，比如：有限元法、梁、索和板壳的手工计算公式。

2. 校核固有频率的范围

人行桥在行人荷载激励下的固有频率的临界范围为：

对于竖向和纵向振动：$1.25\text{Hz} \leqslant f_i \leqslant 2.3\text{Hz}$；

对于横向振动：$0.5\text{Hz} \leqslant f_i \leqslant 1.2\text{Hz}$；

竖向和纵向频率在 $2.5\text{Hz} \leqslant f_i \leqslant 4.6\text{Hz}$ 的人行桥可能会由第 2 阶简谐人行荷载激励产生共振，所以竖向和纵向振动频率的临界范围扩展到了：$1.25\text{Hz} \leqslant f_i \leqslant 4.6\text{Hz}$。文中提出了由第 2 阶简谐人行荷载激励可能产生共振的激励，但是到目前未有由第 2 阶人行荷载激励可能产生共振的记载。

3. 设计工况的评估

人行桥开始就要列出一些重要的设计工况——一系列代表某个时间段内可能真实发生情况的物理条件。每个设计工况由一个预期的交通等级和一个选定的舒适等级确定。

某些设计工况在人行桥的整个使用寿命中只会出现一次，比如大桥的落成通车仪式，而其他的设计工况则可能每天发生，比如通勤交通。表 11.2.5 给出了一些人行桥可能发生典型交通量状况的概览。预期的行人交通量、交通流量密度和舒适性要求对人行桥的动力性能要求有重要影响。

为了更进一步研究桥梁的动力响应，建议要特别指出一些可能的设计工况。表 11.2.6 给出了一些例子。

重要的设计状况事例说明　　　　**表 11.2.5**

	个别行人和小组行人 行人数量：11 群组大小：1～2 人 密度：0.02 人/m^2
	非常弱的交通 行人数量：25 群组大小：1～6 人 密度：0.1 人/m^2
	弱交通 行人数量：60 群组大小：2～4 人 密度：0.2 人/m^2
	非常密集的交通 密度：1.5 人/m^2

重要的设计状况事例说明　　表 11.2.6

设计工况	描述	交通级别	预计出现频次	舒适性级别
1	桥梁的竣工典礼	TC4	仅一次	CL3
2	往返交通	TC2	每天	CL1
3	周末的漫步者	TC1	每周	CL2

（1）交通级别的估计

行人交通级别和相关人流密度如表 11.2.7 所示。

行人交通级别和人流密度　　表 11.2.7

荷载工况	人群密度（人/m^2）	描述	特点
TC1	一组 15 人 15/(BL)	行人稀少	舒适而自由地行走、快步行走是可能的，单人行走能够自由选择步伐
TC2	0.2	行人较少	
TC3	0.5	行人较多	行走依然不受限制，快步行走有时可能被限制
TC4	1.0	行人拥挤	行走不舒适，人群拥挤。行人不能自由地选择步伐。自由移动受到限制，步行受阻、快步行走不再可能
TC5	1.5	行人非常拥挤	

注：对于交通级别 TC1 平均人流密度由行人数量除以桥面板宽和长得到（B=桥面板的宽度，L=桥面板的长度）。

成队的行人、队伍或是行进的士兵没有考虑到一般的交通级别分类当中，但是需要额外考虑。

（2）舒适级别

行人舒适度的标准大多是由人行桥的加速度来表示，本规范中推荐了 4 个舒适级别，如表 11.2.8 所示。

用加速度来确定舒适级别　　表 11.2.8

舒适级别	舒适度	竖向 a_{limit}	横向 a_{limit}
CL 1	最大	<0.50m/s^2	<0.10m/s^2
CL 2	中等	0.50～1.00m/s^2	0.10～0.30m/s^2
CL 3	最小	1.00～2.50m/s^2	0.30～0.80m/s^2
CL 4	不能接受	>2.50m/s^2	>0.80m/s^2

注：注意给定的加速度范围只是舒适性标准。

4. 结构阻尼的估计

阻尼的大小对于评估由行人激励而引起的振动大小是十分重要的。振动的衰减、结构能量的耗散主要来自两个方面：一方面是建设材料的内在阻尼，它具有分布式的特性；另一方面有支座的效用和其他控制装置。其他的阻尼也可以由非结构性构件产生，如栏杆和铺装面。

阻尼的大小一般与振动水平有关。当振动的幅度较大时，会引起结构和非结构性构件和支座产生更大的摩擦。

结构内部共存有各种耗能机制，这使得结构阻尼形成了一个十分复杂的现象。要想精确地描述它，只有依靠对实际的已安装扶手、铺装面和装饰结构的已建人行桥进行测量。

柔而轻的人行桥还受到风的影响，这样会形成气动阻尼，随着风速的提高能够导致阻尼的提高。在对风荷载的研究中可以将这额外的气动阻尼考虑进去，但是在人行激励效应中不予考虑。

（1）阻尼模型

为了设计和数值建模，需要指定一个阻尼模型并确定相关参数。普通的方法是采用线黏性阻尼。线性阻尼就是说阻尼力与位移随时间的变化率（速度）成比例。这个模型的优点是可以得到线性动力平衡方程，这样可以很容易地得到方程的解析解。然而它只对低水平振动时的结构阻尼有效。

在结构中设置控制系统可能导致结构的阻尼矩阵不再成比例，因而传统的模态分析模型就不再适用。阻尼系统的参数调整和对减振结构的响应计算要求更加有效的算法，也就是基于直接积分方法的迭代计算，或者其他的状态空间方法。

（2）正常使用荷载下的阻尼比

人行桥舒适性水平设计，是一种定义在欧洲规范可靠性下的使用状态设计，表 11.2.9 建议了用于舒适性设计时的最小和平均阻尼比。

在使用状态下各种材料的阻尼比　　表 11.2.9

结构类型	阻尼比最小值	平均值（%）
钢筋混凝土结构	0.8	1.3
预应力混凝土结构	0.5	1.0
钢-混组合结构	0.3	0.6
钢结构	0.2	0.4

（3）大幅振动下的阻尼比

某些蓄意的荷载可能造成轻柔的人行桥产生较大的振动，这样就会导致较大的阻尼比，如表 11.2.10 所示。

较大振动情况下各种材料的阻尼比　　表 11.2.10

建筑类型	阻尼比
钢筋混凝土	0.05
预应力混凝土	0.02
钢材、焊接节点	0.02
钢材、螺栓节点	0.04
增强弹性体	0.07

5. 最大加速度的确定

（1）荷载模型的应用

人行激励荷载应采用均布荷载，单位面积的人行激励荷载应按下式确定：

$$p(t)=P_{b}\cos(2\pi f_{s}t)\cdot r'\cdot\psi \tag{11.2.2}$$

式中：P_b——人行天桥上单个行人行走时产生的作用力（N），竖向取280N，纵桥向取140N，横桥向取35N；

f_s——人行荷载频率，假设等于人行桥的固有频率；

r'——等效人群密度（$1/m^2$）；

ψ——荷载折减系数。

（2）等效人群密度应按下式确定：

$$r'=\begin{cases}\dfrac{10.8\sqrt{\xi\cdot N}}{A} & \text{人群密度}<1.0\ \text{人}/m^2\\[2mm] \dfrac{1.85\sqrt{N}}{A} & \text{人群密度}\geqslant 1.0\ \text{人}/m^2\end{cases} \tag{11.2.3}$$

式中：A——加载面积（m^2）；

N——行人总人数，取人群密度与加载面积的乘积；

ξ——阻尼比，应按表11.2.9取最小值和平均值。

（3）竖向和纵桥向荷载折减系数应按式（11.2.4）确定，横桥向荷载折减系数应按式（11.2.5）确定。

荷载模式（TC1）考虑了人能自由行走，人群之间的同步系数与小密度行人流的相等。行人密度上限值超过1.5人/m^2，行人自由行走是不可能的，因此动力作用明显减小，当人流密度增大时，行人之间的相关性增加，动力荷载趋于减小。TC1～TC5荷载模型参数见表11.2.11。

TC1～TC5荷载模型参数 *P*(N)　　**表11.2.11**

竖向	纵向	横向
280	140	35

$$\psi=\begin{cases}0 & f_s\leqslant 1.25\text{Hz}\\[1mm] \dfrac{f_s-1.25}{1.7-1.25} & 1.25Hz<f_s\leqslant 1.7\text{Hz}\\[1mm] 1 & 1.7Hz<f_s\leqslant 2.1\text{Hz}\\[1mm] 1-\dfrac{f_s-2.1}{2.3-2.1} & 2.1\text{Hz}<f_s\leqslant 2.3\text{Hz}\\[1mm] 0 & 2.3\text{Hz}<f_s\leqslant 2.5\text{Hz}\\[1mm] 0.25\times\dfrac{f_s-2.5}{3.4-2.5} & 2.5\text{Hz}<f_s\leqslant 3.4\text{Hz}\\[1mm] 0.25 & 3.4\text{Hz}<f_s\leqslant 4.2\text{Hz}\\[1mm] 0.25\times\left(1-\dfrac{f_s-4.2}{4.6-4.2}\right) & 4.2\text{Hz}<f_s\leqslant 4.6\text{Hz}\\[1mm] 0 & f_s>4.6\text{Hz}\end{cases} \tag{11.2.4}$$

$$\psi=\begin{cases}0 & f_s \leqslant 0.5\text{Hz} \\ \dfrac{f_s-0.5}{0.7-0.5} & 0.5\text{Hz}<f_s \leqslant 0.7\text{Hz} \\ 1 & 0.7\text{Hz}<f_s \leqslant 1.0\text{Hz} \\ 1-\dfrac{f_s-1.0}{1.2-1.0} & 1.0\text{Hz}<f_s \leqslant 1.2\text{Hz} \\ 0 & f_s>1.2\text{Hz}\end{cases} \tag{11.2.5}$$

第十二章　轨道交通

第一节　交通环境振动的特性

1825年世界上第一条铁路在英国斯托克顿和达林顿之间建成；1863年世界上第一条地铁在伦敦建成（接着是格拉斯哥1896年、柏林1902年）；1879年世界上第一条有轨电车线路在柏林工业博览会场建成。目前轨道交通已经成为世界各国最主要的公共交通工具之一。截至2016年底，我国铁路运营里程居世界第二（仅次于美国），我国高速铁路运营里程居世界第一，上海、北京的城市轨道交通运营里程已居世界城市前两位。

随着现代工业的迅速发展、城市规模的日益扩大，交通运输（含公路、铁路、城市轨道交通）产生的振动对环境的影响也越来越受到人们的重视。一方面由交通引起的振动日益增大，另一方面由于人们对生活质量的要求越来越高，对于同样水平的振动，过去可能不被认为是什么问题，而现在却越来越多地引起公众的强烈反应，这些都对交通运输引起的结构振动及其对周围环境影响的相关研究提出了新的要求，也引起了各国研究人员的高度重视。交通运输引起的环境振动对人生活和工作的影响是长期的，有时是难以避免的。交通运输引起的振动是除工厂和建筑施工之外最强烈的振动，交通环境振动对建（构）筑物正常使用功能的影响、对人生活和工作环境的影响的研究等具有非常重要的现实意义，同时可为制定相关国家规范或标准提供技术基础，为国家环境保护及其立法提供支撑。

当车辆通过公路和轨道时，由于不平顺、惯性力等的作用，导致地面振动，从而对周围环境产生影响。对于公路车辆引起的地面振动，一般只需要关注路面坑洼、减速丘、减速带和振荡带等，这些速度控制措施引起的振动遭到过投诉。Watts的代表性研究评价了公路车辆通过减速丘和减速带时引起的地面振动水平，表明这些车速控制措施可产生可感知振动，但是不可能引起建筑物损伤，哪怕是最轻微的损伤。充气轮胎的弹性有助于减小动力水平，从而减小了公路附近的地面振动。相比之下，轨道交通和公路的不平顺性质有显著差别，重得多的钢质车轮在钢轨上滚动产生的动力要大得多，轨道交通的轮轨作用机理也远为复杂。

轨道交通引起的地面振动属于间歇性长期振动，可能会引起建筑物结构的疲劳、共振破坏和人体的不舒适。交通引起的地表振动有别于其他工业振动，引起结构响应的典型频率范围为1～100Hz。铁路和城市轨道交通引起的振动依次从轨道系统、支承结构、周围土体传递到附近建筑物。振动传播示意图如图12.1.1所示。

铁路和城市轨道交通引起的地面振动是由列车在轨道上的移动造成的，影响振源大小和频率的因素有很多，根源是轮轨相互作用，即轨头和车轮踏面之间的接触斑处的有限驱动点阻抗引起的振动，如图12.1.2所示。轨头的阻抗主要由轨道设计决定，但是它也受支承结构（例如隧道仰拱、隧道）和周围土体的影响。对于环境振动所关心的频率，车轮踏面处的阻抗主要由车辆的簧下质量确定。但是，在车辆缺乏维修或阻尼器高频性能较差而导致车辆悬挂刚度较大时，车辆的总质量和其载重也变得很重要。

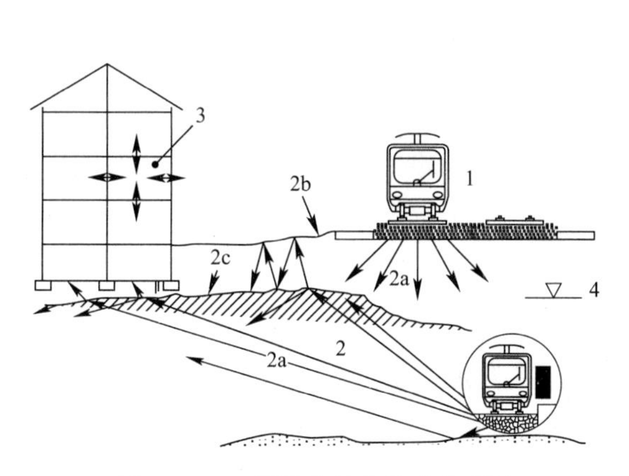

图 12.1.1　铁路和城市轨道交通振动传播示意图

1—振源；2—传播；2a—体波；2b—表面波；2c—界面波；3—建筑物（受振体）；4—地下水位

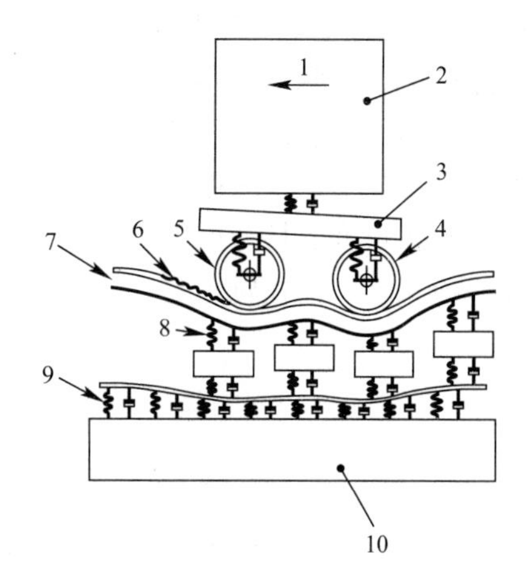

图 12.1.2　列车-轨道模型

1—列车速度；2—车体质量；3—转向架质量；4—簧下质量；5—车轮粗糙度；6—钢轨粗糙度；7—钢轨阻抗；8—扣件；9—路基隧道；10—地层阻抗

铁路和城市轨道交通产生振动的主要机理可归纳为六种：准静态机理、参数激励机理、钢轨不连续机理、轮轨粗糙度机理、波速机理、横向激励机理。

一、准静态机理

也可称为移动荷载机理，在移动列车荷载作用下，轨道、道床、路基和地层产生移动变形和弯曲波。该机理在轨道附近很显著，车辆每根轴的通过都可以辨别出来。列车通过可以模拟为施加于钢轨上的移动静态集中荷载列。尽管荷载是恒定的，但当每个荷载通过时，地层固定观测点都经历了一次振动。当某根轴通过观测点对应的轨道断面时，观测点的响应呈现峰值；当观测点位于两根轴之间的断面时，观测点响应呈现谷值。准静态效应对 0～20Hz 范围内的低频响应有重要贡献。一些与这个机理有关的问题还没有完全弄清楚，例如边界条件的影响、轨道和地层的不均匀导致的传播波。

二、参数激励机理

其根源是地铁和铁路中的钢轨在等间距扣件处的离散周期性支承，在有轨电车轨道的钢轨是埋入式连续支承的，不存在这种机理。对于离散支承的轨道，车轮行走在钢轨不同位置时，钢轨支承刚度是变化的，扣件处的刚度较高，扣件间的刚度较低。当车轮以恒定速度通过钢轨时，由于钢轨支承刚度的变化，导致轮轴的垂向运动，对钢轨施加了周期性动力，其频率称为扣件通过频率，等于列车速度除以扣件间距。周期力可以按照此频率做 Fourier 级数展开。Heckl 等研究了这种效应，给出了铁路轨道附近测得的加速度谱。测试结果表明，在扣件通过频率出现峰值。这种频率峰值一般只出现在轨道和车轮状态极其完好时，通常状态下，即使在轨道板和隧道壁上也无法观测到这种频率峰值。另外，当轮轨共振与扣件通过谐波合拍时，响应会明显增大。

类似地，车轴的排列间距也产生谐波成分。需要注意的是轨道交通车辆的轴排列并不是均匀的，轴排列的特征距离有 4 种：转向架内轴距、转向架间轴距、车辆内轴距、车辆间轴距，见图 12.1.3，因此对应存在着 4 种特征频率：转向架内轴距通过频率、转向架间轴距通过频率、车辆内轴距通过频率、车辆间轴距通过频率。理论上看，当这些频率与车辆、轨道、路基、桥涵、隧道的固有频率接近时，就会对它们和周围环境产生相当大的激励，在实际工程中这些频率一般只在桥梁结构中能观测到，原因是梁体结构的整体性和桥梁跨度与车辆长度的特殊比例关系，在其他情况下，这些频率往往被波长范围较宽的轮轨粗糙度所掩盖，即使在轨道附近也无法出现峰值。一般而言，特征距离越大，其对环境振动的贡献越小。

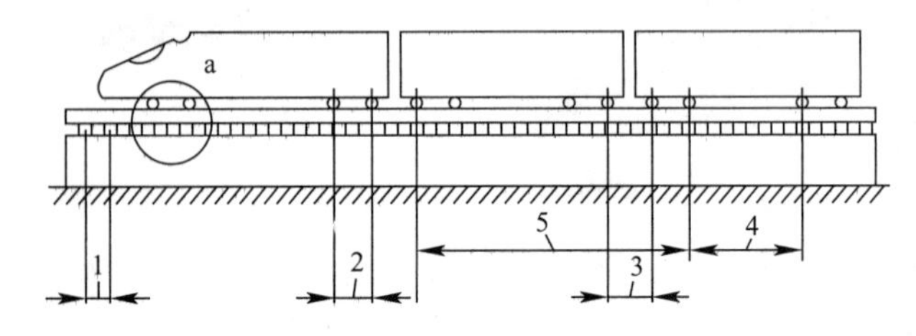

图 12.1.3　特征距离

1—扣件间距；2—转向架内轴距；3—转向架间轴距；4—车辆内轴距；5—车辆间轴距

我国地铁和铁路主型车辆的特征距离见表 12.1.1，在典型运营速度下的特征频率见表 12.1.2。从表 12.1.2 可以看出：地铁列车的典型特征频率范围是 0.8～32.4Hz；普速铁路客运列车的典型特征频率范围是 1.5～74.1Hz；铁路货物列车的典型特征频率范围是 1.4～37.0Hz；高速动车组的典型特征频率范围是 2.5～149.6Hz。

我国地铁和铁路主型车辆的特征距离　　表 12.1.1

车辆类型	特征距离（m）				
	1	2	3	4	5
地铁 A	0.6	2.5	3.9	13.2	24.6
地铁 B	0.6	2.3	4.1	10.3	21.3
普速铁路客车 25T1	0.6	2.5	6.076	15.5	29.076
铁路货车 C70	0.6	1.83	2.936	7.38	25.806
高速动车组 CRH2	0.6，0.65 *	2.5	5	15	27.5

注：* 对于 250km/h 高铁，为 0.6；对于 350km/h 高铁，为 0.65。

我国地铁和铁路主型车辆在典型运营速度下的特征频率　　表 12.1.2

车辆类型	列车速度（km/h）	对应于特征距离的特征频率（Hz）				
		1	2	3	4	5
地铁 A	70	32.4	7.8	5.0	1.5	0.8
地铁 B	70	32.4	8.5	4.7	1.9	0.9
普速铁路客车 25T1	160	74.1	17.8	7.3	2.9	1.5
铁路货车 C70	80	37.0	12.1	6.2	3.0	1.4
高速动车组 CRH2	250	115.7	27.8	13.9	4.6	2.5
高速动车组 CRH2	350	149.6	38.9	19.4	6.5	3.5

三、钢轨不连续机理

这种机理主要是由于在钢轨接头、道岔、交叉处的高差。在这些部位，由于车轮曲率无法跟随错牙接头、低接头或钢轨的不连续，车轮对钢轨施加了冲击荷载，轮轨相互作用力明显增大。这一激励机理产生的噪声还会使车内乘客烦恼。如果有缝钢轨的长度等于车辆转向架中心距，振动水平会显著增大。由于无缝线路的广泛采用，这一机理变得不重要了，但是在钢轨焊接接头处常因焊接工艺不良而形成焊缝凸台。固定式辙叉咽喉至心轨尖端之间，有一段轨线中断的间隙，称为道岔的有害空间，车辆通过时发生轮轨之间的剧烈冲击。可动心轨辙叉消除了有害空间，保持轨线连续，从而使车辆通过辙叉时发生的冲击显著减小。这种机理还包括轨头局部压陷、擦伤、剥离、掉块等。

另外，当车轮发生抱死制动而在钢轨上滑行时，会导致车轮出现局部擦伤和剥离，即车轮扁疤（单个或多个），导致轮轨间产生冲击荷载。

钢轨不连续机理产生的冲击虽然振动水平较高，但持续时间很短，频率较高，在轨道结构、路基和土层传播时衰减较快。但冲击产生的噪声对车内乘客和环境影响较大。

四、轮轨粗糙度机理

钢轨轨面和车轮踏面随机粗糙度包括两部分：与公称的平/圆滚动面相对应的局部表面振幅，即表面上具有的较小间距和峰谷所组成的微观几何形状特性；比粗糙度更大尺度（波长）的几何形状、尺寸和空间位置与理想状态的偏差，通常称为不平顺。粗糙度引起强迫激励，通常情况下这种机理对环境振动是贡献最大的。粗糙度最早是出现在制造加工时，然后出现在轨道铺设和车轮安装时，在运营后随着时间而变化。运营期需要设定粗糙度变化的允许值。Hunt 对影响钢轨粗糙度的各种因素做了全面的总结。

轨道支承在密实度和弹性不均匀的道床、路基、桥涵、隧道上，在运营中却要承受很大的随机性列车动荷载反复作用，会出现钢轨顶面的不均匀磨耗、道床路基桥涵隧道的永久变形、轨下基础垂向弹性不均匀（例如道砟退化、道床板结或松散）、残余变形不相等、扣件不密贴、轨枕底部暗坑吊板，因此轨道不可避免地会产生不均匀残余变形，导致钢轨粗糙度增大，且随时间变化。车轮粗糙度的恶化也会导致钢轨粗糙度增大。轨道垂向不平顺包括高低不平顺、水平不平顺和平面扭曲。高低不平顺指沿钢轨长度在垂向的凹凸不平；水平不平顺指同一横截面上左右两轨面的高差；轨道平面扭曲（也称为三角坑）即左右两轨顶面相对于轨道平面的扭曲。

钢轨粗糙度产生的振动频率范围很宽。车轮通过不平顺轨道时，在不平顺范围内产生强迫振动，引起钢轨附加沉陷和作用于车轮上的附加动压力。在理想情况下，当圆顺车轮通过均匀地基上的具有特定波长——粗糙度的无缝钢轨时，轮轨相互作用力的频率等于列车速度除以波长，并受相同频率的列车惯性力的影响。典型的钢轨粗糙度（不含波浪形磨耗）的长波长的幅值大于短波长。

钢轨粗糙度另一个主要来源是波浪形磨耗，它由不同波长叠加的周期性轨道不平顺组成，总体看其波长较短，典型波长为 25～50mm，对于典型列车速度，这些短波长产生的振动频率高于 200Hz。这些频率被大地衰减，一般不会传播到附近的地面建筑物。当列车速度较低时，例如在线路限速和车站附近，波浪形磨耗产生动力一般是比较小的，除非波浪形磨耗很严重。在评价轨道交通引起的地面振动时一般不需要考虑波浪形磨耗。对波浪形磨耗钢轨应进行充分且恰当的补救性打磨。

用不平顺半峰值与1/4波长之比或峰峰值与正负峰间距离之比定义的平均变化率能综合反映轨道不平顺波长和幅值的贡献。对于钢轨不连续机理，波长较短而平均变化率大，轮轨冲击剧烈；当不平顺幅值和平均变化率都大时，也会产生剧烈振动；当不平顺幅值虽大而平均变化率较小时，振动不会很大。

当周期性高低和水平不平顺的波长在一定列车速度下所激励的强迫振动频率与车辆垂向固有频率接近时，即使幅值不大，也会导致车体共振，使轮轨作用加剧。

车轮不平顺包括车轮椭圆变形、车轮动不平衡、车轮质心与几何中心偏离、车轮的轮箍和轮心的尺寸有偏差（如偏心）等。车轮粗糙度产生的振动对地面振动关心的频率范围有比较均匀的贡献。

五、波速机理

当列车速度接近或超过地层中的 Rayleigh 波速（地面线）、剪切波速（地下线）或在轨道中传播的弯曲波的最小相速度时，将产生很大的轨道振动和地面振动。由于地铁和普速铁路的列车速度低于上述三种临界波速，因此不需要关注这种机理。随着高速铁路的发展，人们开始关注这种机理。对于很软的软土，高速列车的速度很容易超过临界速度（通常是 Rayleigh 波速）。Krylov 通过理论分析推断，当列车速度超过地层的 Rayleigh 波速时，地面振动将陡然增大，比普速列车增加 70dB。这种现象类似于超声速飞机突破声障时产生的声爆，也类似于流体流速增大使得 Renault 数超过一定值时，流体从层流转变为紊流。挪威岩土工程研究所首次观测到了这种现象，验证了 Krylov 推断的正确性。在设计中，可在道床下设置加筋地基或混凝土桩板结构（桩基础达到较硬的地层）来减小这种振动机理。在隧道中，隧道衬砌和仰拱提供的刚性基础可以减小周围土体的振动水平。1997～1998年从瑞典哥德堡到马尔摩的西海岸线 X2000 高速列车开通时，瑞典国家铁路管理局（Banverket）进行了轨道和地基振动测试，同时进行了全面的地质勘查。沿线有大量软土，特别是 Ledsgard 市附近的地层 Rayleigh 波速只有 162km/h，土层参数见表 12.1.3。列车速度从 137km/h 增加到 180km/h 时，地面振动增大了 10 倍，钢轨垂向位移接近 10mm，见图 12.1.4。如果列车速度进一步提高，达到轨道的最小相速度时，钢轨垂向位移将会更大，可能导致列车脱轨，剧烈的振动在近场还会影响轨道结构和路基的强度和稳定性。测试后对路基进行了加固处理。

土层参数（泊松比取 0.49） **表 12.1.3**

土层	层厚（m）	密度（kg/m^3）	剪切波速（m/s^1）		阻尼比	
			列车速度 70(km/h)	列车速度 200(km/h)	列车速度 70(km/h)	列车速度 200(km/h)
地表层	1.1	1500	72	65	0.04	0.063
软黏土	3.0	1260	41	33	0.02	0.058
黏土层 1	4.5	1475	65	60	0.05	0.098
黏土层 2	6.0	1475	87	85	0.05	0.064
半空间	5.4	1475	100	100	0.05	0.060

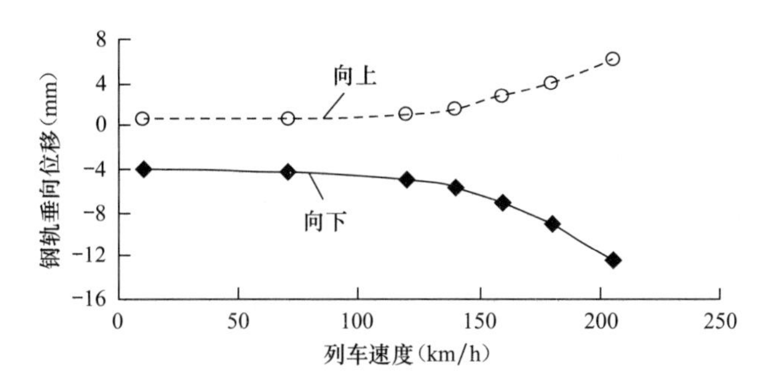

图 12.1.4　钢轨垂向位移的实测值与列车速度关系

六、横向激励机理

横向激励机理主要包括横向轨道不平顺、离心力、车辆蛇行运动和车辆摆振。

1. 横向轨道不平顺包括轨道方向不平顺和轨距偏差。轨道方向不平顺指轨顶内侧面沿长度的横向凹凸不顺，由轨道横向弹性不均匀、扣件失效、轨排横向残余变形积累或轨头侧面磨耗不均等造成。轨距偏差指在轨顶面以下 16mm 处量得的两轨间内侧距离相对于标准轨距的偏差，通常由于扣件不良、轨枕挡肩失效、轨头侧面磨耗等造成。轨距大于轮对宽度，两者之差称为轮轨游间，我国地铁和铁路的正常轮轨游间为 16～18mm，轮轨游间过大会加剧轮轨横向相互作用和转向架蛇行加剧。另外车辆通过道岔时，短距离内的轨距变化，轮缘对护轨喇叭口和翼轨喇叭口施加横向冲击荷载。另外轨道水平不平顺虽然属于垂向不平顺，但它对横向振动的贡献也不可忽视。

2. 车辆在曲线上运行时，离心力作用在车体的重心上，当轨道过超高或欠超高时，离心力无法与重力的水平分量平衡而对轨道产生横向激励，离心力引起的振动频率很低，一般不在环境振动评价频率范围内。

3. 蛇行运动产生的机理是，车辆沿直线轨道运行时，由于车轮踏面的锥度，且轮缘与钢轨侧面之间有间隙，车辆在水平面内既有横摆运动，又有摇头运动。

自由轮对蛇行频率：

$$f_{w}=\frac{v}{2\pi}\sqrt{\frac{\lambda}{br_{0}}} \tag{12.1.1}$$

刚性转向架蛇行频率：

$$f_{t}=\frac{v}{2\pi\sqrt{\frac{br_{0}}{\lambda}\left[1+\left(\frac{S_{0}}{2b}\right)^{2}\right]}} \tag{12.1.2}$$

式中：λ——车轮踏面等效锥度；

b——左右车轮滚动圆之间的距离（近似为轨距）的一半；

r_0——车轮半径；

S_0——轴距；

v——车辆运行速度。

可见刚性转向架蛇行频率比自由轮对蛇行频率低，实际的蛇行频率应介于两者之间。

实测数据表明，货车蛇行频率离散性较客车大，其实际蛇行频率甚至高于自由轮对蛇行频率，这是由于货车车轮踏面磨耗较大，导致踏面等效锥度变化，大多数情况下等效锥度会随着磨耗增大而增大，但也有文献报道磨耗会导致等效锥度变小。

我国地铁和铁路主型车辆蛇行运动的相关参数见表 12.1.4，在典型速度下的蛇行频率见表 12.1.5。

我国地铁和铁路主型车辆蛇行运动的相关参数　　表 12.1.4

车辆类型（踏面类型）	S_0(m)	$2r_0$(m)	$2b$(m)	λ^*
地铁 A(LM 踏面)	2.5	0.84	1.499	0.10
地铁 B(LM 踏面)	2.5	0.84	1.499	0.10
普速铁路客车 25TI(LM 踏面)	2.5	0.915	1.499	0.10
铁路货车 C70(LM 踏面)	1.83	0.84	1.499	0.10
高速动车组 CRH2(LM_A 踏面)	2.5	0.86	1.499	0.036

注：* λ 与轨底坡和钢轨型面有关。表中 λ 值对应于我国地铁和铁路广泛采用的 1/40 轨底坡、CHN60 钢轨型面。

我国地铁和铁路主型车辆在典型速度下的蛇行频率　　表 12.1.5

车辆类型	v(km/h)	f_w(Hz)	f_t(Hz)
地铁 A	70	1.75	0.90
地铁 B	70	1.75	0.95
普速铁路客车 25T1	160	3.82	1.97
铁路货车 C70	80	1.99	1.26
高速动车组 CRH2	250	3.70	1.90
高速动车组 CRH2	350	5.17	2.66

4. 摆振

我国铁路货车曾采用三大件结构的转$_{8A}$型（C62、P62 系列）、控制型（C63A）等转向架，由于抗菱形刚度小，在直线段超过临界速度时，转向架菱形变形较大，出现摆振现象，引起垂向荷载的大幅度波动以及横向冲击载荷的高频度出现。转$_{8A}$型转向架空车临界速度为 75～78km/h，重车临界速度为 88km/h；控制型转向架空车临界速度为 83km/h；在桥梁上出现摆振的速度会降低到 55～60km/h。摆振频率范围在 2～3Hz 范围，以 2.5Hz 左右较为常见，而且基本上不随速度变化，只要出现摆振就是相同的频率。目前这类转向架已基本改造完毕。

七、其他机理

除了上面提到的六种振动激励源以外，还有一些特殊的激励源。

1. 轨道过渡段刚度不平顺。在路基-桥涵、路基-隧道、桥涵-隧道、有砟-无砟轨道过渡段和道岔头尾处，由于轨下基础支承条件发生变化，轨道刚度出现纵向不均匀，另外不同轨下基础还会出现沉降差，导致轨面弯折，由此产生振动。

2. 列车车轮、车轴、齿轮箱、轴挂电动机和联轴器的静态和动态不平衡引起的振动。

3. 轨道不稳定、侧偏、轮缘接触和轨距变化也会产生振动，这些振源一般出现在维修状态较差的旧线上。

4. 列车加、减速或制动时，通过轮轨作用产生纵向力而引起振动。

5. 车辆悬挂状态不良，包括悬挂被锁定的情况。

6. 车轮踏面和钢轨走行面硬度的随机变化或周期变化，可能出现在制造加工时，更经常产生在运营中。

7. 恶劣环境条件引起的钢轨磨耗，例如轨头温度和湿度。

第二节　轨道交通振源概述与列车动荷载模拟

一、轨道交通振源概述

列车-轨道系统是产生轨道交通振动的源头，现代列车系统通过二系悬挂系统与转向架相连接（图 12.2.1），车体的重量通过转向架传给轮对，轮对再将荷载通过与钢轨的轮轨接触传至下部轨道系统。我国典型的城市轨道系统大多是整体道床轨道系统（无砟轨道），包括钢轨、轨枕、垫板、扣件、道床和基础，如图 12.2.2 所示。因此，振源与列车参数、轨道结构参数及行车速度等密切相关。

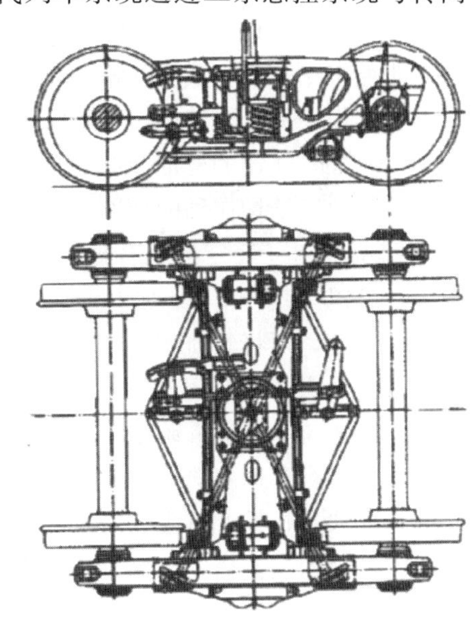

图 12.2.1　车辆转向架

众所周知，车辆-轨道耦合振动是一个复杂的动力学过程，涉及众多因素，既有车辆方面的，又有轨道方面的，而且是相互耦合、相互影响的。影响和控制这一动力行为的根源在于轮轨接触点处的作用力。轮轨之间的相互作用，以轮轨接触点为分界点，向上传递给车辆，向下施加给轨道。从系统工程的观点来看，轮轨系统包含两个相对独立的物理系统，即车辆系统和轨道系统，如图 12.2.3 所示。轮轨相互作用的问题，实质上是机车车辆-轨道相互作用的问题，对轮轨关系的研究也应扩展为对机车车辆与轨道之间关系的研究。

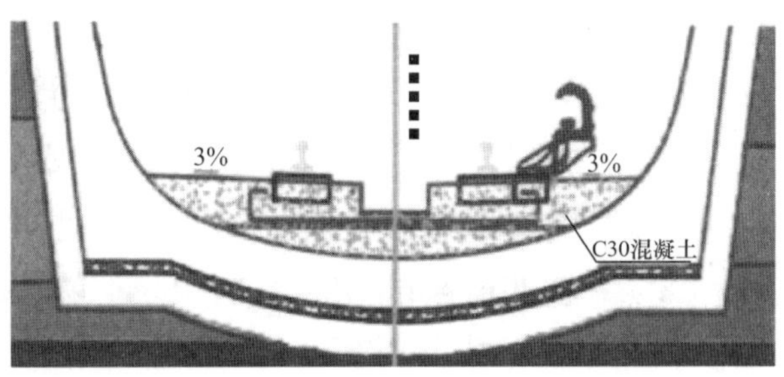

图 12.2.2　轨道组成示意图

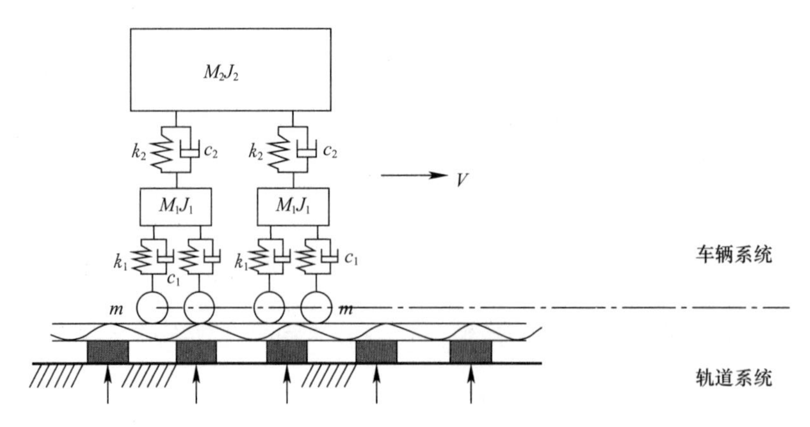

图 12.2.3 车辆-轨道耦合模型示意图

长期以来，有关机车车辆和轨道动态相互作用的问题，常常归结为车辆动力学、轨道动力学以及轮轨相互关系（轮轨关系）三个相对独立的研究领域。将轨道基础视为刚性支承来研究机车车辆，或者将机车车辆当作激振质点来分析轨道，再者是研究车轮与钢轨之间的相互作用关系。然而，车辆系统与轨道系统并非相互独立，两者是相互耦合、相互影响的。例如，轨道的变形会激起机车车辆的振动，而机车车辆的振动经由轮轨接触界面，又会引起轨道结构振动的加剧，反过来助长了轨道的变形，这种相互反馈作用将使机车车辆-轨道系统处于特定的耦合振动形态之中。显然，研究这样的问题，仅从某个单一系统入手，难以反映其本质。所以，应用系统工程的思想将机车车辆系统和轨道系统作为一个总体大系统，而将轮轨相互作用（轮轨关系）作为连接两个子系统的纽带，来进行车辆-轨道耦合动力学的研究，可以更为客观地反映轮轨系统的本质。

车辆系统和轨道系统中各自有许多因素影响着列车振动振源的幅值和频率。车辆参数中轮轨力和行车速度对振动影响较大。有研究表明，列车作用的准静态力与车辆轴重成比例。在瑞典进行的测试也表明，轮轨力与地表振动速度的相关关系十分明显。Kurzweil 通过建立理论模型分析，认为轴重加倍时会使振动增加 2～4dB。

列车的行车速度也会对振动产生重要影响，这在高速铁路运行时十分明显。由于高速铁路的列车行驶速度很容易超过地表的表面波速（也称为瑞利波速），这会引起特别强烈的地表振动，其原理与超声速飞机超过声速时引起的隆隆声响原理类似。由于城市轨道交通的运行速度不到 120km/h，小于表面波速，因此不会产生由车速引起的地表强烈振动。尽管如此，行车速度依然被认为与地表振动呈现正相关的影响。Kurzweil 研究认为，当车速加倍时，地面振动响应增加 4～6dB。Remington 的研究认为，当车速加倍时，地表振动通常增加 6dB。这与我国轨道交通环境影响评价方法的建议相同。在进行振动评价时，对车辆运行速度修正（C_V）规定为：

$$C_V = 20\lg\left(\frac{v}{v_0}\right) \tag{12.2.1}$$

式中：v_0——源强的参考速度；

v——列车通过预测点的运行速度。

在进行列车振动预测时，通常以列车运行最高时速作为最不利工况进行分析。

当车辆参数确定时，轨道参数，尤其是轨道动力参数设计非常重要，通常必须与车辆参数相匹配，否则可能在列车运行过程中加速轮轨磨耗。轨道动力参数包括轨道结构的质量、刚度和阻尼。扣件支承间距会影响轨道系统的刚度；钢轨下垫板和浮置式轨道板下的支承弹簧或支承垫板影响着轨道系统的刚度和阻尼，对轨道系统的减振起着重要的作用，如图 12.2.4～图 12.2.6 所示。

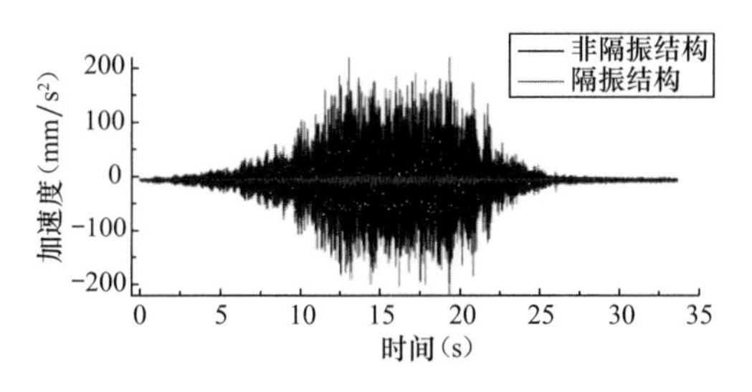

图 12.2.4　三向时程输入下的一层 X 向加速度响应

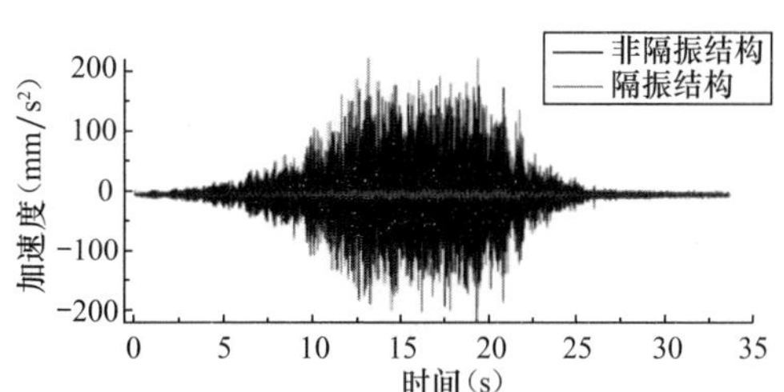

图 12.2.5　三向时程输入下的一层 Y 向加速度响应

尽管车辆在直线区段的蛇行运动和在曲线区段运行会产生横向作用力，但轮轨竖向力仍是组成振源的主要部分。轮轨竖向力 FV 可以分解为

$$FV = FV_0 + FV_k + FV_{ds} + FV_{dh} + FV_{dk} + FV_j \qquad (12.2.2)$$

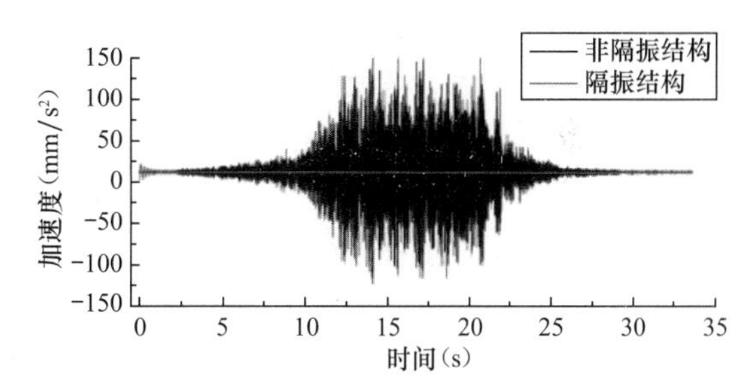

图 12.2.6　三向时程输入下的一层 Z 向加速度响应

式中：FV_0——静态轮轨力，假设其贡献量为 100%；

FV_k——曲线段的准静载力，其贡献为 0～40%，并主要引起 15～20Hz 的振动；所谓准静态振动是指那些由车辆通过柔软的土-轨道系统引起的常荷载；

FV_{ds}——由钢轨粗糙度引起的动力部分，其贡献为 0～300%，该部分振动由轮轨表面的不平顺引起，其主要频率范围为 20～1000Hz；

FV_{dh}——车轮扁疤引起的动力部分，其贡献为 0～300%；车轮扁疤是指轮对长期运用紧急制动或空转打滑，在车轮踏面出现的局部擦伤或剥离等现象；车轮踏面有扁疤时，车轮形状不能保持正圆；当车轮在钢轨顶面上滚动到扁疤处时，就会产生很大的周期性冲击作用，其典型频率为 8～110Hz；

FV_{dk}——制动引起的动力部分，其贡献为 0～20%；

FV_j——不对称引起的动力部分，其贡献为 0～10%。

二、振源计算模型研究

1. 车辆动力模型

长期以来，对车辆模型的各种简化，虽然能大大简化了分析计算工作量，但难免会导致不同程度的分析误差。

车辆轨道相互作用分析中车辆模型主要有 4 类：第Ⅰ类列车模型将力考虑为单点的移动荷载；第Ⅱ类列车模型考虑移动的车轮质量，并产生轮轨间相互作用问题；第Ⅲ类列车模型将车辆转化为一系结构；第Ⅵ类列车模型考虑车辆实际的二系结构，是较为完善的列车模型。除了车辆模型及其物理参数，速度是影响列车动荷载的重要因素。

2. 轨道动力模型

轨道由钢轨、扣件、轨枕和道床等部件组成，直接承受由列车轮对传来的荷载，并将其传递给地基。轨道有不同的类型，如有砟、无砟、框架式、梯式和浮置式轨道等，在地铁中常用整体式无砟轨道。如果将轨道结构各组件的计算模型进行组合便得到轨道系统模型。

（1）不同的钢轨模型

对于钢轨，一般采用 Euler 梁或 Timoshenko 梁来进行建模。Euler 梁不考虑梁的剪切刚度和转动惯性矩，而复杂的 Timoshenko 梁理论考虑了这两个因素，可以更加全面地考虑波在钢轨中的传播问题。1960 年以前 Euler 梁被广泛地应用于轨道结构的静力及稳定分析。对于 500Hz 以下钢轨的振动特性，Euler 梁都可以较好地模拟；在 500Hz 以上的高频振动中，钢轨的剪切变形影响较大，Euler 梁已经不能较好地模拟钢轨的振动特性。在研究钢轨的横向振动中，这一缺陷更为明显。

建模时选择哪种梁模型是由要解决问题的侧重点决定的。通常，重点考察轨道结构的动力特性时选择 Timoshenko 梁，而计算重点为地面和附近建筑物的振动时多选择 Euler 梁。除此之外，将钢轨各部分模拟成相互连接的板单元和梁单元，研究钢轨在不同频段内的振动响应情况，如图 12.2.7 所示。

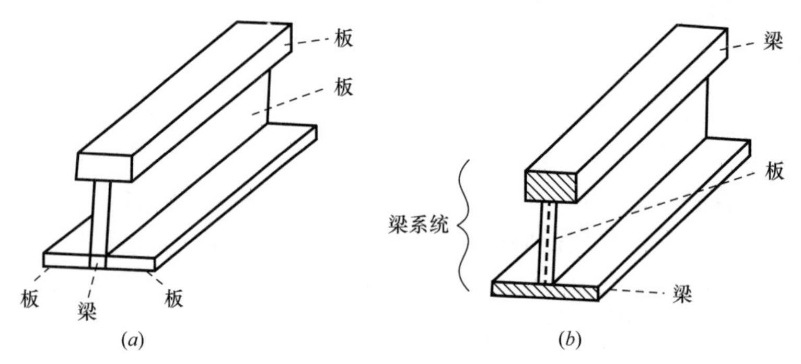

图 12.2.7　不同的钢轨模型

(a) 板单元模型；(b) 梁单元模型

（2）扣件系统模型

扣件系统是轨道上用以连接钢轨和轨枕（或其他类型轨下基础）的组件，其作用是将钢轨固定在轨枕上，保持轨距和阻止钢轨相对于轨枕的纵横向移动。混凝土轨枕上的扣件系统包括一些弹性组件以及弹性垫板等。扣件垫板一般由橡胶、塑料及一些复合材料做成。扣件在有载情况下一般表现为非线性变形，但在模拟中常采用线弹性单元模拟。在研究轨道系统的竖向振动时，扣件弹性垫板一般模拟为轨下弹簧-阻尼单元，综合考虑弹性垫板的刚度和阻尼，能较好地模拟橡胶的一些动力特性。

在三维轨道模型中，扣件弹性垫板被模拟为轨下弹性-阻尼垫层；在平面轨道模型中，扣件垫板则被模拟成单点弹簧阻尼单元，如图 12.2.8 所示。扣件刚度在一定程度上影响着轨道系统的振动情况，如何准确地模拟扣件的参数将直接影响轨道系统的振动性能。虽然扣件参数可以在实验室测得，但实际工程中的钢轨垫板参数较难得到，人们更希望得到扣件在运营中的参数，一些学者通过锤击实验来研究扣件的参数及其性能。

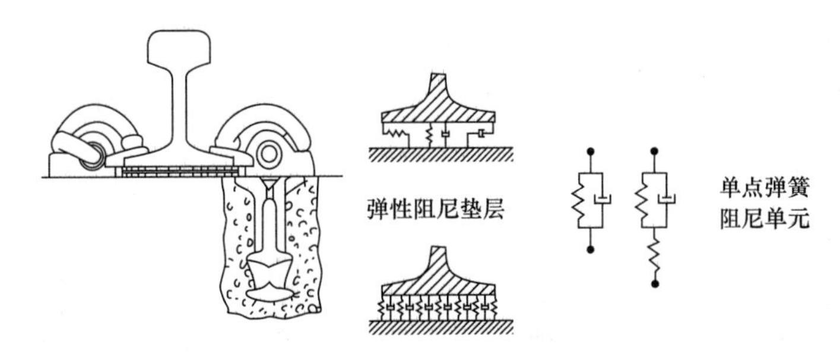

图 12.2.8　扣件系统模型

(3) 轨道支承形式

根据支承形式不同，轨道模型可分为连续支承弹性梁模型与离散支承弹性梁模型。前者将轨下基础作为均匀分布的整体地基，地基符合 Winkler 假设，反映的是轨道系统最基本的特征，而且是总体上的效果。后者将轨道下结构描述为一系列按轨枕间距相隔的离散弹性-阻尼点支承体系，进一步描述各个轨枕支承点的局部影响（如轨枕质量对振动的影响），能够客观地反映钢轨是靠各个轨枕沿纵向支承于道床和路基的事实。不仅如此，弹性离散支撑梁模型可以较为方便地考虑轨道系统参数沿纵向非均匀分布的情形。研究发现，连续支承模型能较好地模拟 500Hz 以下的竖向振动和 400Hz 以下的水平振动。

在离散支承轨道模型中，轨道层次有单层点支承梁模型与多层次点支承梁模型，由于轨下基础各组成部件（轨枕、垫层、道床、基础）在实现轨道功能中所起的作用各不相同，它们对轨枕动力作用的影响也互不一致，因此只有将他们分开考虑，模型才更符合实际。从动力作用的模拟分析角度来看，只有将钢轨、轨枕、道床及基础分开考虑，才能获得各自的振动响应，也才能较为全面地了解轨道结构的振动规律。

图 12.2.9 是常用的几种轨道结构模型，其主要区别如下：

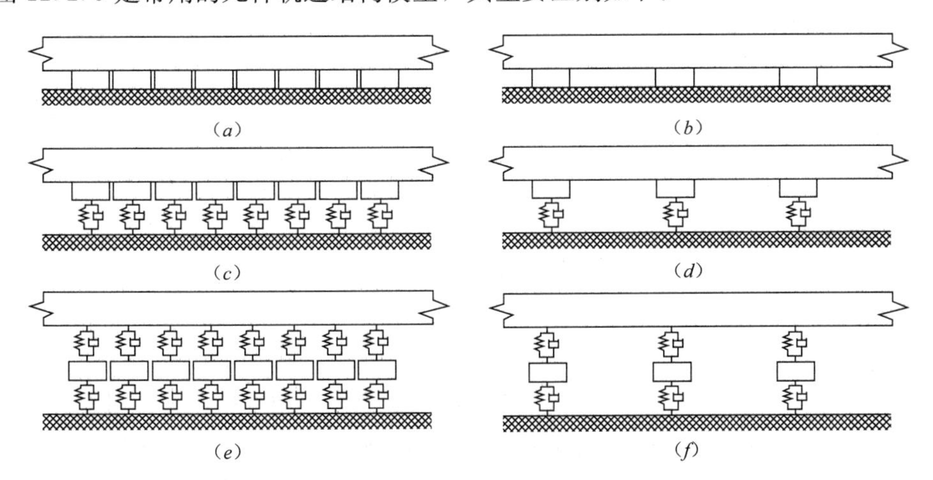

图 12.2.9　轨道结构模型演进（一）

(*a*) 半空间连续支承轨道模型；(*b*) 半空间离散支承轨道模型；(*c*) 一层连续弹性支承轨道模型；(*d*) 一层离散弹性支承轨道模型；(*e*) 双层连续弹性支承轨道模型；(*f*) 双层离散弹性支承轨道模型

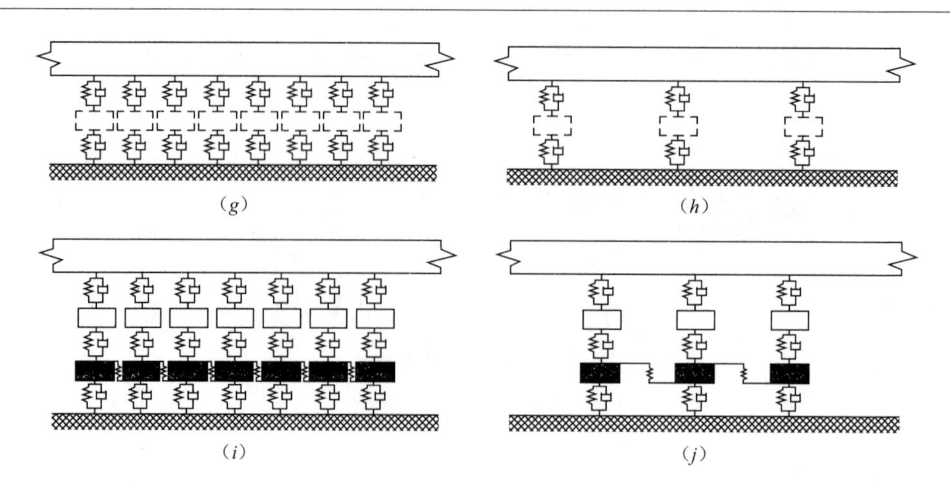

图 12.2.9　轨道结构模型演进（二）

（g）双层连续弹性支承轨道模型（弹性轨枕）；（h）双层离散弹性支承轨道模型（弹性轨枕）；（i）三层连续弹性支承轨道模型；（j）三层离散弹性支承轨道模型

1）钢轨下的结构层数。一次梁（单层）轨道模型认为钢轨和轨枕间是紧密接触的，二次梁（双层）轨道模型认为钢轨和轨枕间具有相互作用，并通过弹簧-阻尼器来模拟，还有一种三层轨道模型又增加了对道床的细化考虑，使模型更为复杂。

2）轨枕对钢轨的支承是连续支承还是离散支承。由于钢轨离散支承模型考虑了轨枕的间隔，更能反映钢轨下轨枕分布和由于轨枕间造成的列车通过频率，所以离散支承模型在各项研究中使用得比较多。连续支承模型忽略了轨枕间距，沿轨道方向将离散支承模糊化，把轨枕模拟为具有分布质量和刚度的刚体或长梁。

（4）有限及无限长轨道结构

轨道模型可分为有限长度和无限长度，模型的结构形式与求解方法密切相关。实际的轨道是无限长的，但为了计算方便，它经常被模拟成有限长结构。有限长的轨道结构在建模时往往会遇到比较棘手的边界问题，而边界处理方式则会对计算结果产生较大影响。通常在时域内对轨道结构进行求解时选用有限结构，避免了有限边界的截断误差问题。

有时为了简化模型，会将轨枕和道床的影响作用包括在钢轨中，合称为轨道。再考虑地基对轨道的支承作用，根据 Winker 地基的假设，使得半无限地基介质可以简化成弹簧的连续支承。如果考虑地基中的黏弹性效果，也就是在模型中加上阻尼器，这时的地基模型便成为 Kelvin 模型。

（5）轨道线型

在城市轨道线路设计中，往往要求轨道的平面布置服从于城市既有布置要求，曲线型轨道不仅有线路平顺、走行性好和容易布置等优点，更是一种能满足特殊要求的重要线路形式。然而，曲线段轨道的振动问题不容忽视，以往的研究多集中在直线轨道，关于曲线轨道振动问题的研究相对较少。由于曲线梁平面内振动和平面外振动都会引起弯扭耦合反映，其结构动力特性非常复杂。一般而言，平面内振动对曲线梁的动力响应相对较小，专家学者在对恒定曲率曲线梁平面外振动的研究中取得了较多的研究成果。

3. 轮轨系统激励模型

车辆-轨道相互作用系统的激励主要源于车轮与钢轨表面的不平顺，包括线路接头不平顺、波形线路、波磨钢轨、车轮擦伤及车轮不圆顺等。依据激扰类型，将其分为脉冲型、谐波型及动力型不平顺三大类。

关于系统激励的输入方式，一般有两种不同形式：一种是车轮在轨面上运动过程中输入激励，即所谓移动荷载状态激振（图 12.2.10*a*）；另一种是列车与轨道作用点位置不变，而使一条代表轮轨表面不平顺的激励带以列车运行速度反向通过轮轨接触面，即所谓定点荷载状态激振（图 12.2.10*b*）。显然，前一种输入方式更接近实际，但应用起来也相对困难，因为面对的是移动荷载（列车）与连续梁（轨道）系统之间的动力学相互作用问题。后一种输入方式因其简单易行而在许多理论研究中仍被采用，特别是对于离散点支承轨道模型，允许截取较短的轨道长度，从而大大减少计算工作量。

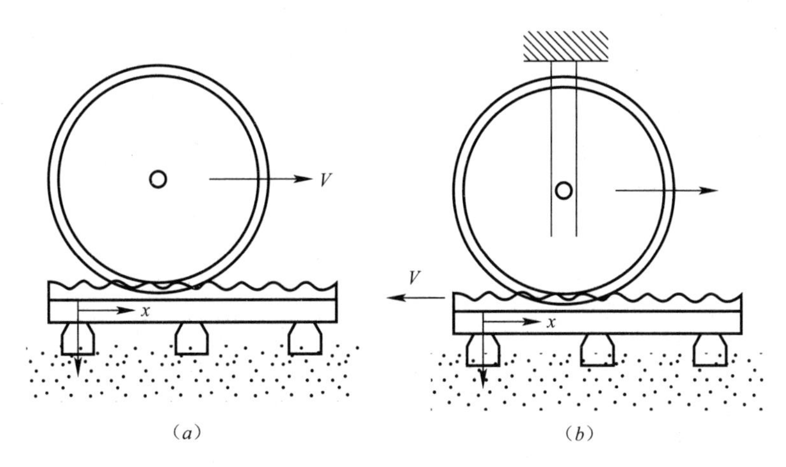

图 12.2.10　系统激励的输入方式

(*a*) 车轮移动；(*b*) 不平顺移动

4. 轮轨接触力学模型

列车与轨道的相互作用点就是车轮和钢轨的接触点，可见列车与轨道相互关系的一切问题的根源在于轮轨接触点之间的作用力。所以，轮轨接触力学模型是耦合列车子系统与轨道子系统的关键环节。

通常，采用 Hertz 弹性接触理论描述轮轨之间的垂向作用力，只需引入一个考虑轮轨接触特性参数的线性或非线性弹簧即可。研究轮轨垂向力 P 的常用公式为

$$P=\left(\frac{1}{G}\Delta Z\right)^{3/2} \tag{12.2.3}$$

式中：G——轮轨接触常数；

ΔZ——轮轨间的弹性压缩量。

实践证明这种方法对一般的轮轨垂向接触问题均是有效的。

需要指出的是，轮轨接触并非是一个点接触。根据 Hertz 理论，车轮和钢轨间产生的弹性变形使轮轨呈现椭圆形接触，椭圆形的尺度由作用于接触面积上的法向力决定，椭圆形长半轴 a 和短半轴 b 的长度取决于车轮和钢轨剖面的曲率，如图 12.2.11 所示。

钢轨轨头上产生的椭圆形接触面积如图 12.2.12 所示。在接触面积范围内最大应力可表示为：

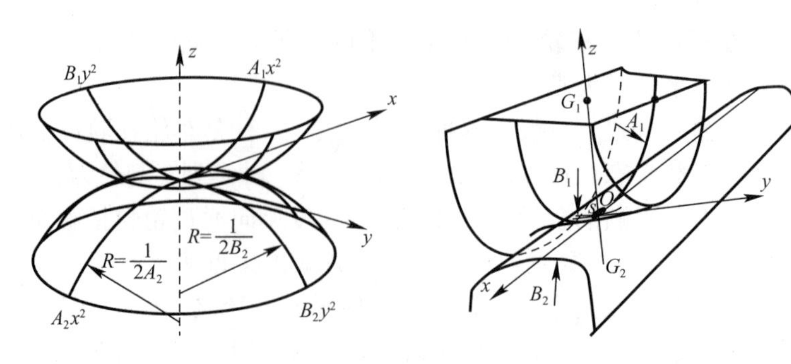

图 12.2.11　Hertz 理论的一般描述及其在轮轨接触中的运用

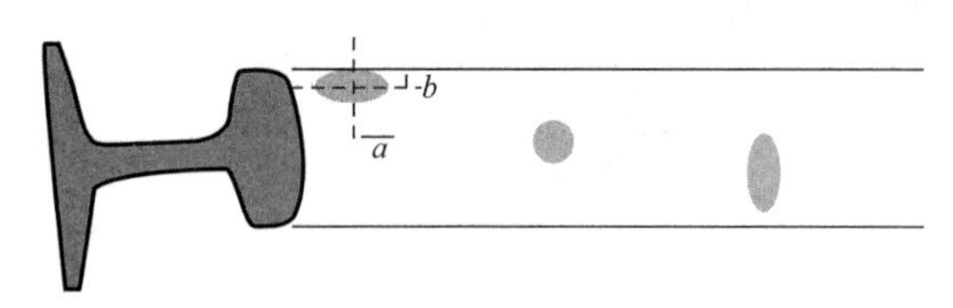

图 12.2.12　钢轨轨头上产生的接触椭圆形面积示意图

$$\sigma_{\max}=\frac{3}{2}\frac{Q}{\pi ab}\tag{12.2.4}$$

式中，Q——作用于接触面积上的法向作用力；

a 和 b——椭圆的长半轴和短半轴。

5. 分析求解方法

车辆-轨道相互作用系统动力学微分方程包含两种类型：一种是列车系统的二阶常微分方程组，另一种是轨道系统的四阶偏微分方程。求解车辆与轨道相互作用动力学系统响应的方法有时域法和频域法。

时域法运用模态叠加技术将轨道四阶偏微分方程转换成二阶常微分方程组后，采用时间积分法直接求解系统的离散数值响应，时域法可以有效地求解非线性动力学模型，方便地考虑轨道几何不平顺和内部结构动力型不平顺，并可处理轨道沿纵向非均匀支承结构的动力问题，但数值积分较为费时。

频域法将轨道系统的偏微分方程解表示成由空间坐标和时间变量构成的两个一元函数之积，经分离变量后，采用傅里叶变换方法将其转化为傅氏域内代数方程的求解问题，再对所得解实施傅里叶逆变换获得时域内的稳态解。频域法虽不能解决非线性模型、非规则轨道结构模型及处理动力型不平顺，但适于快速求解周期性均匀弹性支承的无限长轨道模型和处理随机不平顺，对高频轮轨相互作用有关的分析具有明显优越性。

假设移动荷载随时间变化的函数为 $f(t)$，$T_0\leqslant t\leqslant T$，则轨道的振动根据欧拉梁的动力方程可以描述为：

$$EI\frac{\partial^4 u}{\partial x^4}+m\frac{\partial^2 u}{\partial t^2}+C_{\mathrm{d}}\frac{\partial u}{\partial t}=f(t)\delta(x-ct)+\sum_{m=1}^{N}a_m(t)\delta(x-x_m)\tag{12.2.5}$$

式中：EI——轨道的弯曲刚度；

m——轨道的单位长度质量；

C_{d}——钢轨的内部阻尼；

$f(t)$——作用在钢轨上的移动荷载；

$a_m(t)$——在 $x_m(m=1,2,\cdots,N)$ 处的第 m 个轨枕的支承反力；

N——计算中的轨枕数，在实际计算中根据所需精度确定。

6. 轨道不平顺

轨道不平顺是指车轮和钢轨的接触面沿轨道长度方向上与理论平顺的轨道面之间的偏差。由轨道不平顺产生的激励是引起轨道、隧道和自由场响应的主要振源之一。大量的测试证明轨道不平顺是客观存在的。

轨道不平顺可以分为静态不平顺和动力不平顺。静态不平顺（或称几何不平顺）是轨道在没有车辆荷载作用时所呈现出的不平顺，而车辆沿轨道行进时，轨道在车轮荷载作用下沿长度方向每点呈现出不均匀的弹性下沉，由此形成的不平顺称为动力不平顺（或称弹性不平顺）。长波的轨道不平顺会引起列车的低频晃动，而短波不平顺会引起车内和环境的振动和噪声。

轨道不平顺还可以分为方向不平顺、轨距不平顺、高低不平顺以及水平不平顺几种类型，如图 12.2.13 所示。

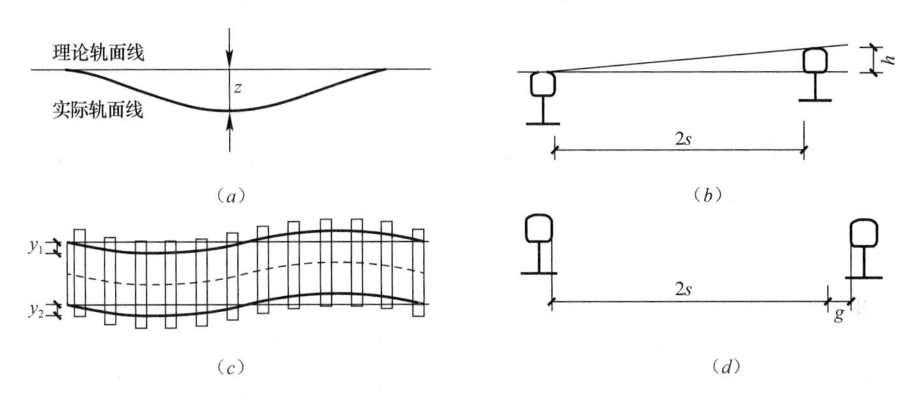

图 12.2.13　轨道的几何形位不平顺

(a) 高低不平顺；(b) 水平不平顺；(c) 方向不平顺；(d) 轨距不平顺

轨道的高低不平顺是指实际的轨道中心线与理想的轨道中心线沿长度方向的垂向几何位置偏差，表示为：

$$\eta_z = \frac{1}{2}(z_1 + z_2) \tag{12.2.6}$$

式中：z_1 和 z_2——左轨和右轨的高低不平顺值。

轨道的水平不平顺是指左右钢轨沿长度方向的垂向高度差，用倾角可表示为：

$$\eta_h = \frac{1}{2s}(z_1 - z_2) \tag{12.2.7}$$

轨道的方向不平顺是指实际的轨道中心线与理想的轨道中心线沿长度方向的水平几何位置偏差。轨道方向不平顺用变化率表示为：

$$\eta_\varphi = \frac{d\eta_y}{dx} = \frac{d}{dx}\left[\frac{1}{2s}(y_1 + y_2)\right] \tag{12.2.8}$$

式中：η_y——轨道实际中心线与轨道理论中心线的偏离值；

y_1 和 y_2——左轨和右轨的方向不平顺值。

轨距不平顺是指实际的轨距与名义轨距的偏差，可以表示为：

$$\eta_g = y_1 - y_2 \tag{12.2.9}$$

轨道不平顺是由于钢轨的初始弯曲，钢轨磨耗、损伤，轨枕间距不均、质量不均，道床的级配和强度不均、松动、下沉不均、刚度变化等原因造成的。由于轨道不平顺形成的原因复杂，表现形式随机，很难用确定的数学函数描述。轨道不平顺是与线路里程有关的复杂随机过程，就无限长的轨道来说，轨道不平顺是一个近似各态历经的弱平稳随机过程，而对局部有限长度的轨道来说，它是一个非平稳随机过程。

对于轨道不平顺随机特征的统计描述包括轨道不平顺的幅值特征统计描述和波长特征统计描述。前者通常采用峰值、峰峰值、轨道偏差等来描述轨道不平顺的局部幅值特征，另外通常采用均方值、方差和标准差等来描述轨道不平顺幅值的随机数据强度，能够较好地反映轨道不平顺随机幅值的离散程度和波动情况。铁道科学研究院提出的轨道质量指数（TQI）采用了基于标准差的算法作为反映轨道不平顺离散程度和波动情况的指标，它把各个类型的轨道不平顺综合在一起来描述一段轨道的综合质量形态。后者通常采用功率谱密度函数（PSD）来描述轨道不平顺的波长及波长变化率的统计特征。轨道不平顺功率谱密度函数又称为均方谱密度函数，是用均方值的谱密度对随机数据频率结构的描述，可以反映出轨道不平顺幅值相对于不平顺波长的分布特征。

设 $\eta(x)$ 为轨道长度（0～X）范围内的轨道不平顺随机样本函数，则功率谱密度函数 $S_\eta(f)$ 定义为 $\eta(x)$ 在频率区间（f～$f+\Delta f$）的带宽 Δf 内的均方值除以带宽 Δf，即单位频带内的均方值，可以表示为：

$$S_\eta(f)=\lim_{\Delta f\to\infty}\frac{1}{\Delta f}\left[\lim_{X\to\infty}\frac{1}{X}\int_0^X\eta^2(x,f,\Delta f)\mathrm{d}x\right] \tag{12.2.10}$$

式中：f——指空间频率（或者称为波数），与波长 λ 的关系为 $f=1/\lambda$。

轨道不平顺的功率谱密度函数由大量的实测资料统计得到。国外对轨道不平顺密度的研究取得了成熟的研究效果，并在此基础上制定了相应的标准谱密度。下面列举几个较为常用的轨道不平顺谱。

（1）美国轨道谱

美国联邦铁路管理局 FRA 根据大量实测资料得到线路不平顺功率谱密度，并将其拟合成一个以截断频率和粗糙度常数表示的函数。这些函数适用于波长范围 1.524～304.8m，轨道级别分为 6 级。其功率谱密度函数如下：

1）轨道高低不平顺，即：

$$S_\mathrm{v}(\Omega)=\frac{k\cdot A_\mathrm{v}\cdot\Omega_\mathrm{c}^2}{\Omega^2\cdot(\Omega^2+\Omega_\mathrm{c}^2)}\quad[\mathrm{cm^2/(rad/m)}] \tag{12.2.11}$$

2）轨道方向不平顺，即：

$$S_\mathrm{a}(\Omega)=\frac{k\cdot A_\mathrm{a}\cdot\Omega_\mathrm{c}^2}{\Omega^2\cdot(\Omega^2+\Omega_\mathrm{c}^2)}\quad[\mathrm{cm^2/(rad/m)}] \tag{12.2.12}$$

3）轨道水平及轨距不平顺，即：

$$S_\mathrm{c}(\Omega)=S_\mathrm{g}(\Omega)=\frac{4k\cdot A_\mathrm{v}\cdot\Omega_\mathrm{c}^2}{(\Omega^2+\Omega_\mathrm{c}^2)\cdot(\Omega^2+\Omega_\mathrm{s}^2)}\quad[\mathrm{cm^2/(rad/m)}] \tag{12.2.13}$$

式中：$S(\Omega)$——功率谱密度；

Ω——空间频率；

A_v 和 A_a——粗糙度常数；

Ω_c 和 Ω_s——截断频率；

k——系数。

从轨道安全标准出发 $k=1$ 时是偏于安全的，但用于计算车辆响应，则使计算值一般大于实测值，故而显得保守。研究表明，取 $k=0.25$ 时，可使计算值与实测值更为接近。

所有轨道级别的粗糙度参数及截断频率如表 12.2.1 所示。

粗糙度参数及截断频率　　表 12.2.1

参数		各级轨道的参数值					
符号	单位	6 级	5 级	4 级	3 级	2 级	1 级
A_v	cm^2 ·(rad/m)	0.0339	0.2095	0.5376	0.6816	1.0181	1.2107
A_a	cm^2 · (rad/m)	0.0339	0.0762	0.3027	0.4128	1.2107	3.3634
Ω_c	rad/m	0.4380	0.8209	1.1312	0.8520	0.9308	0.6046
Ω_s	rad/m	0.8245	0.8245	0.8245	0.8245	0.8245	0.8245
货车最高运行速度 (km/h)		176	128	96	64	40	16
客车最高运行速度 (km/h)		176	144	128	96	48	24

(2) 德国高速谱

德国高速线路不平顺谱密度是目前欧洲铁路统一采用的谱密度函数，也是我国高速列车总体技术条件中建议的进行列车平稳性分析时所采用的谱密度函数。根据我国高速列车总体技术条件规定，高速线路的不平顺功率谱密度函数如下：

1) 轨道高低不平顺，即：

$$S_v(\Omega)=\frac{A_v\cdot\Omega_c^2}{(\Omega^2+\Omega_r^2)\cdot(\Omega^2+\Omega_c^2)}\quad[cm^2/(rad/m)]\qquad(12.2.14)$$

2) 轨道方向不平顺，即：

$$S_a(\Omega)=\frac{A_a\cdot\Omega_c^2}{(\Omega^2+\Omega_r^2)\cdot(\Omega^2+\Omega_c^2)}\quad[cm^2/(rad/m)]\qquad(12.2.15)$$

3) 轨道水平不平顺，即：

$$S_a(\Omega)=\frac{A_v/b^2\cdot\Omega_c^2\cdot\Omega^2}{(\Omega^2+\Omega_r^2)\cdot(\Omega^2+\Omega_c^2)\cdot(\Omega^2+\Omega_s^2)}\quad[cm^2/(rad/m)]\qquad(12.2.16)$$

4) 轨道轨距不平顺，即：

$$S_g(\Omega)=\frac{A_g\cdot\Omega_c^2\cdot\Omega^2}{(\Omega^2+\Omega_r^2)\cdot(\Omega^2+\Omega_c^2)\cdot(\Omega^2+\Omega_s^2)}\quad[cm^2/(rad/m)]\qquad(12.2.17)$$

德国轨道谱粗糙度系数及截断频率如表 12.2.2 所示。

德国轨道谱粗糙度系数及截面频率　　表 12.2.2

轨道级别	Ω_c(rad/m)	Ω_r(rad/m)	Ω_s(rad/m)	A_a(m^2 · rad/m)	A_v(m^2 · rad/m)	A_g(m^2 · rad/m)
低干扰	0.8246	0.0206	0.4380	2.119×10^{-7}	4.032×10^{-7}	0.532×10^{-7}
高干扰	0.8246	0.0206	0.4380	6.125×10^{-7}	10.80×10^{-7}	1.032×10^{-7}

低干扰适用于德国时速 250km 以上的高速铁路。

(3) 英国轨道谱

英国 Derby 铁路研究中心的各种轨道不平顺谱密度的表达式如下：

1) 轨道高低不平顺，即：

$$S_v(f)=\frac{1}{1.33f^2+7.81f^3+22.9f^4}\quad(mm^2\cdot m/rad)\qquad(12.2.18)$$

2) 轨道水平不平顺，即：

$$S_c(f)=\frac{1}{7.72f^2-6.30f^3+15.69f^4}\quad(mm^2\cdot m/rad)\qquad(12.2.19)$$

3）轨道方向不平顺，即：

$$S_a(f)=\frac{1}{100.8f^3}\quad (\mathrm{mm^2\cdot m/rad}) \tag{12.2.20}$$

式中：f——空间频率，定义为不平顺波长的倒数，即：

$$f=\frac{1}{L}\quad (1/\mathrm{m}) \tag{12.2.21}$$

L——波长。

（4）中国干线轨道谱

长沙铁道学院建议的轨道谱如下：

1）轨道高低不平顺，即：

$$S_v(\Omega)=2.755\times10^{-3}\frac{\Omega^2+8.879\times10^{-1}}{\Omega^4+2.524\times10^{-2}\Omega^2+9.61\times10^{-7}}\quad [\mathrm{mm^2/(1/m)}] \tag{12.2.22}$$

2）轨道方向不平顺，即：

$$S_a(\Omega)=9.404\times10^{-3}\frac{\Omega^2+9.701\times10^{-2}}{\Omega^4+3.768\times10^{-2}\Omega^2+2.666\times10^{-5}}\quad [\mathrm{mm^2/(1/m)}] \tag{12.2.23}$$

3）轨道水平不平顺，即：

$$S_c(\Omega)=5.100\times10^{-8}\frac{\Omega^2+6.346\times10^{-3}}{\Omega^4+3.157\times10^{-2}\Omega^2+7.791\times10^{-5}}\quad [\mathrm{mm^2/(1/m)}] \tag{12.2.24}$$

4）轨道轨距不平顺，即：

$$S_g(\Omega)=7.001\times10^{-8}\frac{\Omega^2-3.863\times10^{-2}}{\Omega^4-3.355\times10^{-2}\Omega^2-1.464\times10^{-5}}\quad [\mathrm{mm^2/(1/m)}] \tag{12.2.25}$$

式中：Ω——空间频率。

铁道科学研究院建议轨道高低、水平、方向不平顺功率谱密度采用系数不同的同一解析式表达，即：

$$S(\Omega)=\frac{A(\Omega^2+B\Omega+C)}{\Omega^4+D\Omega^3+E\Omega^2+F\Omega+G}\quad [\mathrm{mm^2/(1/m)}] \tag{12.2.26}$$

其中 A、B、C、D、E、F 和 G 是轨道不平顺功率谱密度的特征参数，对不同线路和不同类型的轨道不平顺有不同的值。

（5）实测轨道不平顺

目前，国内外还没有专门针对地铁建立的轨道不平顺谱。在进行地铁列车振动的数值计算中，一种方法是采用铁路轨道不平顺谱密度进行分析，这也是国内外文献采用较多的一种方法；另一种方法是当条件允许时，可以实测地铁轨道不平顺，将实测数据作为轮轨激励输入到程序中，进行轨道响应及列车荷载分析，如图 12.2.14 所示。

三、实测法与经验法

1. 实测法确定

列车动荷载的有效方法是测试分析法，有两种方法可供采用：一种方法是实测列车动荷载法，即通过现场实测的钢轨动荷载，直接换算用于计算的列车动荷载；另一种方法是荷载数定法，即通过现场实测钢轨振动加速度，利用谱分析的方法，得出钢轨振动加速的数定表达式，然后再根据机车、车辆振动简化模型，建立轮系的运动方程，进而推导出列车的动荷载。

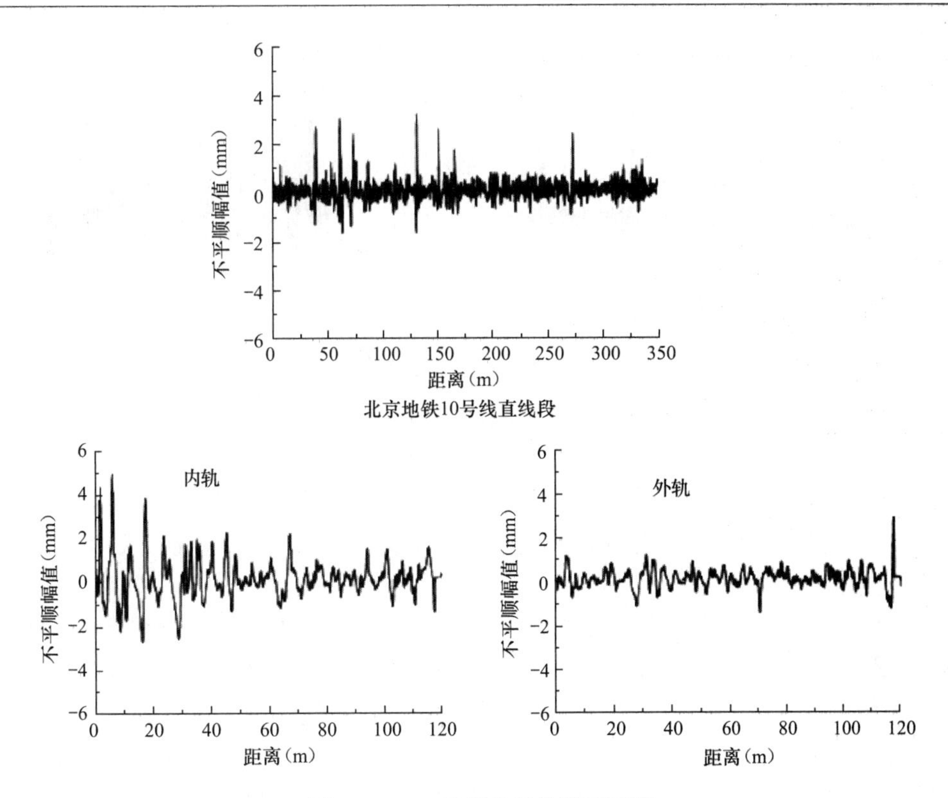

图 12.2.14　实测地铁轨道不平顺

(1) 实测列车动荷载法

在某地铁线路的实际测试中，根据剪应力法，将应变花贴于轨枕之间的钢轨一侧，对列车运行时钢轨的侧表面应力进行测试。采用地铁列车以 5km/h 通过测点进行准静态标定，可通过换算获得地铁列车通过时钢轨承受的竖向荷载。

在进行有限元计算时，假定列车动荷载经钢轨传至道床称为沿轨道中心线均匀分布的线荷载，列车荷载计算公式为：

$$F(t) = K\frac{2P(t)Nn}{L} \tag{12.2.27}$$

式中：$F(t)$——沿轨道中心线均匀分布的线荷载；

$P(t)$——由实测换算出的钢轨竖向荷载；

N——每节车辆的转向架数 ($N=2$)；

n——每个转向架的轮对数 ($n=2$)；

L——每节车长，考虑连接段，取两车钩中心距离 $L=19.52$m；

K——分散系数。

轮载都是经过钢轨、轨枕的传递和分散作用后才到达道床表面的，所以应计入钢轨、轨枕对列车荷载的传递和分散作用，K 的经验值一般为 0.6～0.9。

图 12.2.15 是按照 6 节编组车辆（轴重 14t）、60kg/m 钢轨（$m=60.64$kg/m）、混凝土整体道床（轨枕间距 0.6m）、车速 $V=53.6$km/h，计算得到的沿轨道中心线均匀分布的线荷载。

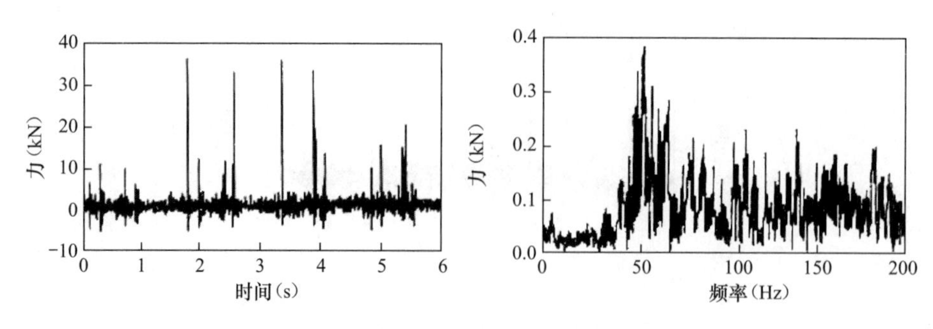

图 12.2.15　地铁列车时程荷载与频谱

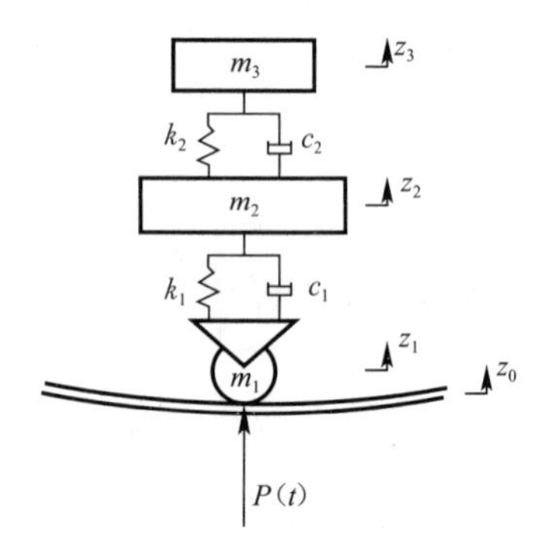

图 12.2.16　列车竖向振动简化模型

(2) 荷载数定法

如果只考虑车辆的竖向振动，可以将列车简化为一系列二系弹簧质量系统模型的组合，并设这个组合系是沿隧道纵向均匀分布的，其中一个二系简化模型如图 12.2.16 所示。

利用平衡法直接建立的车体竖向运动平衡方程为：

$$\begin{cases} m_3\ddot{z}_3 + c_2(\dot{z}_3 - \dot{z}_2) + k_2(z_3 - z_2) = 0 \\ m_3\ddot{z}_2 + c_1(\dot{z}_2 - \dot{z}_1) + k_1(z_2 - z_1) - \\ k_2(z_3 - z_2) - c_2(\dot{z}_3 - \dot{z}_2) = 0 \end{cases} \tag{12.2.28}$$

令质量块之间的相对位移分别为 $\xi_1 = z_1 - z_0$，$\xi_2 = z_2 - z_1$，$\xi_3 = z_3 - z_2$，式 (12.2.28) 可以改写为：

$$\begin{cases} m_3(\dddot{\xi}_1 + \dddot{\xi}_2 + \dddot{\xi}_3) + m_3\ddot{z}_0 + c_2\dot{\xi}_3 + k_2\xi_3 = 0 \\ m_2(\dddot{\xi}_2 + \dddot{\xi}_3) + m_2\ddot{z}_0 + c_1\dot{\xi}_2 + k_1\xi_2 - k_2\xi_3 - c_2\dot{\xi}_3 = 0 \end{cases} \tag{12.2.29}$$

在列车运行过程中，若忽略轮轨之间的弹跳作用，可以认为车轮的竖向振动加速度与实测的钢轨加速度相等，即可用式 (12.2.28) 表达，而且 $\xi_1 = z_1 - z_0 = 0$，则式 (12.2.29) 变为：

$$\begin{cases} m_3(\ddot{\xi}_2 + \ddot{\xi}_3) + c_2\dot{\xi}_3 + k_2\xi_3 = -m_3\sum\limits_{n=0}^{\frac{N}{2}-1}(A_n\cos n\omega t + B_n\sin n\omega t) \\ m_2(\ddot{\xi}_2 + \ddot{\xi}_3) + k_1\xi_2 - k_2\xi_3 - c_2\dot{\xi}_3 = -m_2\sum\limits_{n=0}^{\frac{N}{2}-1}(A_n\cos n\omega t + B_n\sin n\omega t) \end{cases} \tag{12.2.30}$$

式中：N——采样点数。

根据 D'Alembert 原理，可得到列车荷载的数定表达式。根据地铁车辆参数，可得到轮轨间的相互作用力，即：

$$\begin{aligned} P(t) &= (m_1 + m_2 + m_3)g + m_1\ddot{z}_1 + m_2\ddot{z}_2 + m_3\ddot{z}_3 \\ &= (m_1 + m_2 + m_3)g + [m_1 m_2 m_3]\left[\begin{bmatrix}1\\1\\1\end{bmatrix}\ddot{z}_0 + \begin{bmatrix}1&0&0\\1&1&0\\1&1&1\end{bmatrix}\begin{bmatrix}\ddot{\xi}_1\\\ddot{\xi}_2\\\ddot{\xi}_3\end{bmatrix}\right] \end{aligned} \tag{12.2.31}$$

沿纵向均匀分布的列车线荷载可按不考虑折减系数 K 的式 (12.2.27) 计算。根据北京地铁 1 号线区间振源测试的钢轨加速度，得到普通轨道的列车模拟荷载，如图 12.2.17 所示。

由实测方法获得的列车荷载数据密度往往很大，例如以上实测数据的时间间隔为 0.0002s，一列 6 节编组的计算时长约为 11s，若直接将得到的数定荷载施加在动力计算模型中，对计算机的计算能力及存储配置要求较高，故在计算前需要对列车荷载进行处理。

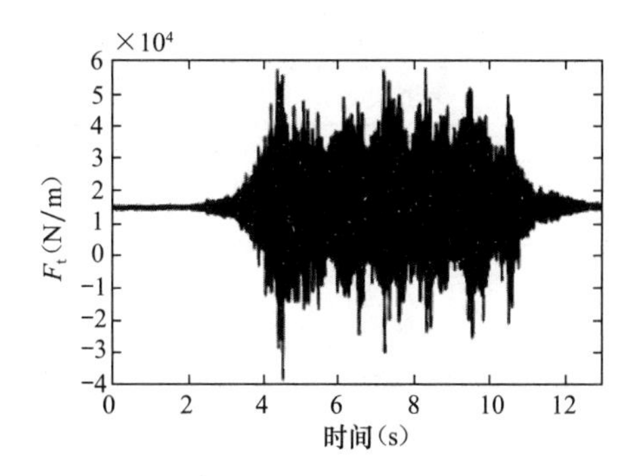

图 12.2.17　普通轨道的列车模拟荷载

根据以往既有的测试成果，地铁引起的地表振动响应主频范围为 50～90Hz，土层对 120Hz 以上部分有较大衰减。所以，计算只要反映出 120Hz 以下频段的地表振动响应规律即可满足需要。因此，为满足一般有限元模型的计算积分步长及计算精度，可采用列车荷载时间间隔为 0.0032s，即截止频率为 156.25Hz($156.25\text{Hz}=2500\text{Hz}/2^4$)。由此将以上列车荷载进行保频变换，即保证 1～156.25Hz 频段内荷载频谱特性不变，反演出相应的列车荷载时程。实际应用时，保频变换后的荷载幅值还是应根据列车轴重与动荷载系数进行归一化处理。

2. 经验分析法

当不具备进行建模计算和现场测试条件时，也可以利用经验法给出列车的动荷载，即利用一个激振力函数来模拟列车动荷载。当然，这种方法无法真实反映荷载的动力特性，但仍可以用于定性或半定量的计算分析。

潘昌石采用一个单一的、能够反映列车荷载振动周期特点的类似激振形式的函数来表达列车荷载，即：

$$F(t)=A_0+A_1\sin\omega_1 t+A_2\sin\omega_2 t+A_3\sin\omega_3 t \tag{12.2.32}$$

式中：$F(t)$——列车振动荷载；

A_0——车轮静载；

A_i——对应某一频率的振动荷载幅值。

当列车速度 v 已知时，由测试钢轨基本振动波长 L_i 及相应振幅 A_i 即可求出 $\omega_i=2\pi v/L_i$，相应的振动荷载幅值 $A_i=ma_i\omega_i$。

甘慧琳根据长沙铁道学院提供的我国铁路一级干线的不平顺谱密度函数，通过模拟该特定谱密度函数的随机过程得到轨面不平顺的模拟量函数。张玉娥和白宝鸿采用英国轨道几何不平顺管理值，利用式（12.2.32）得到了时速 350km/h 的高速铁路列车振动荷载。

日本针对车速 200km/h 以上新干线的轨道不平顺维修管理值标准为：舒适度标准 7mm/10m。英国对于车速 200km/h 的轨道几何不平顺管理值标准见表 12.2.3。

轨道不平顺管理值　　　　**表 12.2.3**

控制条件	波长（m）	正矢（mm）
按行车平稳性	50	16
	20	9
	10	5

续表

控制条件	波长（m）	正矢（mm）
按作用到线路上的动力附加荷载	5	2.5
	2	0.6
	1	0.3
波形磨耗	0.5	0.1
	0.05	0.005

我国铁路轨道动态不平顺（峰值管理）各项偏差等级划分为四级：Ⅰ级为保养标准，Ⅱ级为舒适度标准，Ⅲ级为临时补修标准，Ⅳ级为限速标准，我国铁路各级容许偏差管理值标准见表 12.2.4～表 12.2.6；城市轨道交通采用某城市地铁轨道动态质量容许偏差管理值见表 12.2.7。对舒适度标准对应的高低不平顺进行适当调整，得出我国普速列车、普速货车、重载列车、高速动车组、地铁列车的对应于波长 10m、2m、0.5m 的轨道几何高低不平顺值。

普通铁路轨道动态质量容许偏差管理值　　表 12.2.4

项目	v_{max}＞160km/h 正线				120km/h＜v_{max}≤160km/h 正线				v_{max}≤120km/h 正线			
	Ⅰ级	Ⅱ级	Ⅲ级	Ⅳ级	Ⅰ级	Ⅱ级	Ⅲ级	Ⅳ级	Ⅰ级	Ⅱ级	Ⅲ级	Ⅳ级
高低（mm）	5	8	12	15	6	10	15	20	8	12	20	24

高速铁路无砟轨道动态质量容许偏差管理值　　表 12.2.5

项目	200km/h≤v_{max}≤250km/h				250km/h＜v_{max}≤300km/h			
	Ⅰ级	Ⅱ级	Ⅲ级	Ⅳ级	Ⅰ级	Ⅱ级	Ⅲ级	Ⅳ级
高低（mm） 波长 1.5～42m	5	8	11	14	4	6	8	10

高速铁路有砟轨道动态质量容许偏差管理值　　表 12.2.6

项目	200km/h≤v_{max}≤250km/h				250km/h＜v_{max}≤300km/h			
	Ⅰ级	Ⅱ级	Ⅲ级	Ⅳ级	Ⅰ级	Ⅱ级	Ⅲ级	Ⅳ级
高低（mm） 波长 1.5～42m	5	8	11	14	4	6	8	10

某城市地铁轨道动态质量容许偏差管理值　　表 12.2.7

项目	100km/h＜v_{max}≤120km/h				v_{max}≤100km/h			
	Ⅰ级	Ⅱ级	Ⅲ级	Ⅳ级	Ⅰ级	Ⅱ级	Ⅲ级	Ⅳ级
高低（mm）	8	12	20	24	12	16	22	26

第三节　轨道交通振动荷载

一、轨道交通振动荷载的确定

轨道交通振动荷载确定，应采用建筑物基底输入现场实测振动波形方法，无条件测试时，竖向振动荷载可按本规范的规定计算。现场测试，宜符合下列要求：

1. 现场测试宜采用建筑物基底输入现场实测振动波形的方法，测试方向应包括竖向和水平两个方向。

2. 测点应布置于基底四角及中部的柱底位置，测点数不应少于5个，各测点应同步测量；测量应在列车通过时段进行，测量不应少于20趟列车。

3. 现场测试传感器频响曲线、灵敏度、量程等应满足振动影响评价的要求，测试时受到周围局部人为振动影响的激励时间不得超过总测量时间的5%。

4. 现场测试应在交通较为繁忙时段进行，输入的振动波形应选取振动物理量均方根值对应的列车测试数据。

二、列车竖向振动荷载

轨道交通列车的竖向振动荷载由作用在两侧钢轨上的移动荷载列组成，荷载排列与列车轮对排列相同。作用在单根钢轨上的列车竖向振动荷载，宜按下列公算：

$$F_V(t) = F_0 + F_1\sin(\omega_1 t) + F_2\sin(\omega_2 t) + F_3\sin(\omega_3 t) \quad (12.3.1)$$

$$\omega_i = 2\pi v/l_i \quad (i=1,2,3) \quad (12.3.2)$$

$$F_i = \frac{1}{2}m_0 a_i \omega_i^2 \quad (i=1,2,3) \quad (12.3.3)$$

式中：$F_V(t)$——作用在单根钢轨上的列车竖向振动荷载（N）；

F_0——单边静轮重（N），可按表12.3.1取值；

F_i——对应某一频率的振动荷载幅值（N）；

ω_i——振动圆频率（rad/s）；

v——列车通过时的实际最高速度（m/s）；

m_0——列车簧下质量（kg），可按表12.3.1取值；

l_i——轨道几何高低不平顺的波长（m），可按表12.3.1取值；

a_i——轨道几何高低不平顺的矢高（m），可按表12.3.1取值。

计算参数　　表12.3.1

类型	F_0(N)	m_0(kg)	i	l_i(m)	a_i(10^{-3}m)
普通旅客列车	60000～85000	625～850	1	10.0	4.00～5.00
			2	2.0	0.50～0.60
			3	0.5	0.09～0.10
普通货物列车	105000～115000	600	1	10.0	6.00
			2	2.0	0.80
			3	0.5	0.12
重载货物列车	125000～150000	650	1	10.0	6.00
			2	2.0	0.80
			3	0.5	0.12
高速动车组	60000～85000	700～800	1	10.0	2.00～3.00
			2	2.0	0.20～0.30
			3	0.5	0.04～0.05

续表

类型	F_0(N)	m_0(kg)	i	l_i(m)	a_i(10^{-3}m)
地铁列车	70000～80000	850	1	10.0	6.00～8.00
			2	2.0	0.80～1.00
			3	0.5	0.12～0.14
轻轨列车	55000	850	1	10.0	6.00～8.00
			2	2.0	0.80～1.00
			3	0.5	0.12～0.14

第十三章 施工机械

第一节 概 述

施工机械可以分为挖掘机械、起重机械、运输机械、压实机械、高空作业机械、桩工机械、工业车辆等20个大类。其中在工作中产生较大冲击振动而对建筑地基和结构有影响的机械设备主要是桩工机械，故规范中本章内容主要侧重于桩工机械的荷载计算。

桩工机械主要有自落式打桩锤、柴油打桩锤、振动沉拔桩锤、液压压桩机、蒸汽打桩机等，其使用条件和适用范围可参考表13.1.1。

桩工机械适用范围参考表 **表13.1.1**

分类	特点	适用范围
自落打桩锤	用人力或机械拉起桩锤，然后锤头自由下落，利用锤头自重夯击桩顶使桩入土，构造简单，可随意调整落距，锤击速度慢	1. 适于打细长尺寸的混凝土桩 2. 在一般土层及黏土、含有砾石的土层中均可使用
汽动锤	利用蒸汽或压缩空气将锤头上举，然后自由下落冲击桩顶，落距小，冲击力大，但设备笨重，移动较困难	1. 适于打各种桩 2. 最适于套管法打就地灌筑混凝土桩 3. 可用于水下打桩
柴油打桩锤	利用燃油爆炸，推动活塞，引起锤头跳动夯击桩顶，不需要外部能源，机架轻，移动便利，打桩快，燃料消耗少	适于打各种桩，并可用于打斜桩
振动沉拔桩锤	利用锤头上偏心轮引起激振，通过刚性联结的桩帽传到桩上，沉桩速度快，适用性强，操作简易安全，并能拔桩	1. 适于在粉质黏土、松散砂土、黄土和软土地质打桩 2. 不宜用于岩石、砾石和密实的黏性土地基，不适于打斜桩
压桩机	利用静力或自重及附属设备的重量，将桩逐节压入土中，压桩无振动，对周围无干扰	1. 适用于软土地基及打桩振动影响邻近建筑物或设备的情况 2. 可压截面40cm×40cm以下的钢筋混凝土空心管桩、实心桩

第二节 桩工机械

一、桩工机械的振动传播

桩基础是建筑物常见的基础形式，桩基础的施工通常都离不开振动型桩工机械。桩工机械通过桩锤对桩身的打击使桩贯入土壤中，在此过程中产生锤击强迫振动，振动波向四面辐射，形成了封闭环形的振动影响场。打桩时，锤击能量小部分损失在锤垫和桩垫的压缩、桩的弹性变形和桩与土的摩擦上，大部分打桩能量通过桩尖和桩侧向外扩散、能量转化为在土壤中的传递振动形式。随着桩入土深度的增加，打桩振动在地面的影响范围也增大。

二、桩工机械的振动特点

桩工机械在施工中产生的振动特点主要是：

1. 其振动属于冲击型点振源，经实际测量表明地面水平方向振动在传播过程中的衰减要快于竖向振动，因此对邻近构筑物的振动影响主要以竖向振动为主。

2. 工作中产生的瞬时冲击振动作用时间短，虽然振动速度幅值高，但衰减也快，振动绝大多数属于低频振动，振动在硬土中衰减较慢，在软土中衰减较快。当遇到地基中的岩石层时，在某些频率下会产生共振。

3. 振动历时较短，但工作时长久，锤击次数多，振动周期密集，桩工机械所产生的冲击荷载可以视为往返次数大的疲劳荷载，对邻近构筑物会产生累积效应严重的荷载，从而导致结构破坏的产生。

第三节　筒式柴油打桩机

一、筒式柴油打桩机由于具有结构简单和较大打击能量的特点而被广泛应用。利用柴油燃烧推动活塞带动锤头运动来夯击桩帽，移动便利，打桩速度快。打桩过程中，柴油桩锤完成两个能量转换的过程，即燃料热能转换为活塞部分的机械能，以及机械能转变为地基土的变形功。

筒式柴油打桩机主要由桩架和桩锤组成。桩架是专用的起重和导向设备，其作用主要是起吊桩锤和桩，给桩导向，控制调整和移动桩位。桩锤是设备工作的主要执行机构，主要由上下气缸、上下活塞、燃油供给系统、润滑系统和专用桩帽等组成。主要性能指标：活塞质量（kg）、最大冲击能量（N·m）、最大行程高度（mm）、作用于桩上的最大振动荷载（kN）、冲击频率（1/min）、桩锤总重量、桩锤总长度等，如图 13.3.1 所示。

二、筒式柴油打桩锤的主要型号以字母 D 开头，数字表示了设备上活塞的质量，单位是 $kg\times10^2$（取整数）。例如 D12 型就是指桩锤的上活塞质量为 1200kg，D180 型就是指桩锤的上活塞质量为 18000kg。

三、柴油打桩机工作时产生的冲击荷载是一种短时强荷载，形如一个单脉冲，荷载持续时间较短。在工程实践中为简化计算模型，冲击荷载可以采用三角形荷载近似表示，如图 13.3.2 所示。

所产生的最大冲击荷载 F 可近似按下式计算：

$$F=\frac{\sqrt{2Em}}{\Delta t} \tag{13.3.1}$$

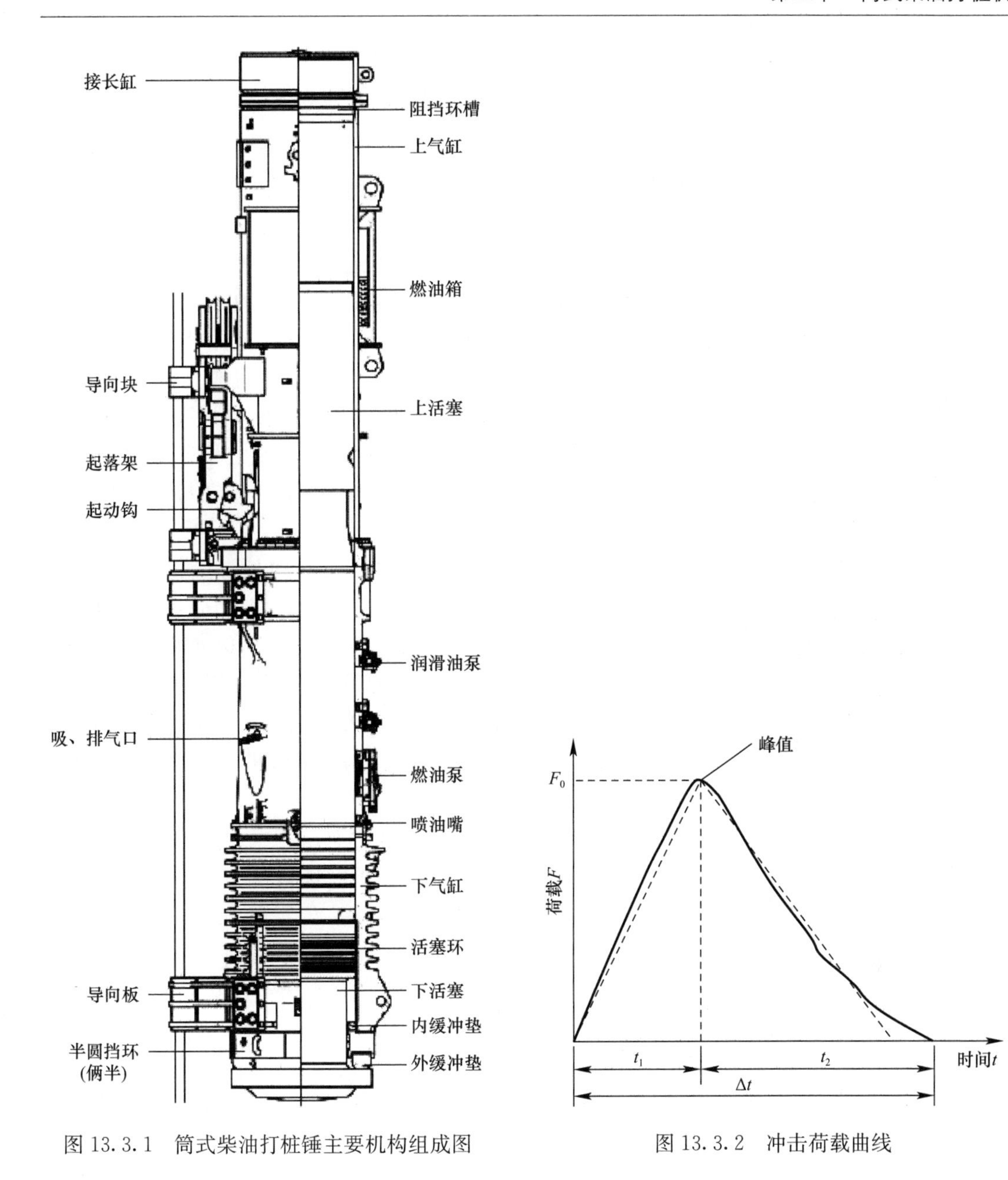

图 13.3.1　筒式柴油打桩锤主要机构组成图

图 13.3.2　冲击荷载曲线

$$\Delta t = t_1 + t_2 \tag{13.3.2}$$

式中：E——冲击能量（Nm）；

m——冲击部分质量（kg）；

Δt——荷载作用时间（s）；

t_1——荷载加载作用时间（s）；

t_2——荷载持续作用时间（s）。

荷载作用时间与桩的材料和土壤形式有关，如无给定值时，荷载加载时间可取 0.01s，荷载持续作用时间可取 0.02s。

第四节　振动沉拔桩锤

一、振动沉拔桩机目前已成为应用最广泛的建筑及基础施工的桩工设备，可以沉、拔工字钢桩、钢板桩、钢管桩以及混凝土预制桩等，广泛应用于工业与民用建筑、港口、桥梁等建设工程中的地基基础施工（图 13.4.1）。其中振动桩锤又是振动沉拔桩机的主要工作部分，主要由激振器、减振弹簧、减振梁以及提升、加压、导向滑轮组成。桩机工作时，振动桩锤连同桩产生纵向振动，使桩身周围土壤振动摩擦阻力减小，桩在激振力和自重之下，克服土壤阻力，贯入土中，因此，振动桩锤的振动特性直接影响着桩机的工作效果。

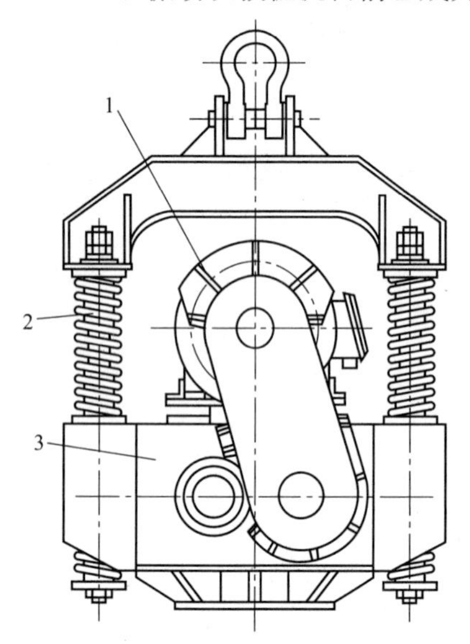

图 13.4.1　振动沉拔桩锤
1—电动机；2—减振器；3—激振器

振动沉拔桩锤的主要参数包括：激振器振幅 A、激振频率 ω、激振器偏心力矩 M、振动荷载 F（也称作激振力）、参振重量 Q、振动功率 N 和沉桩速度 V 等。

二、振动沉拔桩锤的主要型号以字母 DZ 开头，数字表示了电动机的功率，单位是 kW。例如 DZ45 型就是指作为振动桩锤激振器驱动机构电机的功率为 45kW。

三、在对振动沉拔桩机进行振动分析时可做简化，假设条件为：

1. 土壤的刚度远比桩机的刚度小得多，在进行振动分析时视桩机为绝对刚体，并只做纵向振动。

2. 桩贯入时土壤将产生弹性及塑性变形，但塑性变形对桩振动影响很小，在进行振动分析时视土壤为弹性体。

3. 只计入土壤黏滞阻力。

四、振动桩锤采用机械式定向激励器，由装有相同的偏心块并相向转动的轴系组成，偏心块所产生的离心力在水平方向上的分力相互抵消，而垂直方向上的分力叠加，其合力成为激振力，其方向是激振器两轴连线的垂直方向，大小周期性变化，通过偏心块的高速转动使激励器产生垂直的上下振动，桩在振动荷载力 F 的作用下沿其纵向轴线产生强迫振动，克服土壤阻力而贯入土中，从而达到沉桩的目的。

振动沉拔桩锤的激振器偏心力矩的大小对振动桩锤的性能有着至关重要的影响，较大的偏心力矩，会使桩贯入时克服硬质土层的能力增强。

振动沉拔桩锤的激振器偏心力矩 M 可按下式计算：

$$M = QA \tag{13.4.1}$$

式中：Q——参振重量（包含桩、夹桩器、支承梁、振动锤振动部件）；

A——激振器振幅。

五、振动沉拔桩锤的激振器振幅 A 是影响桩能否在土中贯入的主要因素，当振幅超过

起始振幅 A_0 时桩头便开始下沉。随着振幅增大，沉桩速度 V 也越大直至振幅趋于某一极限值 A_C。因此，实际工作中振幅 A 的范围应为：$A_0 < A < A_C$。把桩贯入至设计深度所必需的最小振幅 A_0（单位 mm）的计算公式为：

$$A_0 = N/12.5 + 3 \tag{13.4.2}$$

式中：N——土壤标准贯入击数；

A_0——最小振幅。

土壤标准贯入击数 N 可以通过表 13.4.1 查到。

六、振动沉拔桩锤的最小工作振动荷载 F（又称激振力）可以根据振动分析的简化条件进行近似计算。振动荷载的大小与桩的类型、截面尺寸和土壤条件相关，可以根据地质勘探资料计算振动沉拔桩锤的振动荷载。公式的原理是振动荷载 F 需至少克服桩的侧面动摩阻力才能使桩贯入土壤，满足此关系要求的计算公式如下：

$$F \geqslant T_v \tag{13.4.3}$$

式中：F——振动荷载（kN）；

T_v——桩贯入土壤中各土层间的极限侧面动摩阻力之和（kN）。

桩的侧面动摩阻力 T_v 可按下式计算：

$$T_v = U\sum_{i=1}^{n} T_{vi} \times H_i \tag{13.4.4}$$

式中：U——桩的横断面周长（m）；

i——表示厚度为 H 的土层顺序；

n——下沉至要求深度时不同地质条件土壤的总层数；

T_{vi}——第 i 层土的极限动摩阻力（kPa/m^2）；

H_i——第 i 层土厚度（m）。

不同土壤的极限动摩阻力可以通过试验得到，参考数据见表 13.4.1。

土壤标准贯入击数 N 与动摩阻力关系表 **表 13.4.1**

标准贯入击数 N				动摩阻力 T_v
非黏性土		黏性土		kN/m^2
饱和	0～5	很软	0～2	6～10
很松散	5～10	软	2～5	12
松散	10～20	中硬	5～10	13
中密	20～30	硬	10～20	15
密	30～40	很硬	20～30	16
很密	40 以上	极硬	30 以上	17

[计算实例] 振动沉拔桩锤振动荷载表格在建设某项目综合楼沉管灌注桩中的计算应用。

案例条件：某项目拟建设场地地质情况属河流冲积平原地貌单元，场地上吹填有 3.0～4.5m 厚河沙，地势平坦，场地地面高程在 6.90～7.10m 之间，勘探控制深度 50.0m，对勘探揭露的地层根据其物理力学性质指标的差异，可划分为 6 个工程地质层（编号 1～6）

如表 13.4.2 所示。

土壤工程地质层分层表　　表 13.4.2

层号	土层名称	层厚（m）	层底标高（m）
1	填粉细砂	4.1	2.900
2	素填土	1.0	1.900
3	粉质黏土	3.5	−1.600
4	粉土	5.5	−7.100
5	粉质黏土	15.6	−22.700
6	粉细砂	5.5	−28.200

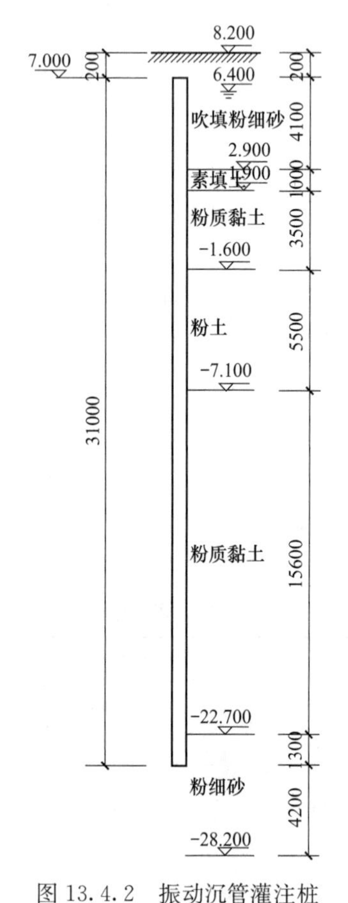

图 13.4.2　振动沉管灌注桩进入各土层示意图

项目桩基设计采用振动沉管灌注桩，桩长 31m，桩径 D=600mm，单桩竖向极限承载力标准值为 3090.196kN。如图 13.4.2 所示。

解：根据表 13.4.1 土壤标准贯入击数 N 与动摩阻力关系表，选取各层土的标准贯入击数 N 和动摩阻力汇总如表 13.4.3 所示。

土壤工程地质层分层表　　表 13.4.3

层号	土层名称	土质特征	标准贯入击数 N(SPT)	动摩阻力 T_{vi}(kN/m^2)
1	填粉细砂	松散	10	12
2	素填土	软塑	10	12
3	粉质黏土	软塑	8.1	13
4	粉土	稍密	7.6	13
5	粉质黏土	软塑	8.1	13
6	粉细砂	密实	38.2	16

以上数据代入公式（13.4.4），计算数据如下：

$$T_v = U\sum T_{vi}H_i$$
$$= 3.1416\times0.6\times(12\times4.1+12\times1.0+13\times3.5+13\times5.5+13\times15.6+16\times1.3)$$
$$= 779.43\text{kN}$$

根据公式（13.4.3）

$$F \geqslant T_v$$

查《建筑振动荷载标准》表 14.0.2-1，振动沉拔桩锤型号选用 DZ150 型，其振动荷载 F=860kN≥T_v，满足场地要求。

第五节　液压偏心力矩可调振动沉拔桩锤

EP 系列液压可调力矩振动沉拔桩锤在较早的资料文献中又被称作 DZJ 系列振动沉拔

桩锤。是为了克服传统 DZ 系列振动桩锤工作时振动频率较低，振动频率和振幅不能随意调整，启停机产生共振影响的不利因素，发展而来的新型振动桩锤。其机构最大特点是利用液压控制偏心变换装置，可在不停机的情况下无级调节振幅，并且在启动或停机时，振幅自动回零，不仅消除了传统振动桩锤的噪声，还可根据沉桩阻力的变化来调节振幅。

EP 系列振动桩锤振幅和振动频率均可无级调节，通过采用液压系统较 DZ 系列其激振器增加了可调偏心力矩调整机构，通过改变固定偏心块与活动偏心块的相对位置来调节偏心力矩。

第六节　导杆式柴油打桩机

导杆式柴油打桩机一般用于修建桥梁、道路、水利工程及一般建筑工程中锤击夯扩钢板桩、混凝土预制桩等（图 13.6.1）。导杆式柴油打桩机主要由桩架和桩锤组成，桩锤主要由活塞、缸锤、导杆、顶横梁、起落架和燃油系统组成。其工作原理是基本上相似于二冲程柴油发动机。工作时气缸沿导杆下落，套住活塞后压缩气缸内的气体，燃油从喷油嘴喷到气缸燃烧室，与燃油室内的高压高温气体混合，燃烧将活塞下压打击桩帽。

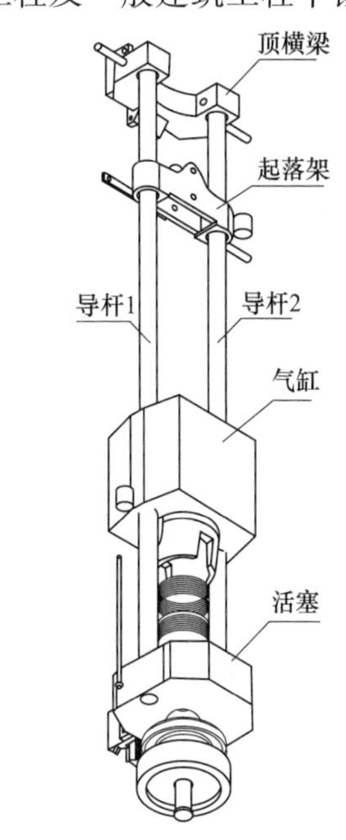

图 13.6.1　导杆式柴油打桩锤

主要性能指标：气缸质量（kg）、最大冲击能量（N·m）、最大行程高度（mm）、最大振动荷载（kN）、冲击频率（1/min）等。

导杆式柴油打桩锤的主要型号以字母 DD 开头，数字表示了气缸的质量，单位是 $kg \times 10^2$（取整数）。例如 DD18 型就是指作为锤头的运动气缸质量为 1800kg，DD160 型就是指运动气缸质量为 16000kg。

第七节　蒸汽动力打桩锤

蒸汽动力打桩锤是以饱和蒸汽为动力，使锤体上下运动冲击桩头进行沉桩，具有结构简单，冲力大，适应各种桩型的特点，但需配备专用的锅炉或压缩机等设备，设备体积大，工作时使用较麻烦。目前施工中已经基本不使用单动式蒸汽打桩锤，规范中收录的仅为常用的双动式蒸汽打桩锤。双动式蒸汽锤（图 13.7.1）锤芯的升起和降落都是通过蒸汽压力来实现。其振动荷载大小还可通过改变蒸汽压力在一定范围内调节。

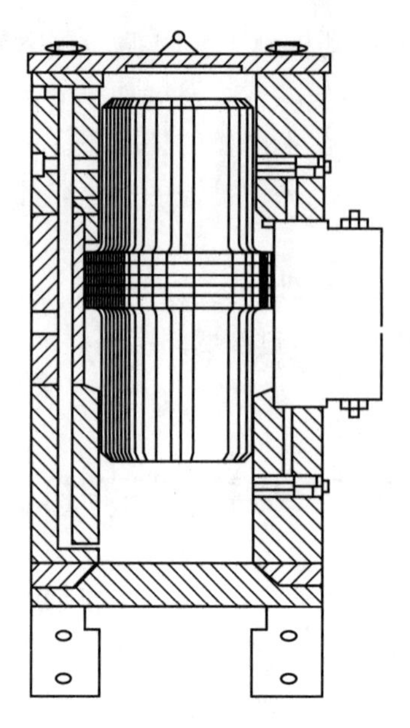

图 13.7.1 双动式蒸汽打桩锤

参 考 文 献

[1] 中华人民共和国国家标准. GB/T 51228—2017. 建筑振动荷载标准. 北京：中国建筑工业出版社，2017

[2] 中华人民共和国国家标准. GB 50868—2013. 建筑工程容许振动标准. 北京：中国计划出版社，2013

[3] 中华人民共和国国家标准. GB 50463—2008. 隔振设计规范. 北京：中国计划出版社，2009

[4] 中华人民共和国国家标准. GB 50190—93. 多层厂房楼盖抗微振设计规范. 北京：中国计划出版社，1996

[5] 中华人民共和国国家标准. GB 50040—96. 动力机器基础设计规范. 北京：中国计划出版社，1996

[6] 徐建. 建筑振动工程手册. 第2版. 北京：中国建筑工业出版社，2016

[7] 徐建，尹学军，陈骝. 工业工程振动控制关键技术. 北京：中国建筑工业出版社，2016

[8] 徐建. 建筑工程容许振动标准理解与应用. 北京：中国建筑工业出版社，2013

[9] 徐建. 隔振设计规范理解与应用. 北京：中国建筑工业出版社，2009

[10] 杨先健，徐建，张翠红. 土-基础的振动与隔振. 北京：中国建筑工业出版社，2013

[11] 徐建，胡明祎. 工业工程振动控制概念设计方法. 地震工程与工程振动，2015，(5)

[12] 徐建. 动力机器基础设计理论研究与发展建议. 第三届全国建筑振动学术交流会论文集. 昆明：云南科技出版社，2000

[13] 徐建. 我国工程振动技术标准现状与标准体系建议. 工程建设标准化，2013，(1)

[14] 徐建. 工业厂房抗微振与隔振设计. 海峡两岸学术交流会议，2006

[15] 刘志久，尚守平，徐建，王贻荪. 任意形状埋置基础的竖向振动复合集总参数模型. 中南大学学报（自然科学版），2007，(38) 1

[16] 刘志久，尚守平，徐建，王贻荪. 任意形状明置基础扭转振动复合集总参数模型. 铁道科学与工程学报，2010，(7) 4

[17] 刘志久，徐建，尚守平，王贻荪. 任意形状埋置基础滑移振动复合集总参数模型. 工程力学，2010，(27) 12

[18] 刘志久，徐建，尚守平. 明置基础扭转振动复合集总参数模型试验与理论的对比. 铁道科学与工程学报，2011，(8) 2

[19] 刘志久，尚守平，徐建. 埋置基础扭转振动的实用化计算与试验的对比. 岩土力学，2011，(32) 12

[20] 张同亿，张松，徐建，石诚. 多层厂房楼盖抗微振设计若干问题探讨. 桂林理工大学学报，2012，(32) 3

[21] 黄伟，徐建，朱大勇，王小金，卢剑伟，卢坤林. 主动隔振下固支薄板基础振动抑制的多目标优化研究. 计算力学学报，2015，32 (2)

[22] 黄伟，朱大勇，徐建，胡明祎，卢剑伟，卢坤林. 复合隔振体系多目标优化研究. 应用数学和力学，2016，(9)

[23] 黄伟，徐建，朱大勇，王小金，卢剑伟，卢坤林. 动力设备致结构振动控制研究. 建筑结构，2015，45 (19)

[24] Huang W, Xu J, Zhu D Y, Lu J W, Lu K L, Hu M Y. MOPSO Based Multi-Objective Robust H2/H∞ Vibration Control for Typical Engineering Equipment. Engineering Transactions, 2015, 63 (3)

[25] Huang W, Zhu D Y, Xu J, Wang X J, Lu J W, Lu K L. PSO based TMD&ATMD control for high-rise structure excited by simulated fluctuating wind field. Engineering Review, 2015, 35 (3)

[26] 黄伟，徐建，朱大勇，卢剑伟. 基于粒子群算法的隔振体系参数优化研究. 湖南大学学报：自然科学版，2014，41 (11)

[27] 黄伟，徐建，朱大勇，卢剑伟. 精密设备主动 SAWPSO-LQR 振动控制器设计及仿真研究. 科学技术与工程，2014，14 (21)

[28] 黄伟，朱大勇，徐建，卢剑伟. 精密设备主动 SAWPSO-PID 振动控制器设计及仿真研究. 合肥工业大学学报：自然科学版，2014，37 (10)

[29] 尹学军. 振动控制在工业设备中的应用. 机电产品开发与创新，2003，(3)

[30] 万叶青，张志胜，杨先健，张伟欣. 块状基础动态参数分析. 工程抗震与加固改造，2009，(31) 4

[31] 万叶青，马同峰，程静，孙德华，叶森. 振动试验设备上楼的振动分析与隔振. 建筑与结构设计，2011

[32] 周建章，邵晓岩. 汽轮发电机组弹簧隔振基础技术概述. 中国电机工程学会电力土建专业委员会 2011 年"低碳经济与电力建设"学术交流会技术创新论文集，2011

[33] 万叶青，杨俭，徐永利，张翠红. 锻锤隔振基础动力特性实例分析. 桂林理工大学学报，2012，(32) 3

[34] 栗海合，杨平，万叶青，尚华斌. 涂装车间楼面振动分析实例. 桂林理工大学学报，2012，(32) 3

[35] 陈骝，俞渭雄. 超大规模集成电路工程设计中的防微振技术. 第二届全国建筑振动学术会议论文集. 北京：中国建筑工业出版社，1997

[36] 俞渭雄，陈骝. 现代科技发展中的防微振技术. 第四届全国建筑振动学术会议论文，2004

[37] 杨宜谦，尹京，刘鹏辉等. 清华大学精密仪器环境振动影响评价. 桂林理工大学学报，2012

[38] 张艳平，杨宜谦，柯在田等. 城市轨道交通振动和噪声的控制. 中国铁路，2000，(3)

[39] 中国工程建设标准化协会建筑振动专业委员会. 首届全国建筑振动学术会议论文集，无锡. 1995

[40] 中国工程建设标准化协会建筑振动专业委员会. 第二届全国建筑振动学术会议论文集. 北京：中国建筑工业出版社，1997

[41] 中国工程建设标准化协会建筑振动专业委员会. 第三届全国建筑振动学术会议论文集：昆明：云南科技出版社，2000

[42] 中国工程建设标准化协会建筑振动专业委员会. 第四届全国建筑振动学术会议论文集. 南昌：江西科学技术出版社，2004

[43] 中国工程建设标准化协会建筑振动专业委员会. 第五届全国建筑振动学术会议论文集. 防灾减灾工程学报，2008，(28)

[44] 中国工程建设标准化协会建筑振动专业委员会. 第六届全国建筑振动学术会议论文集. 桂林理工大学学报，2012

[45] 中国工程建设标准化协会建筑振动专业委员会. 第七届全国建筑振动学术会议论文集. 建筑结构学报，2015